李继业　韩梅　张伟　编著

门窗、隔断、隔墙工程施工

与 质量控制

要点·实例

化学工业出版社

·北京·

本书根据我国最新规范、标准和方法，全面、系统地介绍了门窗、隔断与隔墙工程概述、门窗、隔断与隔墙工程材料，装饰门窗施工工艺，门窗工程施工注意事项，装饰门窗的质量要求及验收标准，门窗工程的质量问题与防治，隔墙与隔断施工工艺，隔墙与隔断的质量标准和检验方法，隔墙与隔断工程的质量问题与防治，隔墙与隔断工程的维修，门窗、隔墙与隔断工程实例。本书还给出了大量门窗、隔断与隔墙工程施工的生动案例。本书由具有多年工程实践经验的技术人员编写，贴近工程实际，方便施工人员理解。

　　本书具有实用性强、技术先进、使用方便等特点，不仅可以作为房屋建筑、建筑装饰工程设计与施工等部门和行业一线人员和技术人员的技术参考书，也可以作为高校及高职高专院校相关专业师生的参考辅导用书。

图书在版编目（CIP）数据

门窗、隔断、隔墙工程施工与质量控制要点·实例/
李继业，韩梅，张伟编著. —北京：化学工业出版社，
2016.7（2020.9 重印）
ISBN 978-7-122-27070-2

Ⅰ.①门…　Ⅱ.①李…②韩…③张…　Ⅲ.①门-建
筑安装工程-工程施工-质量控制②窗-建筑安装工程-
工程施工-质量控制③隔墙-建筑工程-工程施工-质量
控制　Ⅳ.①TU759.4②TU227

中国版本图书馆 CIP 数据核字（2016）第 102428 号

责任编辑：朱　彤　　　　　　　　　　　装帧设计：刘丽华
责任校对：边　涛

出版发行：化学工业出版社（北京市东城区青年湖南街 13 号　邮政编码 100011）
印　　装：天津盛通数码科技有限公司
787mm×1092mm　1/16　印张 12¼　字数 328 千字　　2020 年 9 月北京第 1 版第 3 次印刷

购书咨询：010-64518888　　　　　　　　售后服务：010-64518899
网　　址：http://www.cip.com.cn
凡购买本书，如有缺损质量问题，本社销售中心负责调换。

定　　价：49.00 元

　　随着国民经济的腾飞，社会的不断进步，科学技术的飞速发展，现代高质量生存和生活的新观念已深入人心，人们对物质生活和精神文化生活水平的要求不断提高，逐渐开始重视生活和生存的环境。国内外工程实践充分证明，现代建筑和现代装饰对人们的生活、学习、工作环境的改善，起着极其重要的作用。

　　窗是建筑装饰工程的重要组成部分，作为建筑装饰艺术造型的重要因素之一，门窗的设置较为显著地影响着建筑工程的形象特征；作为建筑工程的围护结构与构造，对于建筑物的采光、通风、节能和安全等均具有非常重要的作用。

　　建筑隔墙与隔断是室内进行分隔的结构形式之一，一般都是在主体结构完成后进行安装或砌筑而成的，不仅起着分隔建筑物内部空间的作用，而且还具有隔声、防潮、防火等功能。特别是轻质隔墙和各类隔断的涌现，充分体现出轻质隔墙和隔断具有设计灵活、墙身较窄、自重很轻、施工简易、使用方便等特点，已成为现代建筑墙体材料技术进步与发展的重要成果。

　　编著者根据多年工程实践经验并参考有关技术资料，编写了这本《门窗、隔断、隔墙工程施工与质量控制要点·实例》。本书根据国家最新发布的《建筑装饰装修工程质量验收规范》（GB 50210—2001）、《住宅装饰装修施工规范》（GB 50327—2001）、《民用建筑工程室内环境污染控制规范》（GB 50325—2010）（2013年版）以及《建筑工程施工质量验收统一标准》（GB 50300—2013）等国家标准及行业标准的规定，对于装饰门窗工程、隔墙与隔断工程的所用材料、施工工艺、质量要求、检验方法、质量问题、预防措施和维修方法等进行了全面和系统的论述，并列举了大量不同施工实例和方案。

　　本书按照先进性、针对性、实用性和规范性的原则，特别突出理论与实践相结合，注重对实用技能方面的培养，具有应用性突出、可操作性强、通俗易懂等特点，既适用于高等院校艺术设计专业及高职高专院校建筑装饰类和房屋建筑类专业学生的学习辅助教材，也可以作为建筑装饰施工技术的培训教材，还可以作为建筑装饰第一线施工人员的技术参考书。

　　全书由李继业、韩梅、张伟编著，李海豹、李海燕参加了编写。编写的具体分工为：李继业撰写第一章、第九章；韩梅撰写第二章、第三章、第十一章；张伟撰写第四章、第六章、第七章；李海豹撰写第五章、第七章，李海燕撰写第八章、第十章。由李继业负责全书的修改、统稿和定稿。本书在编写过程中，还得到山东农业大学水利土木工程学院和泰安市建筑工程质量监督站等有关单位的大力支持，在此也表示感谢。

　　由于编者水平有限，加之时间仓促等原因，书中的疏漏在所难免。敬请有关专家、同仁和广大读者批评、指正。

编著者

2016 年 3 月

第十章 隔墙与隔断工程的维修　　153

第十一章　门窗、隔墙与隔断工程实例　　173

参考文献　　186

第一章

门窗、隔断与隔墙工程概述

国内外工程实践充分证明，现代建筑和现代装饰对人们的生活、学习、工作环境的改善，起着极其重要的作用。门窗是建筑装饰工程的重要组成部分，作为建筑装饰艺术造型的重要因素之一，门窗的设置较为显著地影响着建筑工程的形象特征；另外，建筑工程的围护结构与构造，对于建筑物的采光、通风、节能和安全等均具有非常重要的作用。

建筑隔墙与隔断是室内进行分隔的结构形式之一，一般都是在主体结构完成后进行安装或砌筑而成的，它们不仅可以起着分隔建筑物内部空间的作用，而且还具有隔声、防潮、防火等功能。特别是轻质隔墙和各类隔断的涌现，充分体现出轻质隔墙和隔断具有设计灵活、墙身较窄、自重很轻、施工简易、使用方便等特点，已成为现代建筑墙体材料改革与发展的重要成果。

第一节 门窗的分类、作用与组成

门是人们进出建筑物的通道口，窗是室内采光通风的主要洞口，因此门窗是建筑工程的重要组成部分，也是建筑装饰工程中的重点。门窗设计充分证明：门窗作为建筑艺术造型的重要组成因素之一，其设置不仅较为显著地影响着建筑物的形象特征，而且对建筑物的采光、通风、保温、节能和安全等方面具有重要意义。根据《中华人民共和国节约能源法》、《建筑节能技术政策》等重要文件的具体规定，不论新建筑或是采用传统钢木门窗的既有建筑物，都必须使之符合建筑热工设计标准，从而达到节约能源的目的。

工程实践证明：对门窗的具体要求应根据不同的地区、不同的建筑特点、不同的建筑等级等进行详细和具体的规定，在不同的情况下，门窗的分隔、保温、隔声、防水、防火、防风沙等有着不同的要求。近几年来，随着科学的进步，新材料、新工艺的不断出现，门窗的生产和应用也紧跟装饰行业高速发展，不仅有满足功能要求的装饰门窗，而且还有满足特殊功能要求的特种门窗。不管采用何种门窗，其制作与安装应执行国家标准《建筑装饰装修工程质量验收规范》（GB 50201—2001）等现行的有关规定。

一、门窗的分类

（一）门窗的分类方法

门窗的种类、形式很多，其分类方法也多种多样。在一般情况下，主要按不同材质、不同功能和不同结构形式进行分类。

(1) 按不同材质分类。门窗按不同材质分类，可以分为木门窗、铝合金门窗、钢门窗、塑料门窗、全玻璃门窗、复合门窗、特殊门窗等。钢门窗又有普通钢窗、彩板钢窗和渗铝钢窗三种。

(2) 按不同功能分类。门窗按不同功能分类，可以分为普通门窗、保温门窗、隔声门窗、防火门窗、防盗门窗、防爆门窗、装饰门窗、安全门窗、自动门窗等。

(3) 按不同结构分类。门窗按不同结构分类，可以分为推拉门窗、平开门窗、弹簧门窗、旋转门窗、折叠门窗、卷帘门窗、自动门窗等。

(4) 按不同材料分类。窗户按不同镶嵌材料分类，可以分为玻璃窗、纱窗、百叶窗、保温窗、防风沙窗等。玻璃窗能满足采光的功能要求，纱窗在保证通风的同时，可以防止蚊蝇进入室内，百叶窗一般用于只需通风而不需采光的房间。

(二) 门的具体分类方法

建筑装饰工程常用的门，一般可按开启方式不同、制作材料不同和功能要求不同进行分类。

(1) 按开启方式不同分类。按开启方式不同，门主要可分为平开门、弹簧门、推拉门、折叠门以及具有特殊功能的门等。

① 平开门。平开门就是按水平方向进行启闭的门，一般有单扇门和双扇门之分，可以向内或向外开。室内房间的门，一般应向内开启；安全疏散门，一般应向外开启。在寒冷地区，还可以做成向内和向外开启的双层门。

门扇的侧边装有铰链，门扇与门框用铰链进行连接，在铰链处加设弹簧便成为弹簧门。单扇门与双扇门的选择，应根据门的宽度而定。除了特殊场合外，宽度在 1.0m 以下的门多为单扇，宽度大于 1.0m 者可设双扇。平开门构造简单、开启灵活、制作容易、安装方便，是民用建筑最常用的类型。

② 弹簧门。弹簧门与平开门相似，只是门扇与门框的连接方式不同。弹簧门是采用弹簧铰链或地弹簧，一般常用于人流出入频繁或有自动关闭要求的场合。但在幼儿园、托儿所等建筑中，不宜采用弹簧门。弹簧门通常可分为单面弹簧门、双面弹簧门和地面弹簧门等。

③ 推拉门。推拉门的门扇安装与平开门、弹簧门不同，它是安装在设于门上部或下部的滑轨上，推动时可以左右滑行。推拉门可分为上悬式和下滑式两种，这种门启闭占用空间小，但构造比较复杂。

④ 折叠门。折叠门是一种多扇门，它将各门扇用铰链连合在一起，可以向着一个方向进行启闭。小型折叠门做法比较简单，可以用铰链将门扇与门框在同一侧依次相连；门扇较大者，必须在门框的上边或下边设置轨道及转动五金件，起支撑门扇和启闭方便的作用。折叠门占用空间小，但结构比较复杂，适用于宽度较大的门洞或空间狭小处。

⑤ 特殊功能门。特殊功能是具有某种功能的门，特殊功能的门种类很多，如金属卷帘门、升降门、上翻门、旋转门、防盗门、屏蔽门、自动门、防射线门、冷藏门、隔声门、保温门、防火门、车库门等。

(2) 按制作材料不同分类。按制作材料不同，门可分为木门、钢门、塑料门和铝合金门等。

① 木门。木门是一种传统的门，在我国有悠久的历史，目前仍是最常用的门。根据木门的组成结构不同，木门又可分为镶板门、夹板门、拼板门和玻璃门等。

② 钢门。钢门是近几年在民用建筑中应用最多的门，按其结构分为空腹和实腹两种。普

通钢门由于关闭不严、重量较大、形式单一、隔声性差、容易锈蚀、保温性差、关门声大，所以一般在中低档建筑中使用。

③ 塑料门。塑料门是用硬质 PVC 塑料制成，它具有造型美观、资源丰富、防腐性好、密封严密、比较隔热、造价较低、不需涂漆维护等优点，目前已被广泛应用于建筑工程中。

④ 铝合金门。铝合金门由于表面呈白色或青铜色，色泽淡雅、轻巧美观，给人以轻松、舒适的感觉，很受人们的青睐。这种门主要用于商业建筑和大型公共建筑出入口处，也可以用于标准较高的住宅、商品房和写字楼等。

（3）按功能要求不同分类。根据门的功能要求不同，门除了以上所述的普通门外，还有很多不同功能的门，如用于通风、遮阳的百叶门，用于保温、隔热的保温门，用于隔声的隔声门，用于防火、防射线的防护门等。

（三）窗的具体分类方法

建筑装饰工程常用的窗，一般可按开启方式不同、所用材料不同、镶嵌材料不同和所处位置不同进行分类。

1. 按开启方式不同分类

根据开启方式的不同，窗可分为固定窗、平开窗、横旋转窗、立旋转窗和推拉窗等。

（1）固定窗。固定窗是一种不能开启的窗，一般不设置窗扇，只能将玻璃安装在窗框上，有时为了与其他窗户产生相同的立面效果，也可以设置窗扇，但窗扇固定在窗框上。固定窗只作采光和眺望之用，通常用于只考虑采光而不考虑通风的场合。由于窗扇是固定的，玻璃的面积可稍大一些。

（2）平开窗。平开窗是在窗扇的一侧安装铰链，使窗扇与窗框相连。平开窗与平开门一样，有单扇和双扇之分，也可以向内开启或向外开启。平开窗是最常用的一种形式，具有构造简单、制作容易、安装方便、采光良好、通风畅顺、应用广泛等优点。

（3）横旋转窗。横旋转窗根据其转动轴心位置的不同，可以分为上悬窗、中悬窗和下悬窗三种。上悬窗和中悬窗用于外窗时，其通风与防雨效果较好。

（4）立旋转窗。立旋转窗转动轴位于上下冒头的中间部位，窗扇可绕着立轴进行立向转动。这种窗通风和挡雨效果较好，并易于窗扇的擦洗，但其构造比横旋转窗复杂，防止雨水渗漏性能比较差，在建筑工程中很少采用。

（5）推拉窗。根据推拉窗的开启方式不同，可分为上下推拉和左右推拉两种形式。推拉窗的开启不占空间，但由于开启只有平开窗的一半，所以通风不如平开窗。目前，大量使用的是铝合金推拉窗和塑料推拉窗。

2. 按所用材料不同分类

根据所用材料的不同，主要可分为木窗、钢窗、铝合金窗、玻璃钢窗和塑料窗等。

（1）木窗。木窗是一种传统性的窗户，具有自重很轻、制作简单、维修方便、密封性好等优点。但木材会因气候变化而胀缩，有时开关不便；木材易被虫蛀、易腐朽，不如铝合金窗和钢窗经久耐用；为保持其使用功能和提高耐久性，需要定期进行涂装和维修。因此，在现代建筑工程中不提倡采用。

（2）钢窗。钢窗与钢门的特点基本相同，按其结构分为空腹和实腹两种。但与木窗相比，钢窗坚固耐用、防火耐潮、断面较小，另外钢窗的透光率较大，约为木窗的 160%。但钢窗存在着关闭不严、重量较大、形式单一、隔声性差、容易锈蚀、保温性差、需要涂装等缺点，现在逐渐被其他材料的窗所代替。

（3）铝合金窗。工程实践证明，铝合金窗除具有钢窗的优点外，还具有密闭性好、耐蚀性强、表面美观、不易生锈、不需油漆、装饰性好、易于安装等优点，但造价比钢窗和木窗高，一般用于标准较高的建筑工程。

（4）玻璃钢窗。玻璃钢节能门窗是高科技新产品。它是继木窗、钢窗、铝合金窗及塑料窗之后，又一种具有节能环保性能的新型建筑窗，具有比较广阔的发展前景。工程实践证明，玻璃钢窗具有如下特点。

① 保温。玻璃钢本身具有热导率低的特点，加上采用钢化中空玻璃，使其传热系数达到了 $K=2.2\mathrm{W}/(\mathrm{m}^2\cdot\mathrm{K})$；如果采用低辐射玻璃可达到 $K=1.8\mathrm{W}/(\mathrm{m}^2\cdot\mathrm{K})$ 以下。

② 抗风压。随着我国城市化建设的快速发展，高层建筑楼群大量增加，对建筑用窗安全性要求越来越高，其中特别在抗风压方面要求更高，玻璃钢材料具有良好抗弯强度，使得玻璃钢窗也具有较高的抗风压强度，60 平开窗的抗风压性能可达到 5.3kPa。

③ 气密。玻璃钢窗是采用等压原理制作的，其气密性非常高。使得这种窗的气密性能达到国际最高等级第 5 级。

④ 水密。玻璃钢窗设有排水槽，可以保证排水畅通。生产过程中严格控制组装的工序质量，在 4 个角的连接部位采取注胶，所有胶条必须与框连接牢固，窗的水密性能达到国际第 4级，可以完全避免漏水。

⑤ 隔声。隔声性能是对建筑用窗一项重要指标，在窗的设计中采用中空玻璃，具有良好的密封性能，可有效防止噪声的侵入，窗的隔声性能达到 32dB。特别是住在机场附近的居民，在装修自己的房屋时，玻璃钢窗将会是最好的选择。

（5）塑料窗。作为一种新型材料窗，PVC 塑料窗与铝合金窗一样，具有密闭性好、耐蚀性强、色彩多种、不需油漆、装饰性好、安装方便等优点；作为一种节能型窗，PVC 塑料窗与玻璃钢窗一样，具有导热性差、保温性好、隔声性强、防火绝缘等优良特性。这是目前应用比较广泛的一种新型窗。

3. 按镶嵌材料不同分类

根据镶嵌的材料不同，窗可分为玻璃窗、纱窗、百叶窗、保温窗和防风沙窗等多种。镶嵌不同的材料主要是满足不同的使用功能，如玻璃窗能满足采光功能的要求；纱窗在保证通风的同时，可以防止蚊蝇等进入室内。百叶窗分为固定百叶窗和活动百叶窗，一般用于只需要通风不需要采光的房间。

4. 按所处位置不同分类

根据窗在建筑物上开设的位置不同，可以分为侧窗和天窗两大类。设置在内墙和外墙上的窗户称为"侧窗"，设置在屋顶上的窗户称为"天窗"。前面所讲述的窗均为侧窗，当侧窗不能满足采光、通风等方面的要求时，可以设置天窗以增加采光和加强通风。

二、门窗的作用

门窗是建筑物不可缺少的重要组成部分，既有功能作用又有美学作用。对于门窗的具体要求，应根据不同的地区、不同的建筑地点、不同的建筑等级等，提出相应的要求，使其具有不同的组成和作用。概括起来门窗具有如下主要作用。

（一）门的作用

（1）通行与疏散。门是人们进出建筑物和房间的重要通道口，供人从此处通行，联系室内外和各房间；如果有事故发生，可以供人紧急疏散用。

（2）围护作用。在北方寒冷地区，外门应起到保温防雨作用；门要经常开启，是外界声音的传入途径，关闭后能起到一定的隔声作用；此外，门还起到防风沙的作用。

（3）美化作用。作为建筑内外墙重要组成部分的门，其造型、质地、色彩、形状、位置、构造方式等，对建筑的立面及室内装修效果影响很大。

（4）其他作用。门除了具有以上作用外，根据用户需要和设计要求，还可以使其具有防水、防火、保温等方面的作用。另外，还能利用门调节室内的空气、温度和湿度等。

（二）窗的作用

（1）采光作用。各类不同的房间，都必须满足一定的照度要求。在一般情况下，窗口采光面积是否恰当，是以窗口面积与房间地面净面积之比来确定的，各类建筑物的使用要求不同，采光的标准也不相同。

（2）通风作用。为确保室内外空气流通，使室内保持有新鲜的空气，在确定窗的位置、面积大小及开启方式时，应尽量考虑窗的通风功能。

（3）其他作用。窗和门的作用一样，除了具有以上作用外，根据用户需要和设计要求，还可以使其具有防水、防火、防风沙、隔声、保温等方面的作用。另外，还能利用门调节室内的空气、温度和湿度等。

三、门窗的组成

（一）门的组成

门一般由门框（门樘）、门扇、五金零件及其他附件组成。门框一般是由边框和上框组成，当其高度大于 2400mm 时，在上部可加设亮子，需增加中横框。当门宽度大于 2100mm 时，需增设一根中竖框。有保温、防水、防风、防沙和隔声要求的门应设下槛。门扇一般由上冒头、中冒头、下冒头、边梃、门芯板、玻璃、百叶等组成。

（二）窗的组成

窗是由窗框（窗樘）、窗扇、五金零件等组成。窗框是由边框、上框、中横框、中竖框等组成，窗扇是由上冒头、下冒头、边梃、窗芯子、玻璃等组成。

第二节 门窗的制作与安装的要求

门窗施工包括门窗制作与安装两部分，其制作与安装是门窗装饰施工中的主要工序。工程实践证明，门窗制作的质量如何，影响门窗的装饰效果和安装是否顺利；安装的质量如何，影响门窗的使用功能和维修难易。因此，应当特别重视门窗制作安装工作。

有些门窗是由工厂生产的成品，施工时只需要安装即可，如木门窗、钢门窗、塑料门窗和铝合金门窗等；有些特殊功能的门窗，如防火门、防爆门、隔声门窗、保温门窗、密封门窗和观察窗等，在制作与安装时，均应严格按设计要求进行。

一、门窗的制作要求

在门窗的制作过程中，关键在于掌握好门窗框和门窗扇的制作，应把握好以下两个方面。

（一）门窗的下料原则

对于矩形门窗，要掌握纵向通长、横向截断的原则；对于其他形状门窗，一般应当需要放大样，所有杆件应留足加工余量。

（二）门窗的组装要点

保证各杆件在一个平面内，矩形对角线相等，其他形状应与大样重合。要确实保证各杆件的连接强度，留好门窗扇与门窗框之间的配合余量和门窗框与洞的间隙余量。

二、门窗的安装要求

安装是门窗能否正常发挥作用的关键，也是对门窗制作质量的检验，对于门窗的安装速度和质量均有较大影响，是门窗施工的重点。因此，门窗安装必须把握下列要点。

① 门窗所有构件要确保在一个平面内安装，而且同一立面上的门窗也必须在同一个平面内，特别是外立面，如果不在同一个平面内，则形成出进不一、颜色不一致，立面失去美观的效果。

② 确保连接要求。门窗框与洞口墙体之间的连接必须牢固，且门窗框不得产生变形，这也是密封的保证。门窗框与门窗扇之间的连接必须保证开启灵活、密封，搭接量不小于设计的80%。

三、门窗的防水处理

门窗的防水处理，应先加强缝隙的密封，然后再打防水胶防水，阻断渗水的通路；同时做好排水通路，以防在长期静水的渗透压力作用下而破坏密封防水材料。门窗框与墙体是两种不同材料的连接，必须做好缓冲防变形的处理，以免产生裂缝而渗水。一般必须在门窗框与墙体之间填充缓冲材料，材料要做好防腐蚀处理。

四、门窗安装注意事项

门窗的制作与安装除满足以上要求外，在进行安装时还应注意以下方面。

① 在门窗安装前，应根据设计和厂方提供的门窗节点图、结构图进行全面检查。主要核对门窗的品种、规格与开启形式是否符合设计要求，零件、附件、组合杆件是否齐全，所有部件是否有出厂合格证书等，如果不符合要求应进行退货或处理。

② 门窗在运输和存放时，底部均需垫 200mm×200mm 的方枕（木材或混凝土构件均可），其间距500mm，同时枕木应保持水平、表面光洁，并应有可靠刚性的支架支撑，以保证门窗在运输和存放过程中不受损伤和变形。此外，门窗需要露天存放时，还应采取措施加以遮盖，以防门窗日晒雨淋而损坏。

③ 金属门窗的存放处不得有酸碱等腐蚀物质，特别不得有易挥发性的酸，如盐酸、硝酸等，并要求具有良好的通风条件，以防止门窗被酸碱等物质腐蚀。

④ 塑料门窗在运输和存放时，不能平堆码放，而应当竖直排放，各层门窗之间要用非金属软质材料（如玻璃丝毡片、粗麻编织物、泡沫塑料等）隔开，并应将其固定牢靠。由于塑料门窗是由聚氯乙烯塑料型材组装而成，属于高分子热塑性材料，所以存放处应远离热源，以防止变形。塑料门窗型材是中空的，在组装成门窗时虽然插装轻钢骨架，但这些骨架未经铆固或焊接，其整体刚性比较差，不能经受外力的强烈碰撞和挤压，同时塑料门窗受热后易变形。

⑤ 金属门窗、塑料门窗在安装过程中，均不得作为受力构件使用，不得在门窗框和扇上安放脚手架或悬挂重物。因为在门窗设计和生产时，未考虑作为受力构件使用，仅考虑了门窗本身和使用过程中的承载能力，如果在门窗框和扇上安放脚手架或悬挂重物，轻者引起门窗的变形，重者可能引起门窗的损坏。

⑥ 要切实注意保护铝合金门窗和涂色镀锌钢板门窗的表面镀膜。这是因为铝合金表面的氧化膜、彩色镀锌钢板表面的涂膜，都有保护金属不受腐蚀的作用，如果一旦薄膜被破坏，就失去了保护作用，使金属表面产生锈蚀，不仅会影响门窗的装饰效果，而且会影响门窗的使用寿命。

⑦ 塑料门窗成品表面平整光滑，具有较好的装饰效果，如果在施工中不加以保护，很容易磨损或擦伤其表面，而影响门窗的美观。为保护门窗不受损伤，塑料门窗在搬、吊、运时，应用非金属软质材料衬垫和非金属绳索捆绑。

⑧ 为了保证门窗的安装质量和使用效果，对金属门窗和塑料门窗的安装，必须采用预留洞口后安装的方法，严禁采用边安装门窗、边砌筑洞口或先安装门窗、后砌筑洞口的做法。金属门窗和塑料门窗与木门窗不一样，除实腹钢门窗外，其余都是空腹的，门窗框壁的厚度均比较薄，锤击和挤压易引起局部弯曲损坏。

金属门窗表面都有一层保护装饰膜或防锈涂层，如果这层薄膜被磨损，是很难修复的。防锈层磨损后不及时修补，也会失去防锈的作用。

⑨ 门窗固定可以采用焊接、膨胀螺栓或射钉等方式。由于砖体受到冲击力后容易破碎，所以砖墙不能采用射钉。在门窗的固定中，普遍对门窗的固定工作不够重视，而是将门窗直接卡在洞口内，用砂浆挤压密实就算固定，这种做法非常错误、十分危险。门窗安装固定工作十分重要，是关系到在使用中是否安全的大问题，必须要有安装隐蔽工程记录，并应进行手扳检查，检验门窗固定是否确实牢固，以确保安装质量。

⑩ 门窗在安装过程中，难免有少量的水泥砂浆或密封膏液粘接在门窗表面上，如果不在其凝固干燥前擦干净，凝固干燥后粘接在门窗的表面，影响门窗的表面美观。因此，应及时用软质布或棉纱清理门窗表面的砂浆和密封膏液。

第三节　隔断与隔墙的基本概念

隔墙与隔断是室内装饰中经常运用的手段，它们虽然都是起着分隔室内空间的作用，但产生的效果大不相同。轻质隔墙是近几年发展起来的一种新型隔墙，它以许多独特的优点在建筑装饰工程中起着非常重要的作用。轻质隔墙是分隔建筑物内部空间的非承重构件，要求其自重轻、厚度薄，以便减轻楼板荷载和增加房间的有效面积，而且便于安装和拆除，在现代建筑装饰工程中得到了广泛应用。轻质隔墙施工技术是建设部要求推广的新技术之一。

一、轻质隔墙的主要作用

在建筑物的室内设置轻质隔墙，虽然这种结构不承重，但可以起到分隔建筑物内部空间的作用，对一些特殊的房间（如客房、浴室、厨房等），除了具有分隔室内空间的功能外，有些还具有隔声、防火、防潮等功能。其中，防火隔墙的设置对阻止火势蔓延、减少火灾损失的作用越来越大，在各类工业与民用建筑中的应用越来越广泛。目前，轻质防火隔墙已成为现代高层建筑中必不可少的防火设施。

二、轻质隔墙类型与适用范围

随着建筑材料科学技术和隔墙施工方法的发展，轻质隔墙工程所用材料的种类也越来越多，构造方式也根据墙体材料有所不同。

轻质隔墙依据其构造方式和所用材料不同，在实际工程中可分为砌块式隔墙、骨架式隔墙、板材式隔墙、活动隔墙和玻璃隔墙五大类；隔断一般由骨架和面板组成，按其外部形式不同，可分为空透式隔断、移动式隔断、屏风式隔断、帷幕式隔断等形式。本书所介绍的轻质隔墙主要是指分隔室内空间的非承重内隔墙。

轻质隔墙的类型很多，在国家标准《建筑装饰装修工程质量验收规范》（GB 50210—2001）中，按其构造方式和所用材料不同，将目前广泛应用的轻质隔墙类型归纳为板材隔墙、骨架隔墙、活动隔墙和玻璃隔墙四种类型。

（一）板材隔墙

板材隔墙是指不需要设置隔墙龙骨，而由隔墙板材自身承重，将预制或现制的隔墙板材直接固定于建筑主体结构上的隔墙。

板材隔墙的板材种类很多、施工安装方便、造价比较低廉，目前应用范围非常广泛。根据所使用的板材不同，通常又分为复合板材、单一材料板材和空心板材等类型。常见的隔墙板材有：金属夹心板、预制或现制钢丝网水泥板、石膏夹心板、石膏水泥板、石膏空心板、加气混凝土条板、水泥陶粒板、增强水泥聚苯板等。随着建材工业和建筑业的技术进步，轻质板材的性能会不断提高，板材的品种也会不断变化。

（二）骨架隔墙

骨架隔墙是指在隔墙龙骨的两侧安装墙面板，从而形成墙体的轻质隔墙。骨架隔墙主要是由龙骨作为受力骨架固定于建筑主体结构上，目前在轻质隔墙中大量应用的轻钢龙骨石膏板隔墙，就是最典型的一种轻质骨架隔墙。

根据隔声或保温设计要求，在龙骨骨架的空隙中可以设置填充材料；根据设备安装的要求，在龙骨骨架中也可以安装一些设备管线等。

骨架隔墙常见的龙骨有：轻钢龙骨系列、其他金属龙骨、木质龙骨和石膏龙骨等。骨架隔墙常见的板材有：纸面石膏纸、人造木板、防火板、金属板、水泥纤维板、复合材料板和塑料板等。

（三）活动隔墙

现代建筑注重大空间、多功能使用，充分发挥房间的使用效率，这就需要建造一些可以灵活分隔使用空间的推拉式活动隔墙、可拆装的活动隔墙等。

活动隔墙大多数使用成品板材及金属框架、附件，在施工现场组装而成。在一般情况下，金属框架及饰面板不需要再做饰面层。也有的活动隔墙不需要金属框架，完全使用半成品板材在现场加工制成活动隔墙。

（四）玻璃隔墙

随着玻璃品种的增加和安装技术的发展，玻璃在现代建筑装饰工程中的应用越来越广泛，采用玻璃隔墙（断）能取得其他材料和工艺无法达到的艺术装饰效果。近年来，在很多公共建筑工程中，经常使用钢化玻璃、夹丝玻璃、磨砂玻璃等玻璃材料作为内隔墙，用玻璃砖砌筑隔墙等。

从施工技术的角度分，玻璃隔墙可分为薄板型玻璃隔墙和砌块型玻璃砖隔墙两种类型；按隔墙中玻璃所占的比例，又可分为全玻璃型隔墙和半玻璃型隔墙两种类型。

三、轻质隔墙与隔断的区别

隔墙是将分隔体直接做到顶，是一种完全封闭式的分隔；隔断是半封闭的留有通透的空间，既联系又分隔空间。简单地说，从楼地面到顶棚全封的分隔墙体为隔墙，不到顶的分隔墙体为隔断。在工程上习惯将隔断视为隔墙的另一种形式。

隔墙与隔断在设计上都应力求质轻壁薄，以减轻其对板、梁的荷载，并增加房间中的使用面积。由此可见，隔墙与隔断两者在功能和结构上有许多共同之处，但也存在着许多不同的地方，主要表现在以下两个方面。

（一）分隔空间的程度不同

一般来说，隔墙都是从底到顶的，使其既能在较大程度上限定空间，又能在一定程度上满足隔声、保温和遮挡视线等方面要求；而隔断限定空间的程度比较弱，在隔声、保温和遮挡视线等方面往往无要求，甚至有的隔断还具有一定的通透性，以使两个分隔空间有一定的视觉交流等。

（二）拆装的灵活性不同

隔墙大多数是比较固定的，即使可活动的隔墙也不能经常变动；而隔断在分隔空间上则比较灵活，比较容易移动和拆装，还能使被分隔的相邻空间连通，从而可获得隔而不断的效果。

四、隔断的主要类型

隔断是大空间进行分隔的主要形式，也是进行分隔设计中首先考虑的，这是因为隔断的类型很多，便于设计和施工。

隔断按空间限定程度不同，可分为空透式隔断和隔墙式隔断；隔断按固定方式不同，可分为固定式隔断和活动式隔断，在活动式隔断中又有折叠式和拼装式等多种；隔断按所使用材料不同，可分为竹木隔断、玻璃隔断、金属隔断和混凝土花格隔断等。另外，还有硬质隔断与软质隔断、家具式隔断与屏风式隔断。

在隔断工程中，隔断的品种非常多，最常见到的有：空透式隔断、固定式隔断、家具式隔断和帷幕式隔断等。

（一）空透式隔断

空透式隔断主要用于分隔在功能要求上既需要隔离、又需要保持一定联系的两个相邻空间。空透式隔断的功能，主要是划分与限定空间，起着一定的遮挡视线的作用。

空透式隔断能够增加空间的层次和深度，创造出一种似隔非隔、似断非断、似有非有的虚实兼有的意境，从而产生丰富的空间效果。因此，空透式隔断具有很强的装饰性，可以广泛应用于宾馆、商店、展览馆、博物馆等公共建筑及住宅建筑中。

（二）固定式隔断

固定式隔断是室内最常采用的隔断形式，主要包括花格、飞罩、隔扇和博古架等各种花格隔断和玻璃隔断。固定式隔断所用的材料有：木制品、竹制品、水泥制品、金属制品和玻璃制品等，这种隔断多具有空透的特性。

固定式隔断的主要功能是划分和限定空间，增加空间的层次和深度，此类隔断由于材料广泛、制作容易、装拆方便、造价较低、适应性强，因此广泛应用于各类建筑中。

（三）家具式隔断

利用柜、橱等家具的一端靠墙布置形式，将室内空间自然地分隔成卧室、学习室、电视室等多种功能的小空间，这种形式的隔断称为家具式隔断。

家具式隔断能巧妙地把分隔空间的功能与贮存物品的功能结合起来，既节约工程费用，又节省使用面积；既使家具与室内空间相协调，又提高了空间组合的灵活性。

（四）帷幕式隔断

帷幕式隔断又称为软质隔断，这种帷幕式隔断是选择质地讲究、色泽漂亮的布料织物，利用活动隔断的形式（如幕帐垂地、帘布吊挂等），将室内较大的空间分隔成几个不同功能的空间，这是现代室内设计中用来分隔空间最常用、最简便、最节省的手段，是弹性室内空间的理想形式。

帷幕式隔断占用面积很小，并能满足遮挡视线的功能，施工简单，使用方便，易于更新，造价低廉。这种隔断分隔空间一般用于住宅、旅馆和医院等场所。

五、轻质隔墙施工注意事项

轻质隔墙的施工质量，不仅关系到隔墙的装饰效果和使用功能，而且关系到隔墙的使用寿命和使用安全。因此，在轻质隔墙的施工过程中，应当符合下列规定。

① 轻质隔墙在施工前必须进行图纸审核，经检查完全正确后照图施工。轻质隔墙的构造和固定方法应符合设计要求。

② 轻质隔墙的隔声性能应符合设计要求，同时也应符合国家标准《民用建筑隔声设计规范》（GBJ 118—1988）中的规定，隔声设计标准等级应按建筑物实际使用要求确定，分为特级、一级、二级和三级四个等级，如表 1-1 所示。

表 1-1　建筑隔声设计标准等级

特　级	一　级	二　级	三　级
根据特殊要求而定	较高标准	一般标准	最低限

③ 轻质隔墙的材料在运输、装卸、保管和安装的过程中，均应做到轻拿轻放、精心管理，不得损伤材料的表面和边角，并要防止受潮变形。

④ 隔墙板的下端如果用木踢脚板进行覆盖，罩面板与楼地面之间应留出 20～30mm 的缝隙，踢脚板与墙面立面的粘接，必须做到粘接牢固、接缝密实；如果用石材踢脚板进行覆盖，罩面板下端应与踢脚板上口齐平、接缝严密。

⑤ 板材隔墙及饰面板在安装前，应按品种、规格、颜色和花纹等进行分类选配，以确保隔墙饰面的装饰效果和施工顺利。

⑥ 在轻质隔墙与墙体、顶棚等的交接处，由于材料品种和性能不同，其伸缩量也不相同，所以，在交接处应采取相应的防止开裂措施。

⑦ 当轻质隔墙采用木龙骨时，木龙骨和木楔与砖石、混凝土的接触容易产生腐朽，因此，木龙骨和木楔应进行防腐处理，以保证隔墙的耐久性。

⑧ 胶黏剂应按饰面板的品种进行选用，并且应符合 2013 年版《民用建筑工程室内环境污染控制规范》（GB 50325—2010）中的规定。现场配制的胶黏剂，其配合比应由试验决定，并应符合环保和安全的要求。

⑨ 为了控制甲醛含量超标而引发室内空气的污染，按照国家验收规范的规定，轻质隔墙工程应对人造木板的甲醛含量进行复验。其游离甲醛释放量不应大于 $0.12mg/m^2$，其测定方法应符合国家标准 2013 年版《民用建筑工程室内环境污染控制规范》（GB 50325—2010）中附录 A 的规定。

⑩ 用于轻质隔墙的材料品种很多，材料的规格、性能、颜色、图案和花纹等，均应符合设计要求，此外还应注意以下几个方面。

- 对于有隔声、隔热、阻燃、防潮等特殊功能要求的隔墙工程，隔墙板材应有相应性能等级的检测报告。

- 为防止木质骨架和板材产生较大变形，所用木材、木饰面板的含水率应符合设计要求，一般应控制在 12% 以下。

- 隔墙所用材料中的有害物质限量，如石膏板的放射性、人造木板的甲醛含量指标等，应符合现行材料标准的要求。

- 玻璃隔墙中所用的玻璃，不能采用普通平板玻璃，而应当采用安全玻璃，如钢化玻璃、夹丝玻璃、夹层玻璃、防弹玻璃、防盗玻璃、防火玻璃及防护玻璃等。

- 隔墙所用的嵌缝材料，应选用与基层板材配套或相容的材料，在正式嵌缝前应进行相容性试验，合格后才能用于工程。在施工中要注意嵌缝材料的使用要求，避免板缝处理出现材料选用不当的问题。

第二章

门窗、隔断与隔墙工程材料

工程材料是指具有一定性能，在特定条件下能够承担某种功能、被用来制取零件和元件的材料。一般将工程材料按化学成分分为金属材料、非金属材料、高分子材料和复合材料四大类。门窗、隔断与隔墙工程材料的质量如何，是确保门窗、隔断与隔墙工程质量和功能的重要物质基础。

第一节 门窗所用主要材料

制作装饰门窗的材料种类很多，常用的材料有木材、铝合金、钢材、塑料等。铝合金门窗具有关闭严密、质量较轻、耐久性好、色泽美观、腐蚀性强、不需要涂料涂刷等优点，但其价格比较高，一般多用于较高级的建筑工程。塑料门窗具有质量更轻、关闭严密、美观光洁、安装方便、导热性差、耐蚀性好、不需要涂料涂刷等优点，在型材内腔如加上钢衬，则成为塑钢门窗，其刚度完全可以满足门窗的力学性能要求，是我国大力推广的一种门窗材料。木材门窗虽然是我国有优良传统的形式，也具有很多其他材料不可代替的优点，但由于木材日益缺乏、价格快速上升，为了节省木材、保护环境，一般外窗严禁使用木材制作。因此，本节不再介绍木材门窗材料，仅介绍金属门窗材料、塑料门窗材料、防火门工程材料、自动门工程材料、旋转门工程材料等。

一、金属门窗材料

用于制作门窗的金属材料很多，在建筑装饰门窗工程中常见的有钢门窗、各种系列铝合金门窗和涂层镀锌钢板门窗等。

（一）钢门窗工程材料

钢门窗是原来习惯采用的一种门窗。这种材料的门窗具有透光系数大、质地坚固、耐久性好、能挡风雪、防火性和防水性较好、外观整洁美观等优点，但气密性差、导热性好、不利节能、易于锈蚀、需要刷漆保护，只能用于一般建筑物，很少用于较高级的建筑物上。

根据钢门窗的结构不同，通常分为实腹钢门窗和空腹钢门窗两种。

1. 实腹钢门窗

制作实腹钢门窗的材料，主要采用热轧门窗框和少量的冷轧或热轧型钢。制作窗框用热轧型钢应符合国家标准《窗框用热轧型钢》（GB/T 2597—1994）中的要求。按框料的高度不同，可分为 25mm、32mm 和 40mm 三类。门板一般采用 1.5mm 的钢板制成。材料的钢号、化学成分、产品加工质量、五金配件质量及装配效果等，均应满足现行的有关规定。

由于实腹钢门窗具有自重较大、耗材较多、导热性好、不能节能、易于锈蚀等缺点，2006 年 7 月 1 日当时我国建设部已明文规定停止使用。但是，实腹钢门窗具有坚实耐用、不怕磕碰、使用维修方便等优点，所以在一些工程中仍在采用。

钢门窗及腰窗玻璃、钢门上的腰窗分隔玻璃，一般应采用 3mm 厚的净片玻璃。大玻璃钢窗及玻璃钢门应采用 5mm 厚的净片玻璃。纱门窗一般应采用孔径为 1.25mm 的金属纱。

固定玻璃用的油灰，应采用配合比（质量比）为胡麻子油：桐油：石膏粉＝20：60：20 配制的油灰膏或其他优质油灰膏。

2. 空腹钢门窗

制作空腹钢门窗的材料，一般宜选用普通碳素结构钢。普通碳素结构钢又称普通碳素钢，对含碳量、性能范围以及磷、硫和其他残余元素含量的限制较宽。在中国和某些国家根据交货的保证条件又分为甲类钢、乙类钢和特类钢三类。甲类钢是保证力学性能的钢，乙类钢是保证化学成分的钢，特类钢是既保证力学性能又保证化学成分的钢。中国目前生产和使用最多的是含碳量在 0.20％左右的甲类 3 号钢。

门框材料宜采用高频焊接钢管，门板一般采用厚度为 1mm 的冷轧冲压槽型钢板；钢窗一般采用厚度为 1.2mm 的带钢，高频焊接轧制而成。材料的钢号、化学成分、产品加工质量、五金配件质量及装配效果等，均应满足现行的有关规定。

玻璃一般采用 3mm 厚的净片玻璃，高于 1100mm 的大玻璃应采用 5 mm 厚的净片玻璃。纱门窗一般应采用孔径为 1.25mm 的金属纱。钢门窗的涂料采用红丹酚醛防锈漆。密封条为橡胶制品，伸长率不小于 25％，拉断强度不小于 5.88MPa，老化系数不小于 0.85。

固定玻璃用的油灰，应采用配合比（质量比）为胡麻子油：桐油：石膏粉＝20：60：20 配制的油灰膏或其他优质油灰膏。

（二）铝合金门窗工程材料

目前，世界各工业发达国家，在建筑装饰工程中，大量采用了铝合金门窗。近十几年来，铝合金更是突飞猛进地发展，建筑业已成为铝合金的最大用户。如日本的高层建筑 98％采用了铝合金门窗，我国香港地区铝合金型材发展十分迅速。

由于我国引进发达国家的先进技术和设备，使我国铝合金制品的起点较高，进步较快。目前我国已有平开铝窗、推拉铝窗、平开铝门、平推拉铝门、铝制地弹簧门等几十个系列产品投入市场，基本满足了基本建设的需要。

由于建筑装饰铝合金型材品种规格繁多，断面形状复杂，尺寸和表面要求严格，它和钢铁材料不同，在国内外的生产中，绝大多数采用挤压方法；当生产批量较大，尺寸和表面要求较低的中、小规格的棒材和断面形状简单的型材时，可以采用轧制方法。由此可见，建筑铝合金型材的生产方法，可分为挤压和轧制两大类，以挤压方法生产为主。

1. 挤压法生产的优点

挤压方法与其他压力加工方法相比，具有以下优点。

（1）挤压法比轧制、锻造方法更具有较强烈的三向压缩应力状态，可使金属充分发挥其塑性。它可加工某些用轧制或锻造法加工困难，甚至不能加工的低塑性的金属或合金。

（2）挤压法不仅可以生产断面形状较简单的管、棒、型、线等材料，而且还可以生产断面变化、形状复杂的型材和管材，如阶段变断面型材、带异形筋条的壁板型材、空心型材和变断面管材等。

（3）挤压法灵活性很大，只需要更换模子等挤压工具，即可生产出形状、尺寸不同的制品。更换工具所需时间较短，这对订货批量较小、品种规格多的轻金属材料的生产，更具有重要的现实意义。

（4）挤压法生产的制品尺寸精度，远比轧制法和锻造法高得多，表面质量好，不需要再进行机械加工。

（5）挤压过程对金属的机械性能也有良好的影响，尤其对某些具有挤压效应的铝合金来说，其挤压制品在淬火和人工时效后，纵向性能比用轧制、锻造、拉伸等方法所制得的同种合金状态制品的性能高得多，这将给材料的合理使用带来很大好处。

挤压法生产虽然具有以上诸多优点，但也存在废料损失比较大，生产效率较低，变形能力变小，挤压工具的材料及加工费用较昂贵等缺点。

2. 铝合金表面处理技术

用铝合金制作的门窗，不仅自重轻，比强度大，且经表面处理后，其耐磨性、耐蚀性、耐光性、耐气候性好，还可以得到不同的美观大方的色泽。常用的铝合金表面处理技术有以下几种。

（1）阳极氧化处理。建筑装饰用的铝型材必须全部进行阳极（硫酸法）氧化处理。处理后的铝型材表面呈银白色，这是目前建筑装饰铝材的主体，一般占铝型材总量的 $75\% \sim 85\%$。着色铝型材占 $15\% \sim 25\%$，但有逐渐增长的趋势。

铝型材阳极氧化的原理，实质上就是水的电解。水电解时在阴极上放出氢气，在阳极上产生氧气，该原生氧气和铝阳极形成的三价铝离子结合形成氧化铝薄层，从而达到铝型材氧化的目的。

（2）表面着色处理。经中和水洗或阳极氧化后的铝型材，可以进行表面着色处理。着色处理的方法有：自然着色法、金属盐电解着色法（简称电解着色法）、化学浸渍着色法、涂漆法和无公害处理法等。其中常用的着色方法是自然着色法和电解着色法。

（三）铝合金门窗

铝合金门窗是将表面处理过的铝合金型材，经下料、打孔、铣槽、攻丝、制作等加工工艺而制成的门窗框料构件，再用连接件、密封材料和开闭五金配件一起组合装配而成的。与钢门窗、木门窗及塑钢门窗相比，铝合金门窗的价格虽高一些，但它以优良的技术性能、美观的装饰效果、维修费用低和能节省能源的特性，受到广大设计和使用人员的欢迎和喜爱。

铝合金门窗按其结构与开启方式分为：推拉式门窗、平开式门窗、固定式窗、悬挂式窗、百叶窗、纱窗等，其中以推拉式门窗和平开式门窗应用最多。铝合金门窗按门窗的宽度分为：46 系列、50 系列、65 系列、70 系列和 90 系列推拉窗；70 系列、90 系列推拉门；38 系列、50 系列平开窗；70 系列、100 系列平开门等。

1. 铝合金门窗的特点

铝合金门窗之所以成为现代建筑门窗的首选材料，是因为与钢门窗、木门窗及塑钢门窗相比，具有以下主要特点。

（1）材质较轻。铝合金门窗用材比较节省，质量相应比较轻。工程实践证明：每平方米铝型材用量平均为 $8 \sim 12 kg$，而每平方米钢门窗的用钢量平均为 $17 \sim 20 kg$，由此可见，铝合金门窗比钢门窗减轻质量接近 50%。

（2）密封性好。铝合金型材制作的门窗，其形状规格、尺寸准确、棱角方正，材料本身的气密性、水密性、隔声性、隔热性均很好，因此，铝合金门窗的密封性能优良。

（3）色泽美观。铝合金门窗框料型材的表面可以氧化着色处理，可制作成银白色、古铜色、暗红色、暗灰色、黑色等多种颜色，也可在表面形成带色的花纹，还可涂聚丙烯酸树脂装饰膜，这样可以使其表面更加光亮。

（4）加工方便。铝合金门窗的加工、制作和装配，都可以在工厂车间中进行，这样便于实现门窗生产工业化，有利于实现门窗产品设计的标准化、系列化、零件通用化、产品的商品化。

（5）综合性优。铝合金门窗耐腐蚀、不褪色，表面不需要涂漆，维修费用低；另外，强度高、刚度好、坚固耐用，是一种美观、经济、实用的装饰材料。

2. 铝合金门窗的性能

铝合金门窗要达到规定的性能指标后才能出厂安装使用。在一般情况下，铝合金门窗通常要进行以下主要性能的检验。

（1）强度。测定铝合金门窗的强度是在压力箱内进行空气加压试验，用所加风压的等级来表示，其单位为 Pa。一般性能的铝合金门窗可达 $1961 \sim 2353$Pa，测定窗扇中央最大位移应小于窗框内沿高度的 1/70。

（2）气密性。铝合金门窗的气密性，是在压力试验箱内，使窗的前后形成一定的压力差，用每平方米面积每小时的通气量来表示窗的气密性，其单位为 $m^3/(h \cdot m^2)$。材料试验证明：一般性能的铝合金门窗，当前后压力差为 10Pa 时，气密性可达 $8m^3/(h \cdot m^2)$，高密封性能的铝合金门窗可达 $2m^3/(h \cdot m^2)$。

（3）水密性。铝合金门窗在压力试验箱内，对窗的外侧施加周期为 25 的正弦波脉冲压力，同时向窗内每分钟每平方米喷射 4L 的人工降雨，进行连续 10min 风雨交加的试验，在室内一侧不应有可见的漏渗水现象。

铝合金门窗的水密性，一般用水密性试验施加的脉冲风压的平均压力来表示。普通铝合金门窗为 343Pa，抗台风的高性能门窗可达 490Pa。

（4）开闭力。窗的开闭力，是表示铝合金门窗开闭灵活性的指标。工程实践证明：在安装好玻璃后，铝合金门窗扇打开或关闭所需外力应在 49N 以下。

（5）隔热性。通常可用窗的热对流阻抗值（R）来表示铝合金窗的隔热性能，单位是 $m^2 \cdot h \cdot ℃/kJ$。铝合金窗的隔热性分为三级：$R_1 = 0.05$，$R_2 = 0.06$，$R_3 = 0.07$。采用 6mm 厚的双层玻璃高性能的隔热窗，热对流阻抗值可以达到 $0.05m^2 \cdot h \cdot ℃/kJ$。

（6）隔声性。在音响试验室内对铝合金门窗的响声透过损失进行试验时发现，当声频达到一定值后，铝合金门窗的响声透过损失趋于恒定，这样可测出隔声性能的等级曲线。有隔声要求的铝合金门窗，响声透过损失可达 25dB，即响声透过铝合金门窗声级可降低 25dB。高隔声性能的铝合金门窗，响声透过损失可达 $30 \sim 45$dB。

3. 铝合金门窗技术标准

随着铝合金门窗的迅速发展，我国已颁布了一系列有关铝合金门窗的技术标准，如《铝合金门》（GB 8478—2008）、《铝合金窗》（GB 8479—2003）等。目前，中国应用最广泛的是平开铝合金门窗和推拉铝合金门窗，它们的主要品种与代号如表 2-1 所示。

表 2-1　铝合金门窗产品的主要品种与代号

产品名称	平开铝合金窗		平开铝合金门		推拉铝合金窗		推拉铝合金门	
	不带纱窗	带纱窗	不带纱窗	带纱窗	不带纱窗	带纱窗	不带纱窗	带纱窗
代　号	PLC	APLC	PLM	SPLM	TLC	ATLC	TLM	STLM
产品名称	滑轴平开窗	固定窗	上悬窗	中悬窗	下悬窗	立转窗		
代　号	HPLC	GLC	SLC	CLC	XLC	LLC		

铝合金门窗按抗风压强度、空气渗透和雨水渗透性分为 A、B、C 三类，分别表示高性能、中性能和低性能。每一类又可按抗风压强度、空气渗透和雨水渗透性分为优等品、一等品和合格品，各类各等级的具体要求如表 2-2 所示。

铝合金门窗的表示方法是：门（窗）代号、门（窗）厚度、洞口尺寸、风压强度、空气渗透性、雨水渗透性、隔声性、隔热性、型材表面处理级别。

表 2-2 铝合金门窗的综合性能指标要求

门窗种类	类别	等级	综合性能指标值		
			风压强度性能/Pa ≥	空气渗透性能(10Pa)/[m³/(h·m²)] ≤	雨水渗透性能/Pa ≥
平开铝合金窗	A类 (高性能窗)	优等品(A₁级)	3500	0.5	500
		一等品(A₂级)	3500	0.5	450
		合格品(A₃级)	3000	1.0	450
	B类 (中性能窗)	优等品(B₁级)	3000	1.0	400
		一等品(B₂级)	3000	1.5	400
		合格品(B₃级)	2500	1.5	350
	C类 (低性能窗)	优等品(C₁级)	2500	2.0	350
		一等品(C₂级)	2500	2.0	250
		合格品(C₃级)	2000	2.5	250
平开铝合金门	A类 (高性能门)	优等品(A₁级)	3500	1.0	350
		一等品(A₂级)	3000	1.0	300
		合格品(A₃级)	2500	1.5	300
	B类 (中性能门)	优等品(B₁级)	2500	1.5	250
		一等品(B₂级)	2500	2.0	250
		合格品(B₃级)	2000	2.0	200
	C类 (低性能门)	优等品(C₁级)	2000	2.5	200
		一等品(C₂级)	2000	2.5	150
		合格品(C₃级)	1500	3.0	150
推拉铝合金窗	A类 (高性能窗)	优等品(A₁级)	3500	0.5	400
		一等品(A₂级)	3000	1.0	400
		合格品(A₃级)	3000	1.0	350
	B类 (中性能窗)	优等品(B₁级)	3000	1.0	350
		一等品(B₂级)	2500	1.5	300
		合格品(B₃级)	2500	2.0	250
	C类 (低性能窗)	优等品(C₁级)	2500	2.0	250
		一等品(C₂级)	2000	2.5	150
		合格品(C₃级)	1500	3.0	100
推拉铝合金门	A类 (高性能门)	优等品(A₁级)	3000	1.0	300
		一等品(A₂级)	3000	1.5	300
		合格品(A₃级)	2500	1.5	250
	B类 (中性能门)	优等品(B₁级)	2500	2.0	250
		一等品(B₂级)	2500	2.0	200
		合格品(B₃级)	2000	2.5	200
	C类 (低性能门)	优等品(C₁级)	2000	2.5	150
		一等品(C₂级)	2000	3.0	150
		合格品(C₃级)	1500	3.5	100

例如，TLC70-2118-2500·2.50·300·25·0.33·Ⅲ，其中 TLC 表示推拉铝合金门窗的代号；70 表示窗框厚度为 70mm；2118 表示窗洞宽度为 2100mm、高度为 1800mm；2500 表示风压强度为 2500Pa；2.50 表示空气渗透量为 2.5m³/(h·m²)；300 表示雨水渗透值为 300Pa；25 表示隔声值为 25dB；0.33 表示热对流阻抗值为 0.33m²·h·℃/kJ；Ⅲ表示阳极氧化膜厚度为Ⅲ级。

（四）涂层镀锌钢板门窗工程材料

涂层镀锌钢板门窗又称为彩板组角钢门窗，是用涂层镀锌钢板制作的一种彩色金属门窗。

这类门窗的主要特点是：不仅具有质量比较轻、强度比较高、色彩很鲜艳、不需要保养等优点，而且具有防尘、隔声、保温、耐腐蚀等特性。

（五）涂层镀锌钢板门窗产品种类及代号

常见的涂层镀锌钢板门产品有：彩板组角平开门（代号SPM）、涂层镀锌钢板双面弹簧门（代号SPY）、涂层镀锌钢板附纱推拉门（代号SGMT）和涂层镀锌钢带遮阳防护卷帘门（代号SCM）等。

常见的涂层镀锌钢板窗产品有：涂层镀锌钢板固定窗（代号SPC）、涂层镀锌钢板平开窗（代号SPP）、涂层镀锌钢板下悬窗（代号SPZ）、涂层镀锌钢板上悬窗（代号SPX）、涂层镀锌钢板立转窗（代号SPL）、涂层镀锌钢板附纱推拉窗（代号SGCT）和涂层镀锌钢带遮阳防护卷帘窗（代号SCC）等。

（六）涂层镀锌钢板门窗工程材料

涂层镀锌钢板门窗按设计图样选择异型管材及其附件和玻璃等材料，玻璃一般采用3～4mm厚的平板玻璃或中空玻璃。

二、塑料门窗材料

塑料门窗是一种新型材料的门窗，经过使用实践其优越性已被人们所认识，我国塑料门窗的生产技术已基本成熟，主要性能指标已达到国际标准。塑料门窗与钢门窗、铝合金门窗、木门窗相比，有着非常独特的优点，它具有良好的保温隔热性、气密性、水密性、耐腐蚀性、耐水性、耐老化性和装饰性，造型美观、装饰效果好，维修使用方便，是一种节能型代钢、代木的优良材料。由于塑料品种发展十分迅速，所以塑料门窗的种类相应也很多，主要按结构形式不同和按材质不同进行分类。

（一）塑料门窗的分类

1. 塑料窗的品种

塑料窗的品种有固定窗、平开窗、推拉窗、百叶窗、翻窗等结构形式。它由窗框塑料异型材、窗扇异型材和固定玻璃异型材（硬质PVC）、密封异型材（软质PVC或橡胶）及各种窗用五金配件组成，主要用于建筑物的内、外窗和玻璃幕墙上。

2. 塑料门的品种

塑料门的品种有镶板门、框板门和折叠门等。

（1）镶板门。镶板门的门扇由带企口槽或卡槽的中空薄壁型材镶嵌而制成，门扇的四周包有门边框。门框为塑料多孔异型材拼成。其结构简单、耗材较少、价格便宜，一般作为建筑物的内门使用。

（2）框板门。框板门的门扇由门芯板和门扇框组成，门扇框结构与窗扇结构相似，但型材的断面尺寸较大。门芯板材料可以用玻璃，也可以用塑料夹层板或中空型材拼装而成。框板门的刚度、气密性和水密性较好，多用于建筑物的外门。

（3）折叠门。折叠门的结构简单，用硬质PVC异型材拼装而成。有双折叠门、多折叠门等形式。这种门轻巧灵活、节省材料，开启时占面积小，装饰显得豪华、高雅。多用于厨房、卫生间的内门及室内隔断。

（二）塑料门窗按材质不同分类

塑料门窗按材质不同可以分为钙塑门窗、聚氯乙烯塑料门窗、改性聚氯乙烯塑料夹层门、改性全塑整体门、玻璃钢门窗和塑料百叶窗等。

（1）钙塑门窗。钙塑门窗系以聚氯乙烯树脂为主要原料，加入一定量的改性、增强材料及助剂加工而成。这种材料具有耐酸、耐碱、可锯、可钉、不吸水、耐热性能高、隔声性好、质量较轻、不需油漆等特点。钙塑门窗有多种类型和规格，如室内门、壁橱门、单元门、商店门等，还有不同规格的窗，也可根据设计图纸的要求进行加工。

（2）聚氯乙烯塑料门窗。聚氯乙烯塑料门窗是以聚氯乙烯为主要原料，添加适量的助剂和改性剂，生产出各种截面形状的异型材，再由异型材组装而成。这种塑料门窗具有质轻、阻燃、隔热、隔声、防湿、耐腐、色泽鲜艳、不需油漆、采光性好、装潢别致等优点，主要用于公共建筑、宾馆及民用住宅的内部门窗。

（3）改性聚氯乙烯塑料夹层门。改性聚氯乙烯塑料夹层门是采用聚氯乙烯塑料中空型材为骨架，内补芯材，表面用聚氯乙烯装饰板复合而成，门框由抗冲击的聚氯乙烯中空异型材经热熔焊接加工而成。这种塑料夹层门具有材质轻、刚度好、防霉、防蛀、耐腐蚀、不易燃等优点。适用于住宅、学校、办公楼、宾馆的内门及地下工程和化工厂房的内门。

（4）改性全塑整体门。改性全塑整体门是以聚氯乙烯为主要原料，配以适量的多种助剂，采用一次成型工艺，经机械加工而成。门扇是一个整体。全塑整体门整体性好、比较坚固、耐冲击性强、安装方便、使用寿命长。适用于宾馆、饭店、医院、办公楼及民用建筑的内门，也适用于化工建筑的内门。

（5）玻璃钢门窗。玻璃钢门窗是以合成树脂为基材，以玻璃纤维及其制品为增强材料，经一定成型加工制成的。这种门窗与传统的钢门窗相比，具有质轻、高强、耐久、耐热、抗冻、成型简单等特点，尤其是耐腐蚀性能更加突出。玻璃钢门窗应用范围比较广，除可用于一般建筑的门窗之外，还特别适用于湿度大、有腐蚀性介质的化工生产车间、火车车厢及各种冷库的保温门等。

（6）塑料百叶窗。塑料百叶窗是采用硬质改性聚氯化烯、玻璃纤维增强材料等热塑性塑料加工而成，主要产品有活动百叶窗和垂直百叶窗等。塑料百叶窗具有用料很少、安装方便、价格便宜、装饰性好等特点，在较低档次的建筑室内应用较多。

塑料百叶窗主要适用于工厂车间通风采光，也可以用于人防工程、地下室坑道等湿度大的建筑工程，同时也适用于宾馆、饭店、影剧院、图书馆、科研计算中心、民用住宅等各种窗的遮阳和通风。

（三）塑料门窗的特性

塑料门窗是近些年应用较多的一种门窗制作材料，这种材料之所以在很短的时间内迅速推广应用，是因为它具有良好的密封性、节能性、耐腐蚀性、耐候性和装饰性等。

（1）密封性。塑料门窗的密封性，主要包括气密性、水密性和隔声性三个方面。塑料门窗在组装的过程中，角部处理一般是采用焊接工艺，全部缝隙均采用橡胶条和毛条进行密封，因此，其水密性、气密性和隔声性均很好，并且优于其他材质的门窗。

由于塑料门窗的密封性好，所以其隔声一般可达 30dB 以上，而普通的木质门窗的隔声仅25dB 左右。

（2）节能性。根据有关方面的统计，一般建筑的门窗占建筑外围结构面积的 30%，其散热量约占 49% 左右。由于塑料型材多为多腔式断面结构，自身具有良好的隔热保温性能，再加上所有缝隙由橡胶条或毛条密封，因而隔热保温效果显著。

据测试，单层玻璃钢、铝窗的热导率为 6.4W/(m·K)，单层玻璃塑料窗的热导率为4.7W/(m·K)；双层玻璃钢、铝窗的热导率为 3.7W/(m·K)，单层玻璃塑料窗的热导率为

2.5W/(m·K)。

(3) 耐腐蚀性。塑料型材因其使用独特配方而具有良好的耐腐蚀性。塑料门窗不锈、不朽、不需涂刷涂料，对酸、碱、盐或其他化学介质的耐腐蚀性特别好，这是塑料最明显的优点。也是其他材质门窗所不能比拟的。

(4) 耐候性。塑料门窗由于可以采用特殊配方，因而可大大提高其耐候性，这是新型塑料所具有的明显优点。人工加速老化试验表明，塑料门窗可长期使用于温度变化较大的环境中，其使用寿命比钢门窗还长。

(5) 装饰性。塑料型材的配方及挤出方式是多种多样的，利用表面印花、贴膜和双色共挤等工艺，可以获得多种塑料型材外观，因而使得塑料门窗具有良好的装饰效果。

除具有以上优良的性能外，塑料门窗也存在一些不足之处，如尺寸稳定性比较差、抗风压性能不强等。但若通过采用金属型材加筋予以增强，或选择设计合理的塑料异型材断面等措施，这些缺陷也是可以弥补的。

三、防火门工程材料

防火门是为了适应建筑防火的要求而发展起来的一种新型门。防火门与烟感、光感、温感报警器及喷淋等防火装置配套设置后，可以自动报警、自动关闭、自动灭火，以防止火势的蔓延。因此，防火门已被广泛用于单元式民用高层住宅区、高层建筑的防火分区、楼梯间和电梯间等处。

防火门的分类方法很多，主要有根据耐火极限不同分类、根据门的材质不同分类和根据门的结构不同分类三种。

1. 根据耐火极限不同分类

按照国际标准（ISO）的规定，防火门可分为甲级、乙级和丙级三个等级。

(1) 甲级防火门。甲级防火门的耐火极限为1.2h，一般为全钢板门，无玻璃窗。这种防火门以防止火灾扩大为主要目的。

(2) 乙级防火门。乙级防火门的耐火极限为0.9h，一般为全钢板门，在门上开一小玻璃窗，玻璃选用厚为5mm的夹丝玻璃或耐火玻璃。这种防火门以防止开口部火灾蔓延为主要目的。性能较好的木质防火门也可达到乙级防火门的标准。

(3) 丙级防火门。丙级防火门的耐火极限为0.6h，一般为全钢板门，在门上开一小玻璃窗，玻璃选用厚为5mm的夹丝玻璃或耐火玻璃。大多数木质防火门都在这一范围内。

2. 根据门的材质不同分类

根据门的材质不同分类，防火门可分为钢质防火门、木质防火门、钢木质防火门和钢质防火隔声门等。

(1) 钢质防火门。钢质防火门是以优质冷轧钢板，经过冷加工成型。门扇料钢板的厚度为1.0mm，门框料的厚度为1.5mm，门扇的总厚度为45mm，其中配置耐火轴承合页、不锈钢防火门锁，表面涂有防锈剂，在门扇夹层中填入岩棉等耐火材料，其耐火极限可达0.6h。钢质防火门主要用于高层建筑的防火分区、楼梯间和电梯间等处。

(2) 木质防火门。木质防火门采用优质的木材，经过科学难燃化学浸渍处理作为门框材和门扇材的骨架，门扇外贴难燃胶合板或在木质门的表面涂以耐火涂料，内填阻燃材料制作而成，从而达到防火的要求。木质防火门也分为甲级、乙级和丙级。

(3) 钢木质防火门。钢木质防火门即木板铁皮防火门，这种门采用双层木板外包镀锌铁皮，或双层木板单面镶着石膏板外包铁皮，也可以采用双层木板、双层石棉板外包铁皮。这种防火门的耐火极限均在1.2h以上。

(4) 钢质防火隔声门。钢质防火隔声门的门框采用2mm厚的优良冷轧薄钢板，经过冷加工成型。门扇也采用 2mm 厚的薄板，门体内填充耐火芯材及粘贴吸声材料，表面涂防锈剂，总厚度为 60mm，其平均隔声量为 39dB。这种门主要用于有防火及隔声要求的部位。

3. 根据门的结构不同分类

防火门按结构不同可分为单扇门、双扇门、带上亮门、镶玻璃防火门和卷帘防火门等。

四、自动门工程材料

随着时代和科学技术的发展，人们对门的使用要求也在不断提高。目前，人们对门使用方便的最高要求就是自动控制，于是就产生了自动门。由此看来，自动门从理论上理解应该是门的概念的延伸，是门的功能根据人的需要所进行的发展和完善。

自动门具有结构精巧、布局紧凑、运行噪声小、开闭平稳、运行可靠、启闭灵活等特点，一般多被用于公共区域与非公共区域。公共区域的特点是不对出入的人员进行选择，门的使用频率很高，所以公共区域对自动门的基本要求是耐用；非公共区域的特点是要对出入人员进行选择，因此对锁功能、门禁系统、安全性、保安性能、紧急状态功能、极端情况下的功能等要求很高。

（一）自动门的分类方法

按制作材料不同，门主要有铝合金自动门、不锈钢自动门、无框全玻璃自动门和异型薄壁钢管自动门等，最常见的是铝合金自动门和不锈钢自动门。

按门的扇型不同，门主要有两扇型自动门、四扇型自动门和六扇型自动门等，最常见的是两扇型自动门和四扇型自动门。

按探测传感器不同，门主要有超声波传感器、红外线探头、微波探头、遥控探测器、开关式传感器和手动按钮式传感器自动门等，最常见的是超声波传感器、红外线探头、微波探头、遥控探测器自动门。

按开启方式不同，门主要有推拉式自动门、中分式自动门、折叠式自动门、滑动式自动门和平开式自动门等。

（二）自动门对材料的要求

（1）自动门型材门框及附件、感应设备和玻璃的品种、规格尺寸，必须符合设计要求及国家现行有关质量标准规定。

（2）门构件连接必须牢固，结构具有足够的强度和刚度，保证门开闭灵敏。

（3）自动门边框、门梁导轨、下导轨安装位置必须正确、牢固可靠，感应设备的安设位置、连接方法与开启方向、探测器的探测范围必须符合设计要求及相应行业标准规定。

（4）门与选用的零件、附件材料，除不锈钢或耐腐蚀材料外其他材料必须进行防腐、防锈处理。严禁铝合金型材发生接触腐蚀。

（5）自动门外观质量应表面无损伤和影响性能的缺陷，无擦、划伤痕，门相邻构件表面色泽一致，倒角平顺、光滑。门表面无金属屑、毛刺、腐蚀性斑痕及其他污迹，无波形折光，扇与框之间的缝隙应均匀。

（6）自动门涂玻璃胶应做到玻璃胶缝表面平整、光滑，接头处无痕迹。胶缝外洁净、无污染。

五、旋转门工程材料

旋转门的最大优点在于它"永远开门，又永远关门"，即对于人员来说，门总可以打开，可对于建筑物来说，门又总是关着。因此，自动旋转门在保安功能方面具有独到的优点。但在人员流量方面自动旋转门却没有优势，因为门的转速是固定的，每个门扇之间可容纳的人员也是有限的。每种自动旋转门都有标定的人员流量数值。

由于自动旋转门的人流量有限，在大型公共场合还是选择其他种类自动门为宜，毕竟自动旋转门的成本较高。通常在自动旋转门两侧另设自动或手动平开门，一方面增加通行能力，另一方面当自动旋转门出现故障时，不影响人的通过。

（一）旋转门的种类

旋转门按型材的结构不同，可分为铝质旋转门和钢质旋转门两种；按开启方式不同，可分为手推式旋转门和自动式旋转门两种；按转壁的材料不同，可分为双层铝合金装饰板旋转门和单层弧形玻璃旋转门两种；按扇形多少不同，可分为单体旋转门和多扇形旋转门。旋转门的扇体有四扇固定、四扇折叠移动和三扇等形式。

（二）旋转门的材料

在旋转门实际工程设计和施工中，一般采用铝合金型材制作，有的也采用不锈钢或 20 碳素结构钢无缝异型管制成。旋转门多采用合成橡胶密封固定玻璃，活扇与转壁之间采用聚丙烯毛刷条。以上所用的材料，其质量必须符合国家现行规范中的有关规定。

六、金属卷帘门材料

卷帘门又称为卷闸，是一种可以上下移动的门，多用于车库、码头、仓库、金店、银行、商场等建筑。这种门具有造型美观、结构紧凑、操作简单、刚性较大、坚固耐用、密封性好等特点，具有防火、防盗、防风、防尘等功能。

（一）卷帘门的种类

卷帘门的分类方法很多，在建筑装饰工程中主要按叶片材料不同、按安装形式不同、按门的功能不同、按传动方式不同和按轨道规格不同进行分类。

（1）按叶片材料不同分类。卷帘门按照叶片材料不同，可分为镀锌钢板或钢带卷帘门（代号 Zn）、彩色涂层钢板或钢带卷帘门（代号 T）、喷塑钢带卷帘门（代号 V）、不锈钢钢带卷帘门（代号 B）、铝合金型材或带材卷帘门（代号 L）五种。

（2）按安装形式不同分类。卷帘门按照安装形式不同，可以分为外装卷帘门（卷门窗安装在洞口外侧，代号 W）、内装卷帘门（卷门窗安装在洞口内侧，代号 N）和中装卷帘门（卷门窗安装在洞口中向，代号 Z）。

（3）按门的功能不同分类。卷帘门按照门的功能不同，可以分为普通型卷帘门、防火型卷帘门和抗风型卷帘门三种。

（4）按传动方式不同分类。卷帘门按照传动方式不同，可以分为电动卷帘门、手动卷帘门、遥控电动卷帘门、电动手动卷帘门四种。

（5）按轨道规格不同分类。卷帘门按照轨道规格的不同，可以分为 8 型卷帘门、14 型卷帘门和 16 型卷帘门三种。

（二）卷帘门的构造

我国生产的卷帘门主要由帘板、卷筒体、导轨、电气传动等部分组成。防火卷帘门另配有温感、烟感、光感报警系统和水幕喷淋系统。遇有火情时自动报警、自动喷淋，门体自控下降，定点延时关闭。

第二节　门窗工程其他材料

门窗工程所用的其他材料，是根据门窗的类型不同而有所区别，常见的有：门窗玻璃材料、玻璃固定材料和玻璃嵌缝材料等。

一、门窗玻璃材料

（1）门窗用玻璃大多采用普通玻璃，有安全防护的部位应采用钢化玻璃，有保温隔热要求的部位采用中空玻璃。普通玻璃的厚度一般有 3mm、4mm、5mm、6mm 和 8mm 几种。中空玻璃的厚度为两倍的普通玻璃厚度加上夹层的厚度。

（2）玻璃的品种、级别、规格、色彩、花形和物理性能必须符合设计和国家现行有关标准规定。

（3）玻璃裁割尺寸及玻璃砖外形尺寸正确，安装必须平整、牢固、朝向正确，缝隙符合设计规定。

（4）玻璃的中挂装置、支承板架就位正确，尺寸精确，安装牢固、无松动。

二、玻璃固定材料

（一）固定玻璃钉、卡的质量要求

固定玻璃所用的钉、卡规格和安放数量，应符合现行规范的规定，钉、卡安装后油灰表面无痕迹。

（二）固定玻璃木压条的质量要求

固定玻璃所用的木压条，应当尺寸一致、光滑顺直，压条于裁口处应紧贴、齐平，其割角应当方正，对接处应当整洁、严密，不显明缝，不显钉痕。

三、玻璃嵌缝材料

（一）嵌缝油灰的配制

油灰是一种油性腻子，安装玻璃时在框边涂抹。油灰市场上有成品供应，可以采购使用，也可以根据工程实际自行调配。调配油灰应选用干燥、优质的大白粉，质量纯净的熟桐油、鱼油、豆油。对油灰质量的基本要求是：捻搓成细条后不产生断裂，具有良好的附着力，能使玻璃与窗槽连接严密而不脱落。

用于嵌缝的油灰，不同材质的门窗，其配方也不相同，常用的配合比如下。
① 木门窗：大白粉 1000g、清油 135g、熟桐油 35g、鱼油 135g。
② 钢门窗：大白粉 1000g、清油 120g、熟桐油 50g、鱼油 120g。

（二）嵌缝材料的要求

用于嵌缝的油灰、镶嵌条、定位垫块、隔片、填充料、密封膏的品种、规格、断面尺寸、颜色、物理化学性能等，必须符合设计和相应的技术标准，各种配套材料之间的性质必须具有相容性。

（三）油灰的填抹质量

安装玻璃的槽口应平直、方正、牢固，油灰填抹应底灰饱满、油灰与玻璃的槽口粘接牢固、边缘与槽口齐平、灰条整齐一致，光滑、洁净、美观。

第三节　装饰隔断所用材料

一、活动隔断工程材料

活动隔断根据其用途和使用场合不同，可分为移动式隔断、硬质折叠式隔断和帷幕式隔断。这三种形式的活动隔断，其组成、安装和使用方法也是不同的。

（一）移动式隔断

移动式隔断最大的特点是可以随意闭合和打开，使相邻的空间随之独立或组成一个大的空间。移动式隔断使用灵活，在关闭时与隔墙一样，可以满足限定空间、隔声和遮挡视线等方面的要求，是目前室内轻质隔断安装的主要形式。

移动式隔断大多数设有滑轮、导轨和隔扇，其固定的方式可分为悬吊导向式固定和支承导向式固定两种。

1. 悬吊导向式固定

（1）悬吊导向式固定方式是在隔板的顶面安装滑轮，并与上部悬吊的轨道相连。

（2）滑轮的安装应保持与隔板的垂直轴能自由转动的关系，以便隔板能根据需要随时调整改变自身的角度。

（3）这种固定方式在隔板的下部不需设置导向轨，仅对隔板与楼地面之间的缝隙采用适当方法予以遮盖即可。

2. 支承导向式固定

支承导向式固定与悬吊导向式固定基本相似。所不同的是：在这种支承导向式固定中，滑轮是安装在隔板底面的下端，与楼地面的轨道共同构成下部支承点，以便隔板在受到推力作用时能够保持稳定。支承导向式固定方法，由于可以省掉上部的悬吊系统，所以其构造更加趋向简单。

（二）硬质折叠式隔断

硬质折叠式隔断是室内常用的一种隔断，根据其结构不同，可分为单面硬质折叠式隔断和双面硬质折叠式隔断。

1. 单面硬质折叠式隔断

（1）单面硬质折叠式隔断的隔扇上部滑轮可以设在顶面的一端，即安装在隔扇的边梃上，也可设在隔扇的中央。

（2）当设在顶面的一端时，由于隔扇的重心与作为支承点的滑轮不在同一条轴线上，所以必须在平顶与楼地面上同时设轨道，以免隔扇受水平推力而倾斜。

（3）如果把滑轮设在隔扇的顶部正中央，由于支承点与隔扇的重心位于同一条轴线上，所以楼地面上不必再设轨道。

（4）当采用手动开关时，隔扇的数量可为5～7扇；如果隔扇数量过多，则需用机械进行开关。

（5）隔扇之间要用铰链连结；当隔扇的质量较大时，应采用带滚珠轴承的滑轮；当隔扇的质量较小时，可采用带有金属轴套的尼龙滑轮。

（6）隔断的下部装置与隔断本身的构造及上部装置有关。当上部滑轮设在隔扇顶面的一端时，楼地面上要相应地设轨道，隔扇底面要相应地设滑轮，从而构成下部支承点。

（7）如果隔扇较高，可在楼地面上设置导向槽，在隔断的底面相应地设置中间带凸缘的滑轮或导向杆，以防止在启闭过程中出现摇摆。

2. 双面硬质折叠式隔断

（1）双面硬质折叠式隔断，根据其构造不同可分为有框架和无框架两种。有框架就是在双面隔断的中间设置若干个立柱，在立柱之间设置数排金属伸缩架，伸缩架的数量依据隔断的高度而定，一般是1～3排。

（2）框架两侧的隔板大多由木板或胶合板制成。当采用木质纤维板时，为增加装饰效果和防止纤维板受潮后产生变形，表面宜粘贴塑料饰面层。

（3）相邻的隔板一般多靠密实的织物（如帆布带、橡胶带等）沿整个高度方向连接在一起，同时还要将织物或橡胶固定在框架的立柱上。

（三）帷幕式隔断

帷幕式隔断是一种非常灵活、机动的软质隔断，适用于空间较小的室内。这种隔断分隔室内的空间，既可以少占使用面积，又可以满足遮挡视线的要求，还可以根据需要随时进行装拆。帷幕式隔断所用的材料，一般常见的有两种：一种是用棉、麻、丝织物或人造革等制成；另一种是用竹片、铝片等制成。

二、玻璃隔断工程材料

玻璃隔断具有明亮、通透、拓展空间的作用，特别适用于面积较小的房间。再加上玻璃具有防水、防潮、防腐性能，决定了玻璃隔断是湿度较大场所隔断的首选。玻璃隔断根据所用的材料不同，可分为玻璃花格透式隔断和玻璃半透花砖隔断。

（一）玻璃花格透式隔断

玻璃花格透式隔断，外观光洁明亮美观，并具有一定的透光性。在玻璃花格透式隔断的设计和施工中，可以根据用户的要求和爱好，选用彩色玻璃、刻花玻璃、压花玻璃、磨砂玻璃等，也可以采用夹花、喷漆等工艺。玻璃花格透式隔断所用的材料，主要有玻璃、金属材料、木材和钢筋等。

1. 玻璃

玻璃是玻璃花格透式隔断中主要材料，直接关系到隔断工程的装饰效果和使用功能。玻璃可选用平板玻璃采用磨砂、刻花和夹花等工艺加工而成，也可选用彩色玻璃、压花玻璃、有机玻璃、玻璃砖等。在选用玻璃时，应当注意以下方面。

（1）玻璃和玻璃砖的品种、规格、级别、色彩、花形和力学性能等，必须符合设计和国家现行有关标准的规定。

（2）玻璃裁割尺寸及玻璃砖的外形尺寸应正确，安装必须平整、牢固、朝向正确，缝隙符合设计要求。

2. 金属材料

金属材料也是玻璃花格透式隔断中的重要组成部分，主要用于支承玻璃的骨架和装饰条，起着固定和装饰的作用。用于玻璃花格透式隔断的金属材料有多种，一般常用的是不锈钢和铝合金，比较高档的隔断也可采用铜装饰条。

3. 木材

木材与金属材料一样，也主要用于支承玻璃的骨架和装饰条，起着固定和装饰的作用。用于玻璃花格透式隔断的木材，必须进行防腐、防虫和防火处理。

4. 钢筋

钢筋主要用于玻璃砖花格墙的拉结，将单块的玻璃砖组成一个整体，从而提高玻璃花格墙的整体性。

（二）玻璃半透花砖隔断

玻璃半透花砖也称为玻璃砖，是目前较为新颖的隔断装饰材料。玻璃砖形状是扁体空心的玻璃半透明体，其表面或内部有花纹现出。玻璃砖以砌筑局部墙面为主，其特色是可以提供自然采光，而且兼有隔热、隔声和装饰作用，其透光与散光现象所造成的视觉效果，非常富于装饰性。

第四节　装饰隔墙所用材料

隔墙工程所用材料可分为板材隔墙工程材料和骨架隔墙工程材料。

一、板材隔墙工程材料

板材隔墙是隔墙中最常见的一种隔墙，系指用高度等于室内净高的不同材料的板材（条板）组装而成的非承重分隔体。目前，在板材隔墙中常见的材料有：加气混凝土板隔墙、增强石膏条板隔墙、增强水泥条板隔墙、轻质陶粒混凝土条板隔墙、预制混凝土板隔墙和石膏砌块隔墙等。

（一）加气混凝土板隔墙

加气混凝土板材是以钙质和硅质材料为基本原料，以铝粉作为发气剂，经蒸压养护等工艺制成的一种多孔轻质板材。为提高板材的强度，一般在板内配有单层钢筋网片。

1. 加气混凝土板隔墙板的品种

（1）加气混凝土板隔墙板，按所用的原材料不同划分，主要有：水泥-矿渣-砂加气混凝土、水泥-石灰-砂加气混凝土和水泥-石灰-粉煤灰加气混凝土三种。

（2）加气混凝土板隔墙板，按其干密度不同划分，主要有：500kg/m³和700kg/m³两种。

（3）加气混凝土板隔墙板，按其抗压强度不同划分，主要有：3.0MPa和5.0MPa两种。

我国生产的加气混凝土板隔墙板的隔声系数为30～40dB，热导率为0.116W/(m·K)。

2. 加气混凝土板隔墙板的规格

加气混凝土板隔墙板的板材长度，一般按设计要求确定，我国生产的加气混凝土板隔墙板，其宽度有500mm和600mm两种，厚度有74mm、100mm和120mm三种。

3. 加气混凝土板隔墙板的选用

对于加气混凝土板隔墙板的选用，主要包括长度选用和厚度选用两个方面。

（1）加气混凝土板隔墙板的长度选用。当加气混凝土板材用于隔墙时，一般均为垂直安装，因此，隔墙板的长度选择，与以下因素有关。

① 与建筑物层高有关。这是确定加气混凝土板材长度非常重要的数据，因为绝大部分隔墙是以垂直方向用板条直到顶部，所以层高的尺寸就是板材的选用尺寸。

② 与建筑物结构类型有关。如剪力墙结构体系，隔墙都安装在楼板的下部，长度一般相同；而框架结构常因隔墙设置在板下、主梁下、边梁下，长度不一定相同。

③ 与节点构造有关。工程实践证明：采用刚性连接（用黏结砂浆将板材顶部与主体结构粘接）和采用柔性连接（在板材顶部与主体结构间垫上弹性材料），两者的长度相差大约 15mm 左右。

④ 与施工顺序有关。目前，在加气混凝土板隔墙的施工中，有的先做地面后立隔墙板，有的先立隔墙板后做地面，两者则相差一个地面厚度。另外，固定木楔的位置不同，也会影响隔墙板的长度。木楔在隔墙板下部一般留 30～50mm 的空隙，木楔在隔墙板上部的空隙一般不得大于 20mm。从以上四个方面可以清楚地看出，加气混凝土板材的长度确定不要盲目，一定要综合考虑各种因素。

（2）加气混凝土板隔墙板的厚度选用。在进行加气混凝土板隔墙板厚度选用时，一般应考虑以下几个方面。

① 加气混凝土板隔墙板的厚度选用，首先应考虑便于门窗的安装。

② 在一般情况下，加气混凝土板隔墙板的厚度不应小于 75mm。当墙板的厚度小于 125mm 时，其最大长度不得大于 3500mm。

③ 分户墙墙板的厚度应根据隔声要求确定，原则上应选用双层墙板。

（二）增强石膏条板隔墙

增强石膏条板简称为石膏圆孔条板。增强石膏条板是以建筑石膏为主，掺入适量的水泥为胶结料，以膨胀珍珠岩为集料，加水搅拌制成浆料，用玻璃纤维网格布增强，浇筑而制成空心条板。板中的孔型为圆形。

1. 增强石膏条板的原材料

增强石膏条板的原材料，主要包括建筑石膏、普通硅酸盐水泥、珍珠岩和玻璃纤维网格布等。所用的这些原材料质量要求，应符合下列规定。

（1）增强石膏条板所用的石膏为建筑石膏，其质量应当符合国家标准《建筑石膏》（GB/T 9776—2008）中优等品的规定。

（2）增强石膏条板所用的水泥，一般宜采用强度等级为 32.5 级或 42.5 级的普通硅酸盐水泥，其质量指标应当符合国家标准《通用硅酸盐水泥》（GB 175—2009）中的规定。

（3）增强石膏条板所用的膨胀珍珠岩，其质量应当符合行业标准《膨胀珍珠岩》（JC/T 209—2012）中的规定，一般宜选用堆积密度为 $150kg/m^3$ 的膨胀珍珠岩。

（4）增强石膏条板所用的玻璃纤维网格布，一般为涂塑中碱玻璃纤维网格布。网格布中的网格为 $10mm \times 10mm$，单位长度玻璃纤维网格布的质量 $\geqslant 80kg/m$，幅度为 580mm，含胶量 $\geqslant 8\%$。

2. 增强石膏条板的规格尺寸

增强石膏条板的长度一般为 2400～3000mm 时，板的宽度为 595mm，厚度为 60mm；增强石膏条板的长度一般为 2400～3900mm 时，板的宽度为 595mm，厚度为 90mm。

3. 增强石膏条板的技术性能

增强石膏条板的技术性能，主要包括抗压强度、干密度、板的重量、抗弯荷载、抗冲击、软化系数、收缩率、隔声量、含水率和吊挂力等。我国生产的增强石膏条板的主要技术性能，如表 2-3 所示。

表 2-3 增强石膏条板的主要技术性能

序号	项 目	指 标	备 注
1	抗压强度/MPa	$\geqslant 7.0$	—
2	干密度/(kg/m³)	$\leqslant 1150$	—

续表

序号	项　目	指　标	备　注
3	板重/(kg/m²)	60mm厚，≤55mm 90mm厚，≤65mm	—
4	抗弯荷载	≥1.8G	G为一块条板的自重
5	抗冲击	3次，板背面不裂	用30kg砂袋，落差500mm
6	软化系数	≥0.50	
7	收缩率/%	≤0.08	
8	隔声量/dB	≥30	
9	含水率/%	≤3.5	
10	吊挂力/N	≥800	

4. 增强石膏条板隔墙辅助材料

增强石膏条板隔墙施工所用的辅助材料，主要包括胶黏剂、石膏腻子和玻璃纤维布条。

（1）胶黏剂。用于增强石膏条板隔墙的胶黏剂，主要有1号石膏型胶黏剂和2号石膏型胶黏剂。

①1号石膏型胶黏剂。1号石膏型胶黏剂用于条板与条板拼缝、条板顶端与主体结构的粘接。1号石膏型胶黏剂的抗剪强度不小于1.5MPa，黏结强度不小于1.0MPa，初凝时间为0.5～1.0h。

②2号石膏型胶黏剂。2号石膏型胶黏剂用于条板上预留吊挂件、构配件粘接和条板预埋件补平。2号石膏型胶黏剂的抗剪强度不小于2.0MPa，黏结强度不小于2.0MPa，初凝时间为0.5～1.0h。

（2）石膏腻子。石膏腻子主要用于石板基面修补和找平，所用的石膏腻子的抗压强度不小于2.5MPa，抗折强度不小于1.0MPa，黏结强度不小于0.2MPa，初凝时间为3.0h。

（3）玻璃纤维布条。用于增强石膏条板隔墙的玻璃纤维布条，分为宽度为50～60mm和200mm的两种。前者主要用于板缝的处理，后者主要用于墙面阴阳转角附加层。

用于增强石膏条板隔墙的玻璃纤维布条，为涂塑中碱纤维网格布。其断裂强度（25mm×100mm布条），经纱不小于300N，纬纱不小于150N。

（三）增强水泥条板隔墙

增强水泥条板隔墙是用增强水泥隔墙条板组装而成的装饰性墙体。增强水泥隔墙条板是以水泥为胶结料，以适量的中砂、珍珠岩为集料，加水搅拌制成浆料，并用涂塑耐碱玻璃纤维网格布增强，浇筑制成空心板条。

增强水泥隔墙条板中的孔形，可分为方孔和圆孔两种。条板中穿孔的目的既可减轻板的自重，又可提高其保温、隔热、隔声性能。

1. 增强水泥隔墙条板的原材料

增强水泥隔墙条板所用的原材料，主要有水泥、膨胀珍珠岩和玻璃纤维网格布。

（1）水泥。增强水泥隔墙条板所用的水泥，主要是硫铝酸盐水泥和铁铝酸盐水泥。它是以适当的生料，煅烧所得到的以硫铝酸钙（或铁铝酸钙）和硅酸二钙为主要矿物的熟料，加入适量的石膏、石灰石等材料磨制而成的水泥。

硫铝酸盐水泥和铁铝酸盐具有水泥高强度、低碱性、早强性、凝结快、耐酸碱、防渗漏、耐锈蚀、微膨胀、低收缩、超大水灰比应用、抗冻融等特性，其pH值为10.5～11.0，其质量应符合行业标准《快硬硫、铁铝酸盐水泥》（JC 933—2003）中的规定。

（2）膨胀珍珠岩。增强水泥隔墙条板所用的膨胀珍珠岩，其质量应当符合行业标准《膨胀珍珠岩》（JC/T 209—2012）中的规定，一般宜选用堆积密度为150kg/m³的膨胀珍珠岩。

（3）玻璃纤维网格布。增强水泥隔墙条板所用的玻璃纤维网格布，一般为涂塑耐碱玻璃纤维网格布。网格布中的网格为10mm×10mm，单位长度玻璃纤维网格布的质量≥80kg/m，幅度为 580mm。

2. 增强水泥隔墙条板的规格尺寸

增强水泥隔墙条板的长度一般为 2400～3000mm 时，板的宽度为 595mm，厚度为 60mm；增强石膏条板的长度一般为 2400～3900mm 时，板的宽度为 595mm，厚度为 90mm。

3. 增强水泥隔墙条板的技术性能

增强水泥隔墙条板的技术性能，主要包括抗压强度、干密度、板的重量、抗弯荷载、抗冲击、软化系数、收缩率、隔声量、含水率和吊挂力等。我国生产的增强水泥隔墙条板的主要技术性能，如表 2-4 所示。

表 2-4 增强水泥隔墙条板的技术性能

序 号	项 目	指 标	备 注
1	抗压强度/MPa	≥10.0	—
2	干密度/(kg/m³)	≤1350	—
3	板重/(kg/m²)	60mm 厚，≤60mm	
		90mm 厚，≤70mm	
4	抗弯荷载	≥2.0G	G 为一块条板的自重
5	抗冲击	3 次,板背面不裂	用 30kg 砂袋,落差 500mm
6	软化系数	≥0.80	
7	收缩率/%	≤0.08	
8	隔声量/dB	≥30	
9	含水率/%	≤15.0	
10	吊挂力/N	≥800	

4. 增强水泥隔墙条板的辅助材料

增强水泥隔墙施工所用的辅助材料与增强石膏条板隔离辅助材料完全相同，也主要包括胶黏剂、石膏腻子和玻璃纤维布条。

（四）轻质陶粒混凝土条板隔墙

1. 轻质陶粒混凝土条板的原材料

轻质陶粒混凝土条板的原材料，主要有水泥、钢丝和陶粒。

（1）水泥。轻质陶粒混凝土条板所用的水泥，应当是 32.5 级以上的普通硅酸盐水泥。其质量应当符合国家标准《通用硅酸盐水泥》（GB 175—2009）中的规定。

（2）钢丝。轻质陶粒混凝土条板所用的钢丝，一般应采用乙级冷拔低碳钢丝，其质量应符合行业标准《混凝土用冷拔冷拔低碳钢丝》（JC/T 540—2006）中的规定，抗拉强度标准值不低于 550N/mm²。

（3）陶粒。陶粒是以黏土、页岩、粉煤灰等为原料，经加工、焙烧而制成的一种轻质、坚硬、具有明显蜂窝状的人造轻质骨料。其颗粒表观密度一般在 400～1200kg/m³，产品的堆积密度一般在 300～1000kg/m³。

陶粒具有表观密度小、保温性能好、耐火性和耐久性能优良等特点，可以替代石子等天然骨料，配制轻质混凝土用于土建工程的承重或非承重构件。轻质陶粒混凝土条板所用的陶粒，其干密度应在 400～600kg/m³ 范围内，筒压强度不低于 3.0MPa。

2. 轻质陶粒混凝土条板的规格尺寸

轻质陶粒混凝土隔墙所用的条板，当长度为 2400～3000mm 时，板的宽度为 595mm，其厚度为 60mm，分为实心板和圆孔板两种。当长度为 2400～3900mm 时，板的宽度为 595mm，其厚度为 90mm，只有一种圆孔板。

3. 轻质陶粒混凝土条板的技术性能

轻质陶粒混凝土条板的主要技术性能，与以上几种隔墙条件相同，主要包括抗压强度、干密度、板的重量、抗弯荷载、抗冲击、软化系数、收缩率、隔声量、含水率和吊挂力等。我国生产的增强水泥隔墙条板的主要技术性能，如表2-5所示。

表2-5 轻质陶粒混凝土条板的主要技术性能

序　号	项　目	指　标	备　注
1	抗压强度/MPa	≥7.5	—
2	干密度/(kg/m³)	≤1100	—
3	板重/(kg/m²)	60mm 厚，≤70mm	实心(空心≤60)
		90mm 厚，≤80mm	空心
4	抗弯荷载	≥2.0G	G 为一块条板的自重
5	抗冲击	3 次，板背面不裂	用 30kg 砂袋，落差 500mm
6	软化系数	≥0.80	
7	收缩率/%	≤0.08	
8	隔声量/dB	≥30	
9	含水率/%	≤15.0	
10	吊挂力/N	≥800	

4. 轻质陶粒混凝土条板的辅助材料

轻质陶粒混凝土条板所用的辅助材料，主要包括膨胀水泥砂浆、胶黏剂、石膏腻子、水泥砂浆和玻璃纤维布条。

（1）膨胀水泥砂浆。轻质陶粒混凝土条板所用的膨胀水泥砂浆，主要是以配合比为 1∶2.5 的水泥砂浆为基体，再加入水泥用量 10% 的膨胀剂而制成。膨胀水泥砂浆主要用于条板与条板、条板顶部与主体结构的粘接。

（2）胶黏剂。用于轻质陶粒混凝土条板所用的胶黏剂，主要有 1 号石膏型胶黏剂和 2 号石膏型胶黏剂。

① 1 号石膏型胶黏剂。1 号石膏型胶黏剂用于板缝填实和条板开槽槽内的补平。1 号石膏型胶黏剂的抗剪强度不小于 1.5MPa，黏结强度不小于 1.0MPa，初凝时间为 0.5～1.0h。

② 2 号石膏型胶黏剂。2 号石膏型胶黏剂用于条板上预留吊挂件、构配件粘接和条板预埋件补平。2 号石膏型胶黏剂的抗剪强度不小于 2.0MPa，黏结强度不小于 2.0MPa，初凝时间为 0.5～1.0h。

（3）石膏腻子。石膏腻子主要用于轻质陶粒混凝土条板石板基面修补和找平，所用的石膏腻子的抗压强度不小于 2.5MPa，抗折强度不小于 1.0MPa，黏结强度不小于 0.2MPa，初凝时间为 3.0h。

（4）水泥砂浆。轻质陶粒混凝土条板所用的水泥砂浆，用于水麻面轻质陶粒混凝土条板隔墙基面抹平压光，一般采用配合比为 1∶3.0 的水泥砂浆。

（5）玻璃纤维布条。用于增强石膏条板隔墙的玻璃纤维布条，分为宽度 50～60mm 和 200mm 的两种。前者主要用于板缝的处理，后者主要用于墙面阴阳转角附加层。

用于增强石膏条板隔墙的玻璃纤维布条，为涂塑中碱纤维网格布。其网格为 8 目/m，断裂强度（25mm×100mm 布条），经纱不小于 300N，纬纱不小于 150N。

（五）预制混凝土板隔墙

预制混凝土隔墙板一般多用于多层、高层建筑采用大模板施工工艺的非承重隔墙，以代替自重较大的砖砌体，具有提高建筑使用面积、减少现场湿作业的效果。

1. 预制混凝土隔墙板对材料的要求

预制混凝土隔墙板是由水泥、粗集料、细集料和水按一定比例配制而成。为确保预制混凝土隔墙板的质量，混凝土的强度等级一般为 C20，混凝土拌和物的坍落度为 80～100mm，混凝土所用的原材料，应符合下列要求。

（1）水泥。预制混凝土隔墙板所用的水泥，一般宜选用等级为 32.5 级以上的硅酸盐水泥和普通硅酸盐水泥，其技术性能应当符合国家标准《通用硅酸盐水泥》（GB 175—2009）中的规定。

在一般情况下，尽量不用矿渣硅酸盐水泥和其他品种的水泥，但可在混凝土中掺加适量的粉煤灰，以改善混凝土拌和物的和易性。

（2）粗集料。预制混凝土隔墙板所用的粗集料，宜选用质地坚硬、强度较高、级配良好、杂质很少的小豆石或 10～20mm 的碎石，其质量应符合国家标准《建设用卵石、碎石》（GB/T 14685—2011）中的规定。

（3）细集料。预制混凝土隔墙板所用的细集料，宜选用比较洁净、颗粒级配良好的中粗砂，其质量应符合国家标准《建设用砂》（GB/T 14684—2011）中的规定。

（4）拌和水。预制混凝土隔墙板所用的水，宜选用水质良好的饮用水，其质量应符合行业标准《混凝土用水标准》（JGJ 63—2006）中的规定。

2. 预制混凝土隔墙板的产品类型

预制混凝土隔墙板一般采用普通混凝土制成，也可采用轻集料混凝土制成。混凝土的强度等级一般为 C20，其厚度多为 50mm。预制混凝土隔墙板的外形主要有矩形、Γ形、Π形和回字形等。

（六）石膏砌块隔墙

石膏砌块是一种新型环保的内隔墙材料，具有安全、舒适、快速、环保、保健、不易开裂、加工性好等特点。石膏砌块产品一般包括石膏空心砌块和石膏实心砌块，主要用于工业与民用建筑的内隔墙。

1. 石膏砌块的规格和性能

（1）石膏砌块的规格。石膏砌块的规格比较少，其具体规格如表 2-6 所示。

表 2-6 石膏砌块的规格

品 种	规格尺寸/mm			备 注
	长度	宽度	高度	
石膏空心砌块	192	80、90	492	上海市企业标准（Q/IPPVI—1993）
石膏实心砌块	666	60、80、100	500	—

（2）石膏砌块的性能。不同品种的石膏砌块，其性能有所不同。石膏空心砌块的性能，如表 2-7 所示；石膏实心砌块的性能，如表 2-8 所示。

表 2-7 石膏空心砌块的性能

项 目	指 标			
	普通型		防潮型	
	80mm 厚	90mm 厚	80mm 厚	90mm 厚
质量/（kg/m²）	60±5	70±5	70±5	80±5
抗压强度/MPa	≥5.0		≥4.0	
抗折强度/MPa	≥1.8		≥1.5	
热导率/[W/(m·K)]	≤0.20		≤0.40	
耐水软化系数	≥0.30		≥0.55	
耐火极限/h	>1.50	>2.22	>1.50	>1.25

表 2-8 石膏实心砌块的性能

项 目	指 标	项 目	指 标
质量/（kg/m²）	90	隔声系数/dB	37
抗压强度/MPa	7	耐火极限/h	4
承重强度/（kN/m）	200	—	—

注：性能系数测自宽度为 100mm 的砌块。

2. 石膏砌块的辅助材料

石膏砌块隔墙所用的辅助材料，主要包括胶黏剂、防潮材料和其他材料。

（1）胶黏剂。砌筑石膏砌块的胶黏剂，一般采用 SG791 胶。这种胶黏剂是一种无色透明胶液，与建筑石膏粉调制成胶泥，其配合比为：石膏粉：791 胶＝1：（0.6～0.7）。胶泥调制量不宜过多，以一次不超过 20min 使用时间为准。也可用 SG792 胶作为砌筑用胶，SG792 胶是一种乳膏状、单组分胶黏剂，不需要再进行调制，可以直接用于石膏砌块的砌筑。

（2）防潮材料。墙面防潮材料一般用有机硅建筑防水剂，甲基硅醇钠防水剂是一种水溶液，也是一种廉价无毒的建筑材料的防水剂。用于防水剂时可以单独使用，也可以和其他有机或无机材料复合制成新的防水剂使用，使用时喷涂或刷涂于各种建材或建筑物表面时，能形成无色、看不见的憎水膜层，能有效地防止水的渗透，起到防水、防污染、防风化的作用。

（3）其他材料。在石膏砌块隔墙砌筑时，除以上几种所需的主要材料外，还应准备一些其他材料，如膨胀螺栓、螺钉、水泥钉、木条、铁片拉条和连接件等。

二、骨架隔墙工程材料

骨架式隔墙是指那些以饰面板材固定于骨架两侧面，从而形成的一种轻质隔墙。骨架式隔墙一般由骨架和面层组成，大多以轻钢龙骨（或铝合金龙骨）为骨架，以石膏板、埃特板、玻璃纤维增强水泥板、纤维水泥加压平板及木质板为面板材料。

在建筑装饰工程中，骨架式隔墙结构形式很多，常见的有：轻钢龙骨石膏板隔墙、轻钢龙骨 GRC 板隔墙、轻钢龙骨 FC 板隔墙、轻钢龙骨硅酸钙板隔墙和木板隔墙等。

（一）轻钢龙骨石膏板隔墙

轻钢龙骨石膏板隔墙是以轻钢龙骨为骨架，以纸面石膏板为面板材料，在室内现场组装的分户或分室非承重墙。

1. 轻钢龙骨材料

轻钢龙骨是目前装饰工程中常用的顶棚和隔墙等的骨架材料，它是采用镀锌钢板、优质轧带板或彩色喷塑钢板为原料，经过剪裁、冷弯、滚轧、冲压成型而制成，是一种新型的木骨架换代产品。

（1）轻钢龙骨的特点、种类、技术要求

① 轻钢龙骨的特点

a. 自身质量较轻。轻钢龙骨是一种轻质材料。用这种材料制作的吊顶自重仅为 $3\sim4kg/m^2$，若用 9mm 厚的石膏板组成吊顶，则为 $11kg/m^2$ 左右，为抹灰吊顶重量的 1/4。隔断的自重为 $5kg/m^2$，两侧各装 12mm 厚的石膏板组成的隔墙重约 $25\sim27kg/m^2$，只相当于半砖墙质量的 1/10。

b. 防火性能优良。由轻钢龙骨和 2～4 层石膏板所组成的隔断，其耐火极限可达到 1.0～1.6h。因此，轻钢龙骨具有优良的防火性能。

c. 施工效率较高。由于轻钢龙骨是一种轻质材料，并可以采用装配式的施工方法，因此，其施工效率较高，一般施工技术水平，每工日可完成隔断 $3\sim4m^2$。

d. 结构安全可靠。由于轻钢龙骨具有强度较高、刚度较大等优良特点，因此，用其制成的结构非常安全可靠。例如，用宽度为 50～150mm 的隔墙龙骨制作 3.25～6.00m 高的隔断时，在 $250N/m^2$ 均布荷载作用下，隔墙龙骨的最大挠度值可满足标准规定的不大于高度 1/20 的要求。

e. 抗冲击性能好。由轻钢龙骨和 9～18mm 厚的普通纸面石膏板组成隔墙，其纵向断裂荷载为 390～850N，所以其抗冲击性能良好。

f. 抗震性能良好。轻钢龙骨和面层常采用射钉、抽芯铆钉和自攻螺钉这类可滑动的连接件进行固定，其抗震性能良好。在地震剪力的作用下，隔断仅产生支承滑动，而轻钢龙骨和面层本身受力甚小，不会产生破坏。

g. 可提高隔热、隔声效果及室内利用率。因轻钢龙骨隔断占地面积很小，如 Q75 轻钢龙骨和两层 12mm 石膏板所组成的隔断，宽度仅 99mm，而其保温隔热性能却远远超过一砖厚的墙。如果在轻钢龙骨内再填充岩棉等保温材料，其保温隔热效果可以相当于 37mm 厚度的砖墙体。通常在娱乐场所、会议室、办公室等隔墙或顶棚中采用此种材料施工，不仅可以解决隔声和保温的问题，而且还可以提高室内的利用率。

② 轻钢龙骨的种类。轻钢龙骨是发展非常迅速的一种骨架装饰材料，按其断面形式不同可以分为 C 形龙骨、U 形龙骨、T 形龙骨和 L 形龙骨等多种。C 形龙骨主要用于隔墙，即 C 形龙骨组成骨架后，两面再装以面板从而组成隔断墙。U 形龙骨和 T 形龙骨主要用于吊顶，即在 U 形龙骨、T 形龙骨组成骨架后装以面板，从而组成明式或暗式顶棚。

在轻钢龙骨中，按其使用部位不同可分为吊顶龙骨和隔断龙骨。吊顶龙骨的代号为 D，隔断龙骨的代号为 Q。吊顶龙骨又分为主龙骨（大龙骨）和次龙骨（中龙骨、小龙骨）。主龙骨也称为"承重龙骨"，次龙骨也称为"覆面龙骨"。隔断龙骨又分为竖龙骨、横龙骨和通贯龙骨等。轻钢龙骨按龙骨的承重荷载不同，分为上人吊顶龙骨和非上人吊顶龙骨。

③ 轻钢龙骨的技术要求。轻钢龙骨的技术要求，主要包括外观质量、角度允许偏差、内角半径、力学性能和尺寸允许偏差等方面。其具体要求应当分别符合表 2-9～表 2-13 中的规定。

表 2-9　轻钢龙骨的外观质量要求

缺陷种类	优等品	一等品	合格品
腐蚀、损伤、黑斑、麻点	不允许	无较严重的腐蚀、损伤、麻点。总面积不大于 1cm² 的黑斑，每米长度内不得多于 5 处	

表 2-10　轻钢龙骨角度允许偏差要求

成形角的最短边尺寸/mm	优等品	一等品	合格品
10～18	±1°15′	±1°30′	±2°00′
>18	±1°00′	±1°15′	±1°30′

表 2-11　轻钢龙骨内角半径要求　　　　　单位：mm

钢板厚度(不大于)	0.75	0.80	1.00	1.20	1.50
弯曲内角径(R)	1.25	1.50	1.75	2.00	2.25

表 2-12　吊顶轻钢龙骨的力学性能

项　目		力　学　性　能　要　求
静载试验	覆面龙骨	最大挠度不大于 10.0mm，残余变形不大于 2.0mm
	承载龙骨	最大挠度不大于 5.0mm，残余变形不大于 2.0mm

表 2-13　轻钢龙骨的尺寸允许偏差　　　　　单位：mm

项　　　目			优等品	一等品	合格品
长　　度			+30 −10		
覆面龙骨断面尺寸	底面尺寸	<30	±1.0		
		>30	±1.5		
	侧面尺寸		±0.3	±0.4	±0.5
其他龙骨断面尺寸	底面尺寸		±0.3	±0.4	±0.5
	侧面尺寸	<30	±1.0		
		>30	±1.5		
吊顶承载龙骨和覆面龙骨侧面和底面的平整度			1.0	1.5	2.0

（2）隔墙用轻钢龙骨

① 隔墙轻钢龙骨的种类和规格。根据《建筑用轻钢龙骨》（GB/T 11981—2008）中的规定，隔墙轻钢龙骨产品的主要规格有：Q50、Q75、Q100、Q150 几个系列，其中 Q75 系列以下的轻钢龙骨，用于层高 3.5m 以下的隔墙；Q75 系列以上的轻钢龙骨，用于层高 3.5～6.0m 的隔墙。隔墙轻钢龙骨的主件有：沿地龙骨、竖向龙骨、加强龙骨、通贯龙骨，其主要配件有：支撑卡、卡托、角托等。隔墙（断）龙骨的名称、产品代号、规格、适用范围，如表 2-14 所示。

表 2-14　隔墙（断）龙骨的名称、产品代号、规格、适用范围

名　称	产品代号	标　记	规格尺寸/mm			用钢量/(kg/m)	适用范围	生产单位
			宽度	高度	厚度			
沿顶沿地龙骨	Q50	QU50×40×0.8	50	40	0.8	0.82	用于层高 3.5m 以下的隔墙	北京市建筑轻钢结构厂
竖龙骨		QC50×45×0.8	50	45	0.8	1.12		
通贯龙骨		QU50×12×1.2	50	12	1.2	0.41		
加强龙骨		QU50×40×1.5	50	40	1.5	1.50		
沿顶沿地龙骨	Q75	QU77×40×0.8	77	40	0.8	1.00	除第 3 种用于 3.5m 以下外，其他均用于 3.5～6.0m	
竖龙骨		QC75×45×0.8	75	45	0.8	1.26		
通贯龙骨		QC75×50×0.5	75	50	0.5	0.79		
加强龙骨		QU75×40×1.5	75	40	1.5	1.77		
沿顶沿地龙骨	Q100	QU102×40×0.5	102	40	0.5	1.13	用于层高 6.0m 以下的隔墙	
竖龙骨		QC100×45×0.8	100	45	0.8	1.43		
通贯龙骨		QU38×12×1.2	38	12	1.2	0.58		
加强龙骨		QU100×40×1.5	100	40	1.5	2.06		

② 隔墙轻钢龙骨的应用。隔墙轻钢龙骨主要适用于办公楼、饭店、医院、娱乐场所、影剧院等分隔墙和走廊隔墙等部位。在实际隔墙装饰工程中，一般常用于单层石膏板隔墙、双层石膏板隔墙、轻钢龙骨隔声墙和轻钢龙骨超高墙等。

（3）隔墙轻钢龙骨的技术要求

① 为确保轻钢龙骨的耐久性和装饰性，轻钢龙骨的双面镀锌量应大于 80g/m。

② 轻钢龙骨的平直度应符合有关要求，其测量平直度不大于 1mm/m，底面应不大于 2mm/m。

③ 轻钢龙骨在 160N 静荷载的作用下，5min 后最大残余变形应不大于 2mm。

④ 轻钢龙骨的抗冲击性能。用 300N 砂袋从 300mm 高处自由落到垫板上，其最大残余变形量应不大于 10mm，龙骨不得有明显变形。

2. 纸面石膏板

由于石膏具有孔隙率大、质量较轻、保温隔热、吸声防火、成型容易、容易加工、装饰性好等优点，所以在国外建筑工程中广泛应用，其中石膏板是石膏制品中品种和产量最多的一种。

普通纸面石膏板是以建筑石膏（也称半水石膏）为主要原料，掺入适量的纤维和外加剂制成芯板，再在其表面贴以厚质护面纸而制成的板材。石膏板具有质轻、保温隔热性能好、防火性能优良、施工安装方便等特点，在墙面、顶棚及隔断工程中，是一种应用较为广泛的建筑装饰材料。

（1）纸面石膏板的品种。纸面石膏板一般包括普通纸面石膏板、纸面石膏装饰吸声板、耐火纸面石膏板以及耐水纸面石膏板等。

① 普通纸面石膏板。普通纸面石膏板是一种制作容易、价格低廉、应用比较广泛的顶棚装饰材料，由于具有良好的防火阻燃性能，所以可以用于一般没有特殊防火要求的墙体及顶棚等建筑部位。

② 纸面石膏装饰吸声板。纸面石膏装饰吸声板是一种在石膏板上开有小孔的小型板材，具有较好的吸声作用，主要用于吊顶的面层。其产品主要为正方形，常有 500mm×500mm、

600mm×600mm，厚度为9mm、12mm等规格，活动式装配吊顶主要以9mm厚为宜。

③ 耐火纸面石膏板。耐火纸面石膏板是一种具有良好耐火性能的板材，在发生火灾后，这种石膏板能在一定的时间内保持结构完整，从而起到阻隔火焰蔓延的作用。如北京新型材料厂生产的"龙牌"高级防火石膏板，在制作过程中加入玻璃纤维和其他添加剂，能够在遇火时起到增强板材的耐火作用。

④ 耐水纸面石膏板。耐水纸面石膏板是在石膏中加入水溶性合成树脂或沥青、合成树脂与活性矿物掺料复合剂及涂敷与浸渍具有防水性的有机、无机盐等，使制品结构的致密性得到改善，同时对石膏板纸也进行了防水处理，使其耐水性能大大增强。这种板材虽然比普通石膏板的防水性能有所提高，但仍不能直接暴露在潮湿的环境中，只能作为衬板使用，外面还需贴瓷砖一类的耐水饰面材料，切不可长期浸泡在水中。耐水纸面石膏板一般为长方形，板边形状为楔形边和直角边。

（2）纸面石膏板的形状、规格和性能、特点

① 纸面石膏板的形状。纸面石膏板一般为矩形，其板的长度有：1800mm、2100mm、2400mm、2700mm、3000mm、3300mm等几种，其宽度有：900mm、1200mm两种，其厚度有9mm、12mm、15mm、18mm、21mm和25mm，也可根据用户的要求生产其他规格的板材。

② 纸面石膏板的规格和性能。纸面石膏板的品种很多，不同的生产厂家，生产的纸面石膏板的规格和性能也有很大差异。目前常见的品种有：普通纸面石膏板、耐火纸面石膏板、耐水纸面石膏板、圆孔形纸面石膏装饰吸声板和长孔型纸面石膏装饰吸声板等。常用纸面石膏板的规格、性能及用途，如表2-15所示。

表2-15 纸面石膏板的规格、性能及用途

品　　名	规格（长×宽×高）/mm	技 术 性 能	主 要 用 途
普通纸面石膏板	(2400～3300)×(900～1200)×(9～18)	耐水极限：5～10mm；含水率：<2% 热导率：0.167～0.180W/(m·K) 单位面积质量：9.0kg/m²<G<16kg/m²	主要用于墙面和顶棚的基面板
耐水纸面石膏板	长：2400,2700,3000 宽：900,1200 厚：12,15,18等	吸水率：<5%	主要用于卫生间、厨房衬板
耐火纸面石膏板	900×450×9 900×450×12 900×600×9 900×600×12 1200×450×9 1200×450×12 1200×600×9 1200×600×12	燃烧性能：A₂级不燃 含水率：≤2% 热导率：0.186～0.206W/(m·K) 隔声性能：9mm厚，隔声指数为25dB 　　　　12mm厚，隔声指数为28dB	主要用于防火要求较高的建筑室内顶棚和墙面基面板
圆孔形纸面石膏装饰吸声板（龙牌）	600×600×(9～12) 孔径：6 孔距：18 开孔率：8.7% 表面可喷涂或涂成各种花色	质量：<9～12kg/m² 挠度：板厚12mm，支座间距40mm 纵向：≤1.0mm 横向：≤0.8mm	主要用于顶棚和墙面的表面装饰
长孔形纸面石膏装饰吸声板（龙牌）	600×600×(9～12) 孔长：70 孔宽：2 孔距：13 开孔率：5.5%	断裂荷载：支座间距40mm 9mm厚板：横向≥400N 　　　　纵向≥150N 12mm厚板：横向≥600N 　　　　纵向≥180N	

③ 纸面石膏板的特点。纸面石膏板具有质轻、抗弯强度高、防火、隔热、隔声、抗震性

能好、收缩率小、可调节室内湿度等优点，特别是将纸面石膏板配以金属龙骨用于吊顶或隔墙时，与采用胶合板相比，能较好地解决防火问题。经试验证明，用酒精灯火焰剧烈加热 12mm 厚的石膏板时，在 15min 后板背后的温度仍低于木材的着火点（230℃），而且试件的任何部位均不出现明火，也不会出现延缓燃烧现象。

根据公安部消防科学研究所测试，认为纸面石膏板的耐火极限，完全可以满足规范规定的一、二级耐火等级吊顶要求，即要求其应为不燃材料，其耐火极限为 15min。

普通纸面石膏板和耐火纸面石膏板，因其板面幅宽而平整，并具有可锯、可刨、可钉等易加工性，所以易于安装施工，劳动强度较小，生产效率较高，施工速度较快，且可以在吊顶造型中，通过起伏变化构成不同艺术风格的空间，进一步创造富于变化、活泼轻松的环境美。普通纸面石膏板虽然具有很好的优良性能，但其抗压强度不高，一般只用于装饰材料而不能用于承重结构。

（二）轻钢龙骨 GRC 板隔墙

GRC 隔墙板又称玻璃纤维增强水泥条板，是一种以低碱特种水泥、膨胀珍珠岩、耐碱玻璃涂胶网格布及特种胶黏剂与添加剂配制而成的新型（单排圆孔与双排圆孔）轻质隔声隔墙板。主要用于高层框架结构建筑、公共建筑及居住建筑的非承重隔墙、厨房、浴室、阳台、栏板等。

目前，我国大量生产的 GRC 板主要有两类：一类是 GRC 轻质平板；另一类是 GRC 多孔轻质隔墙条板。GRC 多孔轻质隔墙板是一种 GRC 新产品，其特点是：质量较轻，强度较高，防火性强，防湿、防水性好，抗震性好，占地面积小，安装快捷。这种新型的隔墙材料，可用于各种建筑物，特别适用于高层建筑。

GRC 隔墙板的密度一般小于 $1.1g/cm^3$，抗弯强度为 $6860 \sim 9800kPa$，抗冲击强度为 $490 \sim 980kPa$，干湿变形小于 0.15%，含水率小于 10%，吸水率小于 35%，耐水性为泡水一年强度不变。

（三）轻钢龙骨 FC 板隔墙

FC 板是纤维增强水泥加压板的简称，这种隔墙板是以优质高强度等级水泥为基材，并配以天然纤维进行增强，经先进生产工艺成型、加压、蒸养和特殊技术处理而制成的一种新型隔墙板材。

FC 板具有质量轻、强度高、幅面大、抗弯性好、防火耐水、防蚀性强、隔声隔热、易于施工等特点，主要适用于各类建筑物的内外墙板、天花板、幕墙衬板、吸声屏障、复合墙体的面板、家具用板和卫生间、厨房等处。

FC 板的密度一般为 $1.7g/cm^3$，纵向抗折强度为 20MPa，横向抗折强度为 28MPa，抗渗性能为背面无水渍，抗冻性能为经过 25 次冻融循环合格。

（四）轻钢龙骨硅酸钙板隔墙

纤维增强硅酸钙板又称硅酸钙板，简称硅钙板。这种板是以优质纤维、矿物质材料等为基料，经先进生产工艺成型、加压、高温高压蒸养和特殊技术处理而制成的新型板材。

纤维增强硅酸钙板具有轻质、易施工、防火、防潮、防虫、防蚁、防蚀、尺寸稳定、使用寿命长等特点，主要用于隔墙、吊顶、家具、橱柜、活动地板、办公隔断、防火门、风管保护等。

1. 纤维增强硅酸钙板的品种规格

纤维增强硅酸钙板的品种规格，如表 2-16 所示。

表 2-16 纤维增强硅酸钙板的品种规格

品 种	规格尺寸/mm		
	长 度	宽 度	厚 度
硅酸钙板	1800	900	6、7、8、9、10

2. 纤维增强硅酸钙板的技术性能

纤维增强硅酸钙板的技术性能，如表 2-17 所示。

表 2-17 纤维增强硅酸钙板的技术性能

项 目	指 标	项 目	指 标
密度/(g/cm³)	≤1.2	热导率/[W/(m·K)]	≤0.22
抗折强度/MPa	>5.0	耐火性能/h	>1.0
吸水率/%	50		

3. 纤维增强硅酸钙板的外观质量

纤维增强硅酸钙板的外观质量要求和尺寸允许偏差，如表 2-18 所示。

表 2-18 纤维增强硅酸钙板的外观质量要求和尺寸允许偏差

项 目		指 标	
		隔墙板	吊顶板
外观质量		板的正表面不得有裂纹、黏块及贯穿厚度的杂物	
形状误差	板边直线度/(mm/m)	2.0	
	板边垂直度/(mm/m)	3.0	
	掉角(长×宽)/mm	20×20	5×5
	板面平面度/(mm/m)	7.0	
尺寸允许偏差	长度/mm	3.0	3.0
	宽度/mm	3.0	3.0
	厚度/mm	10.0	+1.0，-0.5
	厚度不均匀度/%	10.0	

（五）各种木板隔墙

室内隔墙所用的木板，主要包括密度板、大芯板、细芯板和实木板。选择质量优良的木质板材是保证木板隔墙质量的最重要因素。因此，在进行木板的选择中，不但要求对板材的质量进行选择，而且对板材的适用性也需要进行严格选择。

1. 密度板

密度板是用木材或植物纤维作为主要原料，经机械分离成单体纤维，加入添加剂制成板坯，通过热压或胶黏剂组合成人造板。厚度主要有 3mm、4mm、5mm、9mm、12mm、15mm 等。密度板在制作过程中进行了热压处理，所以其抗菌性都较好。

按表观密度不同，密度板可分为：高密度纤维板、中密度纤维板和低密度纤维板三种。在建筑装饰工程中多数采用高密度纤维板和中密度纤维板。高密度纤维板是木材的优良代用品，可用于室内地面装饰，也可用于室内墙面装饰、装修，制作硬质纤维板室内隔断墙，采用双面包箱的方法达到隔声的目的，经冲制、钻孔，硬质纤维板还可制成吸声板应用于建筑的吊顶工程。但是，密度板有两个最大的缺点：一是膨胀性比较大，遇水后体积发生变形；二是抗弯性能比较差，不能用于受力较大的部位。

2. 大芯板

大芯板也称为细木工板，是一种具有实木板芯的胶合板，它是将原木切割成条拼接成芯，外部镶贴上面板制作加工而成。按面板的层数不同可分为三合板、五合板等；按树种不同可分为柳桉木、柚木大芯板等。

大芯板的竖向抗弯压强度差，但横向抗弯压强度较高。质量好的大芯板面板的表面平整光滑，不易出现翘曲变形，并可根据表面砂光情况，将板材分为单面光和两面光两种类型。两面光的板材可用于家具面板、门窗套框等要害部位的装饰材料。现在市场上大部分是实心、胶拼、双面砂光、五层的大芯板，尺寸规格为1220mm×2440mm。

由于大芯板是一种具有实木板芯的胶合板，而且多数是使用木材和脲醛类胶黏剂加工而成的产品，因此或多或少地含有一定潜在释放的甲醛，因甲醛对人体有严重危害，所以家庭装饰装修只能使用E1级的大芯板。

3. 细芯板

细芯板也称为夹板、胶合板，是由三层或多层1mm厚的单板或薄板胶贴热压制而成，是目前手工制作家具最为常用的材料。细芯板一般分为3厘板、5厘板、9厘板、12厘板、15厘板和18厘板六种规格（1厘即为1mm）。细芯板的分类、性能及应用如表2-19所示。

表2-19　细芯板的分类、性能及应用

分类	名　　称	性　　能	应用环境
Ⅰ类	耐气候胶合板	耐久,耐煮沸或蒸汽处理,抗菌	室外
Ⅱ类	耐水胶合板	能在冷水中浸渍,能经受短时间热水浸渍,抗菌	室内
Ⅲ类	耐潮胶合板	耐短时间冷水浸渍	室内常态
Ⅳ类	不耐潮胶合板	具有一定的胶合强度	室内常态

通常细芯板的面层选用光滑平整且纹理美观的单板，或用装饰板等材料制成贴面细芯板，以提高细芯板的装饰性能。细芯板是人造板材中应用量最大的一种，可广泛用于建筑室内的隔墙板、护壁板、天花板、门面板以及家具和装修。

4. 实木板

实木板就是采用完整的木材制成的木板材。实木板材具有坚固耐用、纹路自然、抗弯性好、强度较高、装饰性好、经久耐用等优点，是室内建筑装修工程中优选的木质板材。

但是，由于木材的种类很多，所以在装饰效果上差别较大。另外，这种板材的价格较高，从而使装修工程的造价提高，一般仅适用于高档的装饰工程。

实木板主要采用传统工艺，很少使用钉和胶等做法。对于木工的技能要求比较高，未经正式训练的木工很难胜任实木板的加工。实木板在装修施工前，应当经过蒸煮杀虫及烘干处理。未经过处理而直接使用这些木材，会有虫害（主要是白蚁）的隐患。

第三章

装饰门窗施工工艺

随着当前社会的不断发展，人们对建筑工程施工中的各项施工设施和施工工艺的要求不断提高。在建筑工程施工的过程中，随着人们对生活质量要求的不断提高，对门窗安装要求也在日益提高。

第一节　装饰木质门窗施工工艺

在现代装饰工程中，不仅木门窗的应用占有很大比例，而且木门窗又是室内装饰造型的一个重要组成部分，也是创造装饰气氛与效果的一个重要手段。

一、装饰木门

（一）木门的基本构造

门是由门框和门扇两部分组成的。当门的高度超过 2.1m 时，还要增加上窗的结构（又称亮子、么窗），门的基本构造如图 3-1 所示。各种门的门框构造基本相同，但门扇有较大差别。

1. 门框

门框是门的骨架，主要由冒头（横档）、框梃（框柱）组成。有门的上窗时，在门扇与上窗之间设有中贯横档。门框架各连接部位都是用榫眼连接的。按照传统的做法，框梃和冒头的连接是在冒头上打眼，在框梃上制作榫；框梃与中贯横档的连接，是在框梃上打眼，在中贯横档两端制作榫。

2. 门扇

装饰木门的门扇，根据其制作和安装位置不同，可分为镶板式门扇和蒙板式门扇两类。

（1）镶板式门扇。镶板式门扇是在做好门扇

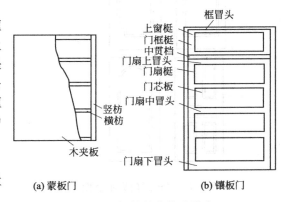

图 3-1　门的基本构造形式

框后，将门板嵌入门扇木框上的凹槽中。这种门扇框的木方用量较大，但板材用量较少。这种门扇的门扇框是由上冒头、中冒头、下冒头和门扇梃组成。门扇梃与上冒头的连接，是在门扇梃上打眼，上冒头的上半部做半榫，下半部做全榫，如图 3-2 所示。门扇梃与中冒头的连接，与上冒头的连接基本一样。门扇梃与下冒头的连接，由于下冒头一般比上冒头和中冒头宽，为了连接牢固，要做两个全榫、两个半榫，在门扇梃上打两个全眼、两个半眼，如图 3-3 所示。

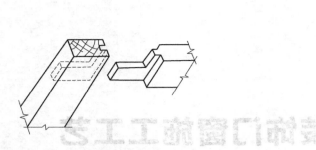

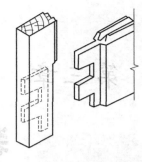

图 3-2　门扇梃与上冒头的连接　　　　　图 3-3　门扇梃与下冒头的连接

为了将门板安装于门扇梃、门扇冒头之间，在门扇梃和冒头上开出宽为门板厚度的凹槽，在安装门扇时，可将门芯板嵌入槽中。为了防止门芯板受潮发生膨胀，而使门扇变形或芯板翘鼓，门芯板装入槽内后，还应有 2～3mm 的间隙。

（2）蒙板式门扇。蒙板式门扇的门扇框，所使用的木方截面尺寸较小，而且是蒙在两块木夹板之间，所以又称为门扇骨架。门扇骨架是由竖向方木和横档方木组成，竖向方木与横档木方的连接，通常采用单榫结构。在一些门扇较高、宽度尺寸较大，骨架的竖向与横向方木的连接，可采用钉与胶相结合的连接方法。为增强门的坚固性，门扇两边的蒙板，通常采用 4mm 厚的夹板。

（二）装饰门常见形式

（1）镶板式门扇。目前，在建筑装饰工程中常用的镶板式门扇，主要有全木式和木与玻璃结合式两类，实际中最常用的是木与玻璃结合式。

（2）蒙板式门扇主要有平板式和木板与木线条组合式两类。将各种图案的木线条钉在板面上，从而组成饰面美观、图案多样的门扇，如图 3-4 所示。

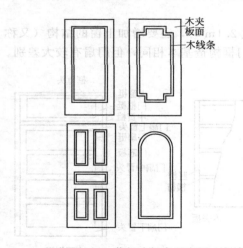

图 3-4　蒙板式门扇示意图

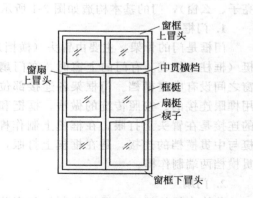

图 3-5　木窗的构造形式

二、装饰木窗

（一）木窗的基本构造

木窗由窗框和窗扇组成，在窗扇上按设计要求安装玻璃，如图 3-5 所示。

（1）窗框。窗框由扇梃、上冒头、下冒头等组成，当顶部有上窗时，还要设中贯横档。

（2）窗扇。窗扇在上冒头、下冒头、扇梃、扇棂之间。

（3）玻璃。玻璃安装于冒头、窗扇梃、窗棂等之间。

（二）连接构造

木窗的连接构造与门的连接构造基本相同，都采用榫式结合。按照规矩，一般是在扇梃上凿眼，冒头上开榫。如果采用先立窗框再砌墙的安装方法，应在上冒头和下冒头两端留出走头（延长端头），走头的长度一般为120mm。窗框与窗棂的连接，也是在扇梃上凿眼，窗棂上开榫。

（三）装饰窗常见式样

在室内装饰工程中的装饰窗，通常主要有固定式和开启式两大类。

1. 固定式装饰窗

固定式装饰窗没有可以活动的开闭的窗扇，窗棂直接与窗框相连接。常见的固定式装饰窗如图3-6所示。

2. 开启式装饰窗

开启式装饰窗分为全开启式和部分开启式两种。部分开启式也就是装饰窗的一部分是固定的，另一部分是可以开闭的。常见的活动装饰窗如图3-7所示。

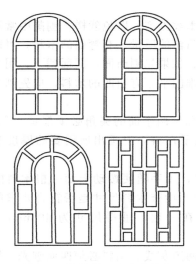

图3-6 常见的固定式装饰窗

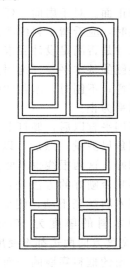

图3-7 常见的活动装饰窗

三、木装饰门窗制作工艺

（一）制作工序

木装饰门窗的制作工艺流程主要包括：配料→截料→刨料→划线→凿眼→倒棱→裁口→开榫→断肩→组装→加楔→净面→油漆→安装玻璃。

（二）施工工艺

1. 配料与截料

（1）为了进行科学配料，在配料前要熟悉图纸，了解门窗的构造、各部分尺寸、制作数量和质量要求。计算出各部分的尺寸和数量，列出配料单，按照配料单进行配料。如果数量较少，也可以直接配料。

（2）在进行配料时，对木方材料要进行选择。不用有腐朽、斜裂、节疤大的木料，不干燥的木料也不能使用。同时，要先配长料后配短料，先配框料后配扇料，使木料得到充分合理的使用。

（3）制作门窗时，往往需要大量刨削，拼装时也会有一定的损耗。所以，在配料时必须加大木料的尺寸，即各种部件的毛料尺寸要比其净料加大些，最后才能达到图纸上规定的尺寸。门窗料的断面，如要两面刨光，其毛料要比其净料加大 4～5mm，如只是一面刨光，要加大2～3mm。

（4）门窗料的长度，因门窗框的冒头有走头（加长端），冒头（门框上的上冒头，窗框的上、下冒头）两端各需加长 120mm，以便砌入墙内锚固。无走头时，冒头两端各加长 20mm。安装时，再根据门洞或窗洞尺寸决定取舍。需埋入地坪下 60mm，以便入地坪以下使门框牢固。在楼层上的门框梃只加长 20～30mm。一般窗框的梃、门窗冒头、窗槛等可加长 10～15mm，门窗的梃加长 30～50mm。

（5）在选配的木料上按毛料尺寸划出截断、锯开线，考虑到锯解木料时的损耗，一般留出2～3mm 的损耗量。

2. 刨料

（1）在进行刨料前，宜选择纹理清晰、无节疤和毛病较少的材面作为正面。对于框料，任选一个窄面为正面。对于扇面，任选一个宽面为正面。

（2）刨料时，应看清木料的顺纹和逆纹，应当顺着木纹刨削，以免戗槎。刨削中常用尺子量测部件的尺寸是否满足设计要求，不要刨过量，影响门窗的质量。有弯曲的木料，可以先刨凹面，把两头刨的基本平整，再用大刨子刨，即可刨平。如果先刨凸面，凹面朝下，用力刨削时，凸面向下弯；不刨时，木料的弹性又恢复原状，很难刨平。有扭曲的木料，应先刨木料的高处，直到刨平为止。

（3）正面刨平直以后，要打上记号，再刨垂直的一面，两个面的夹角必须都是 90°，一面刨料，一面用角尺测量。然后，以这两个面为准，用勒子在料面上画出所需要的厚度和宽度线。整根料刨好，这两根线也不能刨掉。

检查木料是否刨好的方法是：取两根木料叠在一起，用手随便按动上面一根木料的一个角，如果这根木料丝毫不动，则证明这根木料已经刨平。检查木料尺寸是否符合要求的方法是：如果每根木料的厚度为 40mm，取 10 根木料叠在一起，量得尺寸为 400mm（误差±4mm），其宽度方向两边都不突出。

（4）门、窗的框料靠墙的一面可不刨光，但要刨出两道灰线。扇料必须四面刨光，划线时才能准确。料刨好以后，应按框、扇分别码放，上下对齐，以便安装时使用。放料的场地，要求平整、坚实，不得出现不均匀沉降。

3. 划线

（1）划线前，先要弄清楚榫、眼的尺寸和形式，即什么地方做榫，什么地方凿眼。眼的位置应在木料的中间，宽度不超过木料厚度的 1/3，由凿子的宽度而确定。榫头的厚度是根据眼的宽度确定的，半榫长度应为木料宽度的 1/2。

（2）对于成批的料，应选出两根刨好的木料，大面相对放在一起，划上榫与眼的位置。要注意，使用角尺、画线竹笔、勒子时，都应靠在大号的大面和小面上。划的位置线经检查无误后，以这两根木料为样板再成批划线。要求划线一定要清楚、准确、齐全。

4. 凿眼

（1）凿眼时，要选择与眼的宽度相等的凿子，这是保证榫、眼尺寸准确的关键。凿刃要锋利，刃口必须磨齐平，中间不能突起成弧形。先凿透眼，后凿半眼，凿透眼时先凿背面，凿到1/2～2/3 眼深，把木料翻起来凿正面，直至将眼凿透。这样凿眼，可避免把木料凿劈裂。另外，眼的正面边线要凿去半条线，留下半条线，榫头开榫时也要留下半条线，榫与眼合起来成为一条整线，这样榫与眼结合才能紧密。眼的背面按划线凿，不留线，使眼比面略宽，这样在眼中插入榫头时，可避免挤裂眼口的四周。

（2）凿好的眼，要求形状方正、两侧平直。眼内要清洁，不留木渣。千万不要把中间部分凿凹。凿凹的眼在加楔时，一般不容易夹紧，榫头很容易松动，这是门窗出现松动、关不上、下垂等质量问题的主要原因之一。

5. 倒棱和裁口

（1）倒棱和裁口是在门框梃上做出，倒棱主要起到装饰作用，裁口是对门扇在关闭时起到限位作用。

（2）倒棱要平直，宽度要均匀；裁口要求方正平直，不能有戗槎起毛、凹凸不平的现象。最忌讳是口根有台，即裁口的角上木料没有刨净。也有不在门框梃木方上做裁口，而是用一条小木条粘接钉在门框梃木方上。

6. 开榫与断肩

（1）开榫也称为倒卯，就是按榫的纵向线锯开，锯到榫的根部时，要把锯竖直锯几下，但不能锯过线。开榫时要留半线，其半榫长为木料宽度的 1/2，应比半眼的深度少 1～2mm，以备榫头因受潮而伸长。为确保开榫尺寸的准确，开榫时要用锯小料的细齿锯。

（2）断肩就是把榫两边的肩膀锯断。断肩时也要留线，快锯掉时要慢些，防止伤了榫眼。断肩时要用小锯。

（3）榫头锯好后插进眼里，以不松不紧为宜。锯好的半榫应比眼稍微大些。组装时在四面磨角倒棱，抹上胶用锤敲进去，这样的榫使用比较长久，一般不易松动。如果半榫锯得过薄，插入眼中有松动，可在半榫上加两个破头楔，抹上胶打入半眼内，使破头楔把半榫头撑开借以补救。

（4）锯成的榫头要求方正平直，不能歪歪扭扭，不能伤榫眼。如果榫头不方正、不平直，会影响到门窗不能组装得方正、结实。

7. 组装与净面

（1）组装门窗框、扇之前，应选出各部件的正面，以便使组装后正面在同一侧，把组装后刨不到的面上的线用砂纸打磨干净。门框组装前，先在两根框梃上量出门的高度，用细锯锯出一道锯口，或用记号笔划出一道线，这就是室内地坪线，作为立门框的标记。

（2）门框和窗框的组装，是把一根边梃平放，将中贯档、上冒头（窗框还有下冒头）的榫插入梃的眼里，再装上另一边的梃，用锤轻轻进行敲打拼合，敲打时下面要垫上木块，防止伤打榫头或留下敲打的痕迹。待整个门窗框拼好并归方后，再将所有的榫头敲实，锯断露出的榫头。

（3）门窗扇的组装方法与门窗框基本相同。但门扇中有门板时，应当首先把门芯按规定的尺寸裁好，一般门芯板应比门扇边上量得的尺寸小 3～5mm，门芯板的四边去棱、刨光。然后，先把一根门梃平放，将冒头逐个装入，门芯板嵌入冒头与门梃的凹槽内，再将另一根门梃的眼对准榫装入，并用锤击木块敲紧。

（4）门窗框、扇组装好后，为使其成为一个坚固结实的整体，必须在眼中加适量木楔，将榫在眼中挤紧。木楔的长度与榫头一样长，宽度比眼宽窄 2～3mm，楔子头用扁铲顺木纹铲尖。加楔时，应先检查门框、扇的方正，掌握其歪扭情况，以便再加楔时调整、纠正。

（5）一般每个榫头内必须加两个楔子。加楔时，用凿子或斧头把榫头凿出一道缝，将楔子两面抹上胶插进缝内，敲打楔子要先轻后重，逐步搏入，不要用力太猛。当楔子已打不动，孔眼已卡紧饱满时，不要再敲打，以防止将木料搏裂。在加楔过程中，对框、扇要随时用角尺或尺杆上下审角找方正，并校正框、扇的不平整处。

（6）组装好的门窗框、扇用细刨子刨后，再用细砂纸修平修光。双扇门窗要配好对，对缝的裁口刨好。安装前，门窗框靠墙的一面，要刷一道沥青，以增加其防腐能力。

（7）为了防止校正好的门窗框再发生变形，应在门窗框下端钉上拉杆，拉杆下皮正好是锯口或记号的地坪线。大一些的门窗框，在中贯档与梃间要钉八字撑杆。

（8）门窗框组装好后，要采取措施加以保护，防止日晒雨淋，防止碰撞损伤。

四、装饰木质门窗的安装

装饰木质门窗的安装，主要包门窗框的安装和门窗扇的安装两部分。在整个安装的过程中，要选择正确的安装方法，掌握一定的施工要点，这样才能保证装饰木质门窗的施工质量。

（一）门窗框的安装

1. 门窗框的安装方法

装饰木质门窗框的安装方法有两种，即先立口法和后塞口法，其施工工序如下。

（1）先立口法。装饰木质门窗的先立口安装方法，即在砌墙前把门窗框按施工图纸立直、找正，并加以固定好。这种施工方法必须在施工前把门窗框做好，并运至施工现场按一定顺序堆放。

（2）后塞口法。即在砌筑墙体时预先按门窗尺寸留好洞口，在洞口两边预埋木砖，然后将门窗框塞入洞口内，在木砖处垫好木片，并用钉子钉牢（预埋木砖的位置应避开门窗扇安装铰链处）。

2. 门窗框的施工要点

（1）先立口安装施工

① 当砌筑墙体砌到室内地坪时，应当在要求标高处立门框；当砌筑到窗台标高时，应当立窗框。

② 在进行立口之前，按照施工图纸上门窗的位置、尺寸，把门窗的中线和边线引到地面或墙面上。然后，把窗框立在相应的位置上，用支撑进行临时支撑固定，用线锤和水平尺进行找平找直，并检查框的标高是否符合要求，如有不平不直之处应当随即纠正。不垂直可挪动支撑加以调整，不平处可垫木片或砂浆调整。支撑不要过早拆除，应在墙身砌完后拆除比较适宜。

③ 在砌墙施工过程中，千万不要碰动支撑，并应随时对门窗框进行校正，防止门窗框出现位移和歪斜等现象。砌到放木砖的位置时，要校核是否垂直，如有不垂直，在放木砖时随时纠正。否则，木砖砌入墙内，将门窗框固定，就难以纠正。在一般情况下，每边的木砖不得少于 2～3 块。

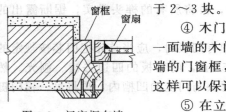

图 3-8　门窗框在墙
里皮的做法

④ 木门窗安装是否整齐，对建筑物的装饰效果有很大影响。同一面墙的木门窗框应安装整齐，并在同一个平、立面上。可先立两端的门窗框，然后拉一通线，其他门窗框按照拉的通线进行竖立，这样可以保证门框的位置和窗框的标高一致。

⑤ 在立框时，一定注意以下两个方面。

a. 特别注意门窗的开启方向，防止一旦出现错误难以纠正。

b. 注意施工图纸上门窗框是在墙中，还是靠墙的里皮。如果是与里皮相平，门窗框应出里皮墙面（即内墙面）20mm，这样，在灰浆涂抹后，门窗框正好和墙面相平，如图 3-8 所示。

（2）后塞口安装施工

① 门窗洞口要按施工图纸上的位置和尺寸预先留出。洞口应比窗口大 30～40mm（即每边大 15～20mm）。

② 在砌墙时，洞口两侧按规定砌入木砖，木砖大小约为半砖，间距不大于 1.2m，每边 2～3 块。

③ 在安装门窗框时，先把门窗框塞进门窗洞口内，用木楔临时固定，用线锤和水平尺进行校正。待校正无误后，用钉子把门窗框钉牢在木砖上，每个木砖上应钉两颗钉子，并将钉帽砸扁冲入梃框内。

④ 在立口时，一定要注意以下方面。特别注意门窗的开启方向；整个大窗更要注意上窗的位置。

（二）门窗扇的安装

1. 门窗扇安装施工准备

（1）在安装门窗扇前，先要检查门窗框上、中、下三部分是否一样宽，如果相差超过 5mm，就应当进行修整。

（2）核对门窗的开启方向是否正确，并打上记号，以免将扇安装错误。

（3）安装扇前，预先量出门窗框口的净尺寸，考虑风缝（松动）的大小，再进一步确定扇的宽度和高度，并进行修刨。应将门扇定于门窗框中，并检查与门窗框配合的松紧度。由于木材有干缩湿胀的性质，而且门窗扇、门窗框上都需要有涂料及打底层的厚度，所以在安装时要留缝。一般门扇对口处竖缝留 1.5～2.5mm，窗的竖缝留 2.0mm，并按此尺寸进行修整刨光。

2. 门窗扇安装施工要点

（1）将整修刨好的门窗扇，用木楔临时竖立于门窗框中，排好缝隙后画出铰链位置。铰链位置距上、下边的距离，一般宜为门扇宽度的 1/10，这个位置对铰链受力比较有利，又可以避开榫头。然后把扇取下来，在扇的侧面剔出铰链页槽。铰链页槽应外边较浅、里边较深，其深度应当是把铰链合上后与框、扇平正为准。剔好铰链槽后，将铰链放入，上下铰链各拧一颗螺钉把扇挂上，检查缝隙是否符合要求，扇与框是否齐平，门窗扇能否关住。检查合格后，再将剩余螺钉全部上齐。

（2）双扇门窗扇安装方法与单扇的安装方法基本相同，只是增加一道"错口"的工序。双扇应按开启方向看，右手是门盖口，左手是门等口。

（3）门窗扇安装好后要试开，其达到的标准是：以开到哪里就能停到哪里为合格，不能存在自开或自关现象。如果发现门窗扇在高、宽上有短缺的情况，高度上应补钉的板条钉在下冒头下面，宽度上应在安装铰链一边的梃上补钉板条。

（4）为了开关方便，平开扇的上冒头、下冒头，最好刨成斜面。

（三）五金配件与纱扇安装

1. 木门窗五金配件的安装

（1）木门窗五金配件的安装应符合设计要求，不得有任何遗漏。一般门锁、碰珠、拉手等，距地面高度一般为 950～1000mm，插销应在拉手的下面。

（2）门扇开启后很容易出现碰墙，为固定门扇的位置，应安装门轧头或吸门器。对于有特殊要求的门，应安装开启器。

（3）为避免窗扇开启后碰撞墙壁，应安装窗风钩。窗风钩的安装位置，以开启后的窗扇距离墙 20mm 为宜。

（4）门的插销应安装在门扇梃的中间，窗的插销应安装在窗扇上下两端。插销插入的深度不应小于 10mm，并应达到开、插、转动灵活。

（5）窗子的拉手应安装在窗梃的中间，根据国人的身高，一般距离地面的高度以 1500～

1700mm 为宜。

（6）在五金配件安装完毕后，应按有关标准进行检查，所有的五金配件应达到平整、顺直、洁净、无划痕，对不符合要求的应立即进行更换。

2. 木门窗纱扇的安装

（1）纱扇的安装应在玻璃安装完毕后进行，在安装前要认真检查门窗和玻璃安装是否符合要求，发现问题及时处理。

（2）裁剪的纱尺寸应比实际长度、宽度各长 50mm，以利于安装时压纱。在绷紧纱时，应先将纱铺开后装上压条用铁钉钉住，然后再装侧压条，用铁钉钉住，最后将边角多余的纱割掉。

（四）木门窗安装应注意的问题

为确保木门窗安装质量，在进行施工操作中，主要应注意质量问题和安全问题，这是非常重要的两个方面。

1. 木门窗安装应注意的质量问题

（1）有贴脸的门框在安装前，首先应按照贴好的灰饼或冲筋的厚度确定门口的位置，这是准确安装木门的重要手段。

（2）木门窗洞口的尺寸留置不准确或砌筑时偏差较大时，可以在安装时以缝隙、标高及水平线来调整。混水墙洞口尺寸小，可以把砖墙剔掉一部分；但清水墙不允许剔凿，偏差在 20mm 以内的，把框的立梃各截掉一部分再进行安装；偏差在 20mm 以上的，可以把门窗框、扇同时改小。

（3）为确保门窗框安装牢固，在墙内木砖的设置数量和间距，应当符合设计和规范的要求，铁钉应钉入木砖或砌体内 40～50mm。

（4）门窗扇的安装应当牢固，合页槽的深浅应一致。安装门窗扇的螺钉严禁一次钉入，钉入的深度不得超过螺钉长度的 1/3，旋入的深度不得小于螺钉长度的 2/3，旋入螺钉时不得产生歪斜。

（5）在安装门窗扇之前，应进行认真检查其制作质量，对于翘曲超过 3mm 的门窗扇，应当经过处理后再安装。

（6）安装的门窗扇不应有下坠现象，固定时应选用合适和适量的合页，并要将固定合页的螺钉全部旋入，安装合页的凹槽剔除应当符合安装要求，不宜过大。

2. 木门窗安装应注意的安全问题

（1）在木门窗制作和安装的现场，应当特别注意防火，不准吸烟和明火作业。制作和安装现场应随时清理刨花、木屑，并打扫干净并运到指定的地点。

（2）安装木门窗在高处作业时，必须严格按高空作业标准施工，应戴好安全帽、安全带，并防止工具从高空坠落。

（3）在安装体积和重量较大的门时，应当采用支架牢固支撑，不可用人力支撑门进行安装，以防止门倾倒砸伤人。

（4）安装木门窗时的施工用电，应符合行业标准《施工现场临时用电安全技术规范》（JGJ 46—2005）中的有关规定。

（5）在进行外门窗安装时，所用材料和工具应妥善放置，在施工的垂直下方严禁站人，以防止下落的材料和工具伤人。

第二节　铝合金门窗施工工艺

铝合金门窗是经过表面处理的型材，通过下料、打孔、铣槽等工序，制作成门窗框料构件，然后再与连接件、密封件、开闭五金件等一起组合装配而成。尽管铝合金门窗的尺寸大小及式样有所不同，但是同类铝合金型材门窗所采用的施工方法却相同。由于铝合金门窗在造型、色彩、玻璃镶嵌、密封材料的封缝和耐久性等方面，都比钢门窗、木门窗有着明显的优势，因此，铝合金门窗在高层建筑和公共建筑中获得了广泛应用。

一、铝合金门窗的性能

铝合金门窗的性能主要包括气密性、水密性、抗风压强度、保温性能和隔声性能等。

（一）气密性

气密性也称空气渗透性能，指空气透过处于关闭状态下门窗的能力。与门窗气密性有关的气候因素，主要是指室外的风速和温度。在没有机械通风的条件下，门窗的渗透换气量起着重要作用。不同地区气候条件不同，建筑物内部热压阻力和楼层层数不同，致使门窗受到的风压相差很大。另外，空调房间又要求尽量减少外窗空气渗透量，于是就提出了不同气密等级门窗的要求。

（二）水密性

水密性也称雨水渗透性能，指在风雨同时作用下，雨水透过处于关闭状态下门窗的能力。我国大部分地区对水密性要求不十分严格，对水密性要求较高的地区，主要以台风地区为主。

（三）抗风压强度

抗风压强度指门窗抵抗风压的性能。门窗是一种围护构件，因此既需要考虑长期使用过程中，在平均风压作用下，保证其正常功能不受影响，又必须注意到在台风袭击下不遭受破坏，以免产生安全事故。

（四）保温性能

保温性能是指窗户两侧在空气存在温差条件下，从高温一侧向低温一侧传热的能力。要求保温性能较高的门窗，传热的速率应当非常缓慢。

（五）隔声性能

隔声性能是指隔绝空气中声波的能力。这是评价门窗质量好坏的重要指标，优良的门窗其隔声性能也是良好的。

二、铝合金门窗施工准备工作

铝合金门窗在正式施工前，要做好一切施工准备工作，主要包括作业条件的准备、门窗材料的准备、施工机具的准备和技术方面的准备。

（一）作业条件的准备

（1）建筑物主体结构已经相关单位检查验收，并完全达到设计或施工规范要求，或者墙面工程已粉刷完毕。

（2）检查门窗洞口尺寸及标高是否符合设计要求，有预埋件的门窗口还应检查预埋件的数量、规格、位置及埋设方法是否符合设计要求。

（3）按照施工图纸要求的尺寸，已弹好门窗安装位置的中线，并弹好室内＋50cm水平线。

（4）检查铝合金门窗的制作质量，如有翘曲不平、偏差超标、表面损伤、变形松动、色差较大、外观不美等缺陷，应及时进行整修，验收合格后才能安装。

（二）门窗材料的准备

铝合金门窗制作与安装所用的材料很多，主要有：各种铝合金型材、自攻螺钉、不锈钢螺钉、铝制拉铆钉、门窗锁、滑轮、连接铁板、地弹簧、玻璃、尼龙毛条、橡胶密封条、玻璃胶、木楔等。以上所用的材料多数已实现标准化、市场化，只要选用合格产品即可满足铝合金门窗的质量要求。

（三）施工机具的准备

铝合金门窗制作与安装所用的施工机具很多，主要有：切断机、铁弓锯、射钉枪、手电钻、冲击电钻（电锤）、拉铆枪、平口螺丝刀、十字螺丝刀、钢丝钳、吊线锤、角尺、水平尺、卷尺、玻璃胶枪、玻璃吸盘等。为确保施工顺利和工程质量，施工机具的准备应注意两个方面：一是要准备齐全；二是要运转正常。

（四）技术方面的准备

（1）在进行铝合金门窗预算、准备材料、制定施工方案等工作中，施工图纸是最基本的依据，因此所有型号和规格的铝合金门窗施工图纸必须准备齐全。

（2）为保证铝合金门窗的制作与安装质量，在正式制作与安装前，有关技术人员必须向具体操作人员进行技术交底，说明制作与安装的具体要求、关键技术和质量标准。

三、铝合金门窗的制作与安装

（一）铝合金门窗的组成与制作

1. 铝合金门窗的组成

铝合金门窗的组成比较简单，主要由型材、密封材料和五金配件组成。

（1）型材。铝合金型材是铝合金门窗的骨架，其质量如何关系到门窗的质量。除必须满足铝合金的元素组成外，型材的表面质量应满足下列要求。

① 铝合金型材表面应当清洁，无裂纹、起皮和腐蚀现象，在铝合金的装饰面上不允许有气泡。

② 普通精度型材装饰面上碰伤、擦伤和划伤，其深度不得超过 0.2mm；由模具造成的纵向挤压痕迹的深度不得超过 0.1mm。对于高精度型材的表面缺陷深度，装饰面应不大于 0.1mm，非装饰面应不大于 0.25mm。

③ 型材经过表面处理后，其表面应有一层氧化膜保护层。在一般情况下，氧化膜厚度应不小于 $20\mu m$，并应色泽均匀一致。

（2）密封材料。铝合金门窗安装密封材料品种很多，其特性和用途也各不相同。铝合金门窗安装密封材料品种、特性和用途，如表 3-1 所示。

表 3-1　铝合金门窗安装密封材料品种、特性和用途

品　　种	特　性　与　用　途
聚氨酯密封膏	高档密封膏,变形能力为 25%,适用于±25%接缝变形位移部位的密度
聚硫密封膏	高档密封膏,变形能力为 25%,适用于±25%接缝变形位移部位的密度,寿命可达 10 年以上
硅酮密封膏	高档密封膏,性能全面,变形能力达 50%,高强度、耐高温(−54～260℃)
水膨胀密封膏	遇水后膨胀将缝隙填满
密封垫	用于门窗框与外墙板接缝密封
膨胀防火密封件	主要用于防火门,遇火后可膨胀密封其缝隙
底衬泡沫条	与密封胶配套使用,在缝隙中能随密封胶变形而变形
防污纸质胶带纸	用于保护门窗料表面,防止表面污染

（3）五金配件。五金配件是组装铝合金门窗不可缺少的部件，也是实现门窗使用功能的重要组成。铝合金门窗配件如表 3-2 所示。

表 3-2　铝合金门窗配件

品　名		用　途
门锁（双头通用门锁）		配有暗藏式弹子锁，可以内外启闭，适用于铝合金平开门
勾锁（推拉门锁）		有单面和双面两种，可做推拉门、窗的拉手和锁闭器使用
暗插锁		适用于双扇铝合金地弹簧门
滚轮（滑轮）		适用于推拉门窗（70、90、55 系列）
滑撑铰链		能保持窗扇在 0°~60°或 0°~90°开启位置自行定位
执手	铝合金平开窗执手	适用于平开窗，上悬式铝合金窗开启和闭锁
	联动执手	适用于密闭型平开窗的启闭，在窗上下两处联动扣紧
	推拉窗执手（半月形执手）	有左右两种形式，适用于推拉窗的启闭
地弹簧		装于铝合金门下部，铝合金门可以缓速自动闭门，也可在一定开启角度位置定位

① 门的地弹簧为不锈钢面或铜面，使用前应进行开闭速度的调整，液压部分不得出现漏油。暗插为锌合金压铸件，表面镀铬或覆膜。门锁应为双面开启的锁，门的拉手可因设计要求而有所差异，除了满足推和拉使用要求外，其装饰效果占有较大比重。拉手一般常采用铝合金和不锈钢等材料制成。

② 推拉窗的拉锁，其规格应与窗的规格配套使用，常用锌合金压铸制品，表面镀铬或覆膜；也可以用铝合金拉锁，其表面应当进行氧化处理。滑轮常用尼龙滑轮，滑轮架为镀锌的钢制品。

③ 平开窗的窗铰应为不锈钢制品，钢片厚度不宜小于 1.5mm，并且有松紧调节装置。滑块一般为铜制品，执手为锌合金压铸制品，表面镀锌或覆膜，也可以用铝合金制品，其表面应当进行氧化处理。

2. 铝合金门的制作与组装

铝合金门窗的制作比较简单，其工艺主要包括：选料→断料→钻孔→组装→保护或包装。

（1）料具的准备

① 材料的准备。主要准备制作铝合金门的所有型材、配件等，如铝合金型材、门锁、滑轮、不锈钢、螺钉、铝制拉铆钉、连接铁板、地弹簧、玻璃尼龙毛刷、压条、橡胶条、玻璃胶、木楔子等。

② 工具的准备。主要准备制作和安装中所用的工具，如曲线刷、切割机、手电锯、扳手、半步扳手、角尺、吊线锤、注胶筒、锤子、水平尺、玻璃吸盘等。

（2）门扇的制作

① 选料与下料。在进行选料与下料时，应当注意以下几个问题。

a. 选料时要充分考虑到铝合金型材的表面色彩、壁的厚度等因素，以保证符合设计要求的刚度、强度和装饰性。

b. 每一种铝合金型材都有其特点和使用部位，如推拉、开启、自动门等所用的型材规格是不同的。在确认材料规格及其使用部位后，要按设计尺寸进行下料。

c. 在一般建筑装饰工程中，铝合金门窗无详图设计，仅仅给出洞口尺寸和门扇划分尺寸。在门扇下料时，要注意在门洞口尺寸中减去安装缝、门框尺寸。要先计算，画简图，然后再按图下料。

d. 切割时，切割机安装合金锯片，严格按下料尺寸切割。

② 门扇的组装。在组装门扇时，应当按照以下工序进行。

a. 竖梃钻孔。在上竖梃拟安装横档部位用手电钻进行钻孔，用钢筋螺栓连接钻孔，孔径应大于钢筋的直径。角铝连接部位靠上或靠下，视角铝规格而定，角铝规格可用 22mm×

22mm，钻孔可在上下 10mm 处，钻孔直径小于自攻螺栓。两边框的钻孔部位应一致，否则将使横档不平。

b. 门扇节点固定。上、下横档（上冒头、下冒头）一般用套螺纹的钢筋固定，中横档（中冒头）用角铝自攻螺栓固定。将角铝用自攻螺栓连接在两边梃上，上、下冒头中穿入套扣钢筋；套扣钢筋从钻孔中深入边梃，中横档套在角铝上。用半步扳手将上冒头和下冒头用螺帽拧紧，中横档再用手电钻上下钻孔，用自攻螺钉拧紧。

c. 锁孔和拉手安装。在拟安装的门锁部位用手电钻钻孔，再伸入曲线锯切割成锁孔形状，在门边梃上，门锁两侧要对正，为了保证安装精度，一般在门扇安装后再装门锁。

（3）门框的制作

① 选料与下料。根据门的大小选用 50mm×70mm、50mm×100mm 等铝合金型材作为门框梁，并按设计尺寸下料。具体做法与门扇的制作相同。

② 门框钻孔组装。在安装门的上框和中框部位的边框上，钻孔安装角铝，方法与安装门扇相同。然后将中框和上框套在角铝上，用自攻螺栓进行固定。

③ 设置连接件。在门框上，左右设置扁铁连接件，扁铁连接件与门框用自攻螺栓拧紧，安装间距为 150～200mm，视门料情况与墙体的间距而定。扁铁连接件做成平的，一般为冂字形，连接方法视墙体内埋件情况而定。

（4）铝合金门的安装。铝合金门的安装，主要包括：安框→塞缝→装扇→装玻璃→打胶清理工序。

① 安装门框。将组装好的门框在抹灰前立于门口处，用吊线锤吊直，然后再卡方正，以两条对角线相等为标准。在认定门框水平、垂直均符合要求后，用射钉枪将射钉打入柱、墙、梁上，将连接件与门框固定在墙、梁、柱上。门框的下部要埋入地下，埋入深度为 30～150mm。

② 填塞缝隙。门框固定好以后，应进一步复查其平整度和垂直度，确实无误后，清扫边框处的浮土，洒水湿润基层，用 1∶2 的水泥砂浆将门口与门框间的缝隙分层填实。待填灰达到一定强度后，再除掉固定用的木楔，抹平其表面。

③ 安装门扇。门扇与门框是按同一门洞口尺寸制作的，在一般情况下都能顺利安装上，但要求周边密封、开启灵活。对于固定门可不另做门扇，而是在靠地面处竖框之间安装踢脚板。开启扇分内外平开门、弹簧门、推拉门和自动推拉门。内外平开门在门上框钻孔伸入门轴，门下地里埋设地脚、装置门轴。弹簧门上部做法同平开门，而在下部埋地弹簧，地面需预先留洞或后开洞，地弹簧埋设后要与地面平齐，然后灌细石混凝土，再抹平地面层。地弹簧的摇臂与门扇下冒头两侧拧紧。推拉门要在上框内做导轨和滑轮，也有的在地面上做导轨，在门扇下冒头处做滑轮。自动门的控制装置有脚踏式，一般装在地面上，其光电感应控制开关设备装于上框上。

④ 安装玻璃。根据门框的规格、色彩和总体装饰效果选用适宜的玻璃，一般选用 5～10mm 厚普通玻璃或彩色玻璃及 10～22mm 厚中空玻璃。首先，按照门扇的内口实际尺寸合理计划用料，尽量减少玻璃的边角废料，裁割时应比实际尺寸少 2～3mm，这样有利于顺利安装。裁割后应分类进行堆放，对于小面积玻璃，可以随裁割随安装。安装时先撕去门框上的保护胶纸，在型材安装玻璃部位塞入胶带，用玻璃吸手安入玻璃，前后应垫实，缝隙应一致。然后塞入橡胶条密封，或用铝压条拧十字圆头螺钉固定。

⑤ 打胶清理。大片玻璃与框扇接缝处，要用玻璃胶筒打入玻璃胶，整个门安装好后，以干净抹布擦洗表面，清理干净后交付使用。

（5）安装拉手。最后，将门的拉手安装在门扇边框两侧。

至此，铝合金门的安装操作基本完成。安装铝合金门的关键是主要保持上、下两个转动部分在同一轴线上。

3. 铝合金窗的制作与组装

装饰工程中，使用铝合金型材制作窗较为普遍。目前，常用的铝型材有 90 系列推拉窗铝材和 38 系列平开窗铝材。

（1）组成材料。铝合金窗主要分为推拉窗和平开窗两类。所使用的铝合金型材规格完全不同，所采用的五金配件也完全不同。

① 推拉窗的组成材料。推拉窗由窗框、窗扇、五金件、连接件、玻璃和密封材料组成。

a. 窗框由上滑道、下滑道和两侧边封所组成，这三部分均为铝合金型材。

b. 窗扇由上横、下横、边框和带钩的边框组成，这四部分均为铝合金型材，另外在密封边上有毛条。

c. 五金件主要包括装于窗扇下横之中的导轨滚轮，装于窗扇边框上的窗扇钩锁。

d. 连接件主要用于窗框与窗扇的连接，有厚度 2mm 的铝角型材及 $M4 \times 15mm$ 的自攻螺钉。

e. 窗扇玻璃通常用 5mm 厚的茶色玻璃、普通透明玻璃等，一般古铜色铝合金型材配茶色玻璃，银白色铝合金型材配透明玻璃、宝石蓝和海水绿玻璃。

f. 窗扇与玻璃的密封材料有塔形橡胶封条和玻璃胶两种。这两种材料不但具有密封作用，而且兼有固定材料的作用。采用塔形橡胶封条固定窗扇玻璃，安装拆除非常方便，但橡胶条老化后，容易从封口处掉出；用玻璃胶固定窗扇玻璃，粘接比较牢固，不受封口形状的限制，但更换玻璃时比较困难。

② 平开窗的组成材料。平开窗所组成材料与推拉窗大同小异。

a. 窗框。用于窗框四周的框边铝合金型材，用于窗框中间的工字型窗料型材。

b. 窗扇。有窗扇框料、玻璃压条以及密封玻璃用的橡胶压条。

c. 五金件。平开窗常用的五金件主要有窗扇拉手、风撑和窗扇扣紧件。

d. 连接件。窗框与窗扇的连接件有 2mm 厚的铝角型材，以及 $M4 \times 15mm$ 的自攻螺钉。

e. 玻璃。窗扇通常采用 5mm 厚的玻璃。

（2）施工机具。铝合金窗的制作与安装所用的施工机具，主要有：铝合金切割机、手电钻、$\phi 8$ 圆锉刀、$R20$ 半圆锉刀、十字螺丝刀、划针、铁脚圆规、钢尺和铁角尺等。

（3）施工准备。铝合金窗施工前的主要准备工作有：检查复核窗的尺寸、样式和数量→检查铝合金型材的规格与数量→检查铝合金窗五金件的规格与数量。

① 检查复核窗的尺寸、样式和数量。在装饰工程中一般都现场进行铝合金窗的制作与安装。检查复核窗的尺寸与样式工作，即根据施工图纸，检查有无不符合之处，有无安装问题，有无与电器、水暖卫生、消防等设备相矛盾的问题。如果发现问题要及时上报，与有关人员商讨解决的方法。

② 检查铝合金型材的规格与数量。目前，我国对铝合金型材的生产虽然有标准规定，但由于生产厂家很多，即使是同一系列的型材，其形状尺寸和壁厚尺寸也会有一定差别。这些误差会在铝合金窗的制作与安装中产生麻烦，甚至影响工程质量。所以，在制作之前要检查铝合金型材的规格尺寸，主要是检查铝合金型材相互接合的尺寸。

③ 检查铝合金窗五金件的规格与数量。铝合金窗的五金件分推拉窗和平开窗两大类，每一类中又有若干系列，所以在制作以前要检查五金件与所制作的铝合金窗是否配套。同时，还要检查各种附件是否配套，如各种封边毛条、橡胶边封条和碰口垫等，能否正好与铝合金型材衔接配套。如果与铝合金型材不配套，会出现过紧或过松现象。过紧，在铝合金窗制作时安装困难；过松，安装后会自行脱出。此外，采用的各种自攻螺钉要长短结合，螺钉的长度通常以 15mm 左右比较适宜。

（4）推拉窗的制作与安装。推拉窗有带上窗及不带上窗之分。下面以带上窗的铝合金推拉窗为例，介绍其制作方法。

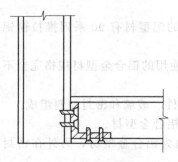

图 3-9　窗扁方管连接

① 按图下料。下料是铝合金窗制作的第一道工序，也是非常重要、关键的工序。如果下料不准确，会造成尺寸误差、组装困难，甚至无法安装成为废品。所以，下料应按照施工图纸进行，尺寸必须准确，其误差值应控制在 2mm 范围内。下料时，用铝合金切割机切割型材，切割机的刀口位置应在划线以外，并留出划线痕迹。

② 连接组装。

a. 上窗连接组装。上窗部分的扁方管型材，通常采用铝角码和自攻螺钉进行连接，如图 3-9 所示。这种方法既可隐蔽连接件，又不影响外表美观，连接非常牢固，比较简单实用。铝角码多采用 2mm 厚的直角铝角条，每个角码按需要切割其长度，长度最好能同扁方管内宽相符，以免发生接口松动现象。

两条扁方管在用铝角码固定连接时，应先用一小截同规格的扁方管做模子，长 20mm 左右。在横向扁方管上要衔接的部位用模子定好位，将角码放在模子内并用手捏紧，用手电钻将角码与横向扁方管一并钻孔，再用自攻螺钉或抽芯铝铆钉固定，如图 3-10 所示。然后取下模子，再将另一条竖向扁方管放到模子的位置上，在角码的另一个方向上打孔，固定便成。一般的角码每个面上打两个孔也就够了。

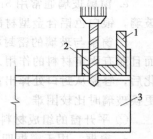

图 3-10　安装前的钻孔方法
1—角码；2—模子；
3—横向扁方管

上窗的铝型材在四个角处衔接固定后，再用截面尺寸为 12mm×12mm 的铝槽进行固定玻璃的压条。安装压条前，先在扁方管的宽度上画出中心线，再按上窗内侧长度切割四条铝槽条。按上窗内侧高度减去两条铝槽截高的尺寸，切割四条铝槽条。安装压条时，先用自攻螺钉把槽条紧固在中线外侧，然后再离出大于玻璃厚度 0.5mm 距离，安装内侧铝槽，但自攻螺钉不需上紧，最后装上玻璃时再固紧。

b. 窗框连接。首先测量出在上滑道上面两条固紧槽孔距侧边的距离和高低位置尺寸，然后按这个尺寸在窗框边封上部衔接处划线打孔，孔径在 φ5mm 左右。钻好孔后，用专用的碰口胶垫，放在边封的槽口内，再将 M4×35mm 的自攻螺钉，穿过边封上打出的孔和碰口胶垫上的孔，旋进下滑道下面的固紧槽孔内，如图 3-11 所示。在旋紧螺钉的同时，要注意上滑道与边封对齐，各槽对正，最后再上紧螺钉，然后在边封内装毛条。

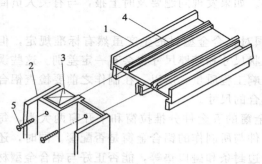

图 3-11　窗框下滑部分的连接
1—上滑道；2—边封；3—碰口胶垫；
4—上滑道上的固紧槽；5—自攻螺钉

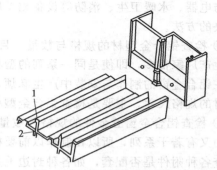

图 3-12　窗框下滑部分的安装
1—下滑道的滑轨；2—下滑道的固紧槽孔

按同样的方法先测量出下滑道下面的固紧槽孔距、侧边距离和其距上边的高低位置尺寸。然后按这三个尺寸在窗框边封下部衔接处划线打孔，孔径在 φ5mm 左右。钻好孔后，用专用的碰口胶垫，放在边封的槽口内，再将 $M4 \times 35mm$ 的自攻螺钉，穿过边封上打出的孔和碰口胶垫上的孔，旋进下滑道下面的固紧槽孔内，如图 3-12 所示。注意固定时不得将下滑道的位置装反，下滑道的滑轨面一定要与上滑道相对应才能使窗扇在上下滑道上滑动。

窗框的四个角衔接起来后，用直角尺测量并校正一下窗框的直角度，最后上紧各角上的衔接自攻螺钉。将校正并紧固好的窗框立放在墙边，以防止碰撞损坏

c. 窗扇的连接。在连接装拼窗扇前，要先在窗框的边框和带钩边框上、下两端处进行切口处理，以便将上、下横档插入其切口内进行固定。上端开切长 51mm，下端开切长 76.5mm，如图 3-13 所示。

在下横档的底槽中安装滑轮，每条下横档的两端各装一只滑轮。其安装方法如下：把铝窗滑轮放进下横档一端的底槽中，使滑轮框上有调节螺钉的一面向外，该面与下横档端头边平齐，在下横档底槽板上划线定位，再按划线位置在下横档底槽板上打两个直径为 4.5mm 的孔，然后再用滑轮配套螺钉，将滑轮固定在下横档内。

在窗扇边框和带钩边框与下横档衔接端划线打孔。孔有三个，上下两个是连接固定孔，中间一个是调节滑轮框上调整螺钉的工艺孔。这三个孔的位置，要根据固定在下横档内的滑轮框上孔位置来划线，然后再打孔，并要求固定后边框下端与下横档底边平齐。边框下端固定孔的直径为 4.5mm，要用直径 6mm 的钻头划窝，以便固定螺钉与侧面基本齐平。工艺孔的直径为 8mm 左右。钻好后，再用圆锉在边框和带钩边框固定孔位置下边的中线处，锉出一个直径 8mm 的半圆凹槽。此半圆凹槽是为了防止边框与窗框下滑道上的滑轨相碰撞。窗扇下横档与窗扇边框的连接如图 3-14 所示。

需要说明，旋转滑轮上的调节螺钉，不仅能改变滑轮从下横档中外伸的高低尺寸，而且也能改变下横档内两个滑轮之间的距离。

安装上横档角码和窗扇钩锁。其基本方法是截取两个铝角码，将角码放入横档的两头，使之一个面与上横档端头面平齐，并钻两个孔（角码与上横档一并钻通），用 $M4$ 自攻螺钉将角码固定在上横档内。再在角码的另一个面上（与上横档端头平齐的那个面）的中间打一个孔，根据此孔的上下左右尺寸位置，在扇的边框与带钩边框上打孔并划窝，以便用螺钉将边框与上横档固定，其安装方式如图 3-15 所示。注意所打的孔一定要与自攻螺钉相配。

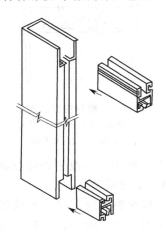

图 3-13 窗扇的连接

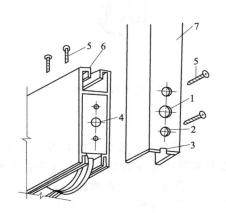

图 3-14 窗扇下横档安装
1—调节滑轮；2—固定孔；3—半圆槽；
4—调节螺钉；5—滑轮固定螺钉；
6—下横档；7—边框

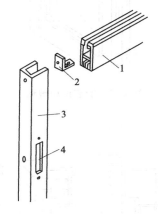

图 3-15 窗扇上横档安装
1—上横档；2—角码；
3—窗扇边框；4—窗锁洞

安装窗钩锁前，先要在窗扇边框开锁口，开口的一面必须是窗扇安装后，面向室内的一

面；而且窗扇有左右之分，所以开口位置要特别注意不要开错，窗钩锁通常是安装于边框的中间高度处，如果窗扇高大于 1.5m，装窗钩锁的位置也可以适当降低一些。开窗钩锁长条形锁口的尺寸，要根据钩锁可装入边框的尺寸来确定。

开锁口的方法是：先按钩锁可装入部分的尺寸，在边框上划线，用手电钻在划线框内的角位打孔，或在划线框内沿线打孔，再把多余的部分取下，用平锉修平即可。然后，在边框侧面再挖一个直径 25mm 左右的锁钩插入孔，孔的位置应正对内钩之处，最后把锁身放入长形口内。

通过侧边的锁钩插入孔，检查锁内钩是否正对圆插入孔的中线，内钩向上提起后，用手按紧锁身，再用手电钻，通过钩锁上、下两个固定螺钉孔，在窗扇边封的另一面打孔，以便用窗锁固定螺杆贯穿边框厚度来固定窗钩锁。

上密封毛条及安装窗扇玻璃。窗扇上的密封毛条有两种：一种是长毛条；另一种是短毛条。长毛条装于上横档顶边的槽内和下横档底边的槽内，而短毛条是装于带钩边框的钩部槽内。另外，窗框边封的凹槽两侧也需要装短毛条。毛条与安装槽有时会出现松脱现象，可用万能胶或玻璃胶局部粘贴。在安装窗扇玻璃时，要先检查复核玻璃的尺寸。通常，玻璃尺寸长宽方向均比窗扇内侧长宽尺寸大 25mm。然后，从窗扇一侧将玻璃装入窗扇内侧的槽内，并紧固连接好边框，其安装方法如图 3-16 所示。

最后，在玻璃与窗扇槽之间用塔形橡胶条或玻璃胶进行密封，如图 3-17 所示。

d. 上窗与窗框的组装。先切两小块 12mm 的厘米板，将其放在窗框上滑的顶面，再将口字形上窗框放在上滑道的顶面，并将两者前后左右的边对正。然后，从上滑道向下打孔，把两者一并钻通，用自攻螺钉将上滑道与上窗框扁方管连接起来，如图 3-18 所示。

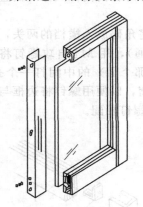

图 3-16　安装窗扇玻璃

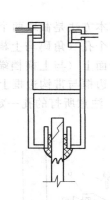

图 3-17　玻璃与窗扇槽的密封

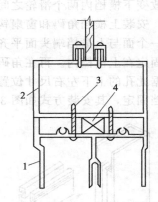

图 3-18　上窗与窗框的连接
1—上滑道；2—上窗扁方管；
3—自攻螺钉；4—木垫块

③ 推拉窗的安装。推拉窗常安装于砖墙中，一般是先将窗框部分安装固定在砖墙洞内，再安装窗扇与上窗玻璃。

a. 窗框安装。砖墙的洞口先用水泥修平整，窗洞尺寸要比铝合金窗框尺寸稍大些，一般四周各边均大 25～35mm。在铝合金窗框安装"角码"或木块，在每条边上应各安装两个"角码"需要用水泥钉钉固在窗洞墙内，如图 3-19 所示。

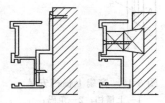

图 3-19　窗框与砖墙
的连接安装

对安装于墙洞中的铝合金窗框，进行水平和垂直度的校正。校正完毕后用木楔块把窗框临时固紧在窗洞中，然后用保护胶纸把窗框周边贴好，以防止用水泥在周边塞口时造成铝合金表面损伤。该保护胶带可在周边塞口水泥工序完成及水泥浆固结后再撕去。

窗框周边填塞水泥浆时，水泥浆要有较大的稠度，以能用手握成团为准。水泥浆要填塞密实，将水泥浆用灰刀压入填缝中，填好后窗框周边要抹平。

b. 窗扇的安装。塞口水泥浆在固结后，撕下保护胶带纸，便可进行窗扇的安装。窗扇安装前，先检查一下窗扇上的各条密封毛条，是否有少装或脱落现象。如果有脱落现象，应用玻璃胶或橡胶类胶水进行粘贴，然后用螺丝刀拧旋边框侧的滑轮调节螺钉，使滑轮向下横档内回缩。这样即可托起窗扇，使其顶部插入窗框的上滑槽中，使滑轮卡在下滑的滑轮轨道上，再拧旋滑轮调节螺钉，使滑轮从下横档内外伸。外伸量通常以下横档内的长毛刚好能与窗框下滑面接触为准，以便使下横档上的毛条起到较好的防尘效果，同时窗扇在轨道上也可移动顺畅。

c. 上窗玻璃安装。上窗玻璃的尺寸必须比上窗内框尺寸小 5mm 左右，不能安装与内框相接触。因为玻璃在阳光的照射下，会因受热而产生体积膨胀。如果安装玻璃与窗框接触，受热膨胀后往往造成玻璃开裂。

上窗玻璃的安装比较简单，安装时只要把上窗的铝压条取下一侧（内侧），安上玻璃后，再装回窗框上，拧紧螺钉即可。

d. 窗钩锁挂钩的安装。窗钩锁的挂钩安装于窗框的边封凹槽内，如图 3-20 所示。挂钩的安装位置尺寸要与窗扇上挂钩锁洞的位置相对应。挂钩的钩平面一般可位于锁洞孔的中心线处。根据这个对应位置，在窗框边封凹槽内划线打孔。钻孔直径一般为 4mm，用 $M5$ 自攻螺钉将锁钩临时固紧，然后移动窗扇到窗框边封槽内，检

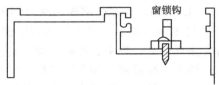

图 3-20　窗锁钩的安装位置

查窗扇锁可否与锁钩相接锁定。如果不行，则需检查是否锁钩位置高低的问题，或锁钩左右偏斜的问题。只要将锁钩螺钉拧松，向上或向下调整好再拧紧螺钉即可。偏斜问题则需测一下偏斜量，再重新打孔固定，直至能将窗扇锁定。

（5）平开窗的制作与安装。平开窗主要由窗框和窗扇组成。如果有上窗部分，可以是固定玻璃，也可以是顶窗扇。但上窗部分所用的材料，应与窗框所用铝合金型材相同，这一点与推拉窗上窗部分是有区别的。

平开窗根据需要也可以制成单扇、双扇、带上窗单扇、带上窗双扇、带顶窗单扇和带顶窗双扇六种形式。下面以带顶双扇平开窗为例介绍其制作方法。

① 窗框的制作。平开窗的上窗边框是直接取之于窗边框，故上窗边框和窗框为同一框料，在整个窗边上部适当位置（大约 1.0m），横加一条窗工字料，即构成上窗的框架，而横窗工字料以下部位，就构成了平开窗的窗框。

a. 按图下料。窗框加工的尺寸应比已留好的砖墙洞略小 20～30mm。按照这个尺寸将窗框沿宽与高的方向裁切好。窗框四个角是按 45°对接方式，故在裁切时四条框料的端头应裁成 45°角。然后，再按窗框宽尺寸，将横向窗工字料截下来。竖窗工字料的尺寸，应按窗扇高度加上 20mm 左右榫头尺寸截取。

b. 窗框连接。窗框的连接采用 45°角拼接，窗框的内部插入铝角，然后每边钻两个孔，用自攻螺钉上紧，并注意对角要对正对平。另外一种连接方法为撞角法，即利用铝材较软的特点，在连接铝角的表面冲压几个较深的毛刺。因为所用的铝角是采用专用型材，铝角的长度又按窗框内腔宽度裁割，能使其几何形状与窗框内腔相吻合，故能使窗框和铝角挤紧，进而使窗框对角处连接。

横窗工字料之间的连接，采用榫接方法。榫接方法有两种：一种是平榫肩方式；另一种是斜角榫肩方式。这两种榫结构均是在竖向的窗中间工字料上做榫，在横向的窗工字料上做榫眼，如图 3-21 所示。

横窗工字料与竖窗工字料连接前，先在横窗工字料的长度中间处开一个长条形榫眼孔，其长度为 20mm 左右，宽度略大于工字料的壁厚。如果是斜角榫肩结合，需在榫眼所对的工字料上横档和下横档的一侧开裁出 90°角的缺口，如图 3-22 所示。

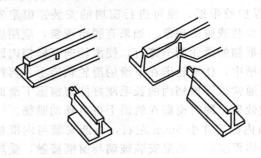

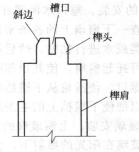

图 3-21　横、竖窗工字的连接　　　　图 3-22　竖窗工字料凸字形榫头做法

竖窗工字料的端头应先裁出凸字形榫头，榫头长度为 8～10mm 左右，宽度比榫眼长度大 0.5～1.0mm，并在凸字榫头两侧倒出一点斜口，在榫头顶端中间开一个 5mm 深的槽口，如图 3-22 所示。然后，再裁切出与横窗工字料上相对的榫肩部分，并用细锉将榫肩部分修平整。需要注意的是，榫头、榫眼、榫肩这三者间的尺寸应准确，加工要细致。

榫头、榫眼部分加工完毕后，将榫头插进榫眼内，把榫头的伸出部分，以开槽口为界分别向两个方向拧歪，使榫头结构部分锁紧，将横向工字形窗料与竖向工字形窗料连接起来。

横向窗工字料与窗边框的连接，同样也采用榫接方法，其做法与前述相同。但在榫接时，是以横向工字两端为榫头，窗框料上做榫眼。

在窗框料上所有榫头、榫眼加工完毕后，先将窗框料上的密封胶条上好，再进行窗框的组装连接，最后在各对口处上玻璃胶进行封口。

② 平开窗扇的制作。制作平开窗扇的型材有三种：窗扇框、窗玻璃压条和连接铝角。

a. 按图下料。下料前，先在型材上按图纸尺寸划线。窗扇横向框料尺寸，要按窗框中心竖向工字型料中间至窗框边框料外边的宽度尺寸来切割。窗扇竖向框料要按窗框上部横向工字型料中间至窗框边框料外边的高度尺寸来切割，使得窗扇组装后，其侧边的密封胶条能压在窗框架的外边。

横、竖窗扇料切割下来后，还要将两端再切成 45°角的斜口，并用细锉修正飞边和毛刺。连接铝角是用比窗框铝角小一些的窗扇铝角，其裁切方法与窗框铝角相同。窗压线条按窗框尺寸裁割，端头也切成 45°的角，并整修好切口。

b. 窗扇连接。窗扇连接主要是将窗扇框料连接成一个整体。连接前，需将密封胶条植入槽内。连接时的铝角安装方法有两种：一种是自攻螺钉固定法；另一种是撞角法。其具体方法与窗框铝角安装方法相同。

③ 安装固定窗框

a. 安装平开窗的砖墙窗洞，首先用水泥浆修平，窗洞尺寸大于铝合金平开窗框 30mm 左右。然后，在铝合金平开窗框的四周安装镀锌锚固板，每个边至少两边，应根据其长度和宽度确定。

b. 对装入窗洞中的铝合金窗框，进行水平度和垂直度的校正，并用木楔块把窗框临时固紧在墙的窗洞中，再用水泥钉将锚固板固定在窗洞的墙边，如图 3-23 所示。

c. 铝合金窗框边贴好保护胶带纸，然后再进行周边水泥浆塞口和修平，待水泥浆固结后再撕去保护胶带纸。

④ 平开窗的组装。平开窗组装的内容如下。

a. 上窗安装。如果上窗是固定的，可将玻璃直接安放在窗框的横向工字形铝合金上，然后用玻璃压线条固定玻璃，并用塔形橡胶条或玻璃胶进行密封。如果上窗是可以开启的一扇窗，可按窗扇的安装方法先装好窗扇，再在上窗窗顶部装两个铰链，下部装一个风撑和一个拉手即可。

b. 装执手和风撑基座。执手是用于将窗扇关闭时的扣紧装置，风撑则是起到窗扇的铰链和决定窗扇开闭角度的重要配件，风撑有$90°$和$60°$两种规格。

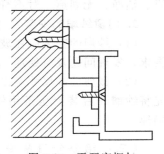

图 3-23　平开窗框与墙身的固定

执手的把柄装在窗框中间竖向工字形铝合金料的室内一侧，两扇窗需装两个执手。执手的安装位置尺寸一般在窗扇高度的中间位置。执手与窗框竖向工字料的连接用螺钉固定。与执手相配的扣件装于窗扇的侧边，扣件用螺钉与窗扇框固定。在扣紧窗扇时，执手连动杆上的钩头，可将装在窗扇框边相应位置上的扣件钩住，窗扇便能扣紧锁住。有的窗扇高度大于$1.0m$时，也可以安装两个执手。

窗子风撑的基座装于窗框架上，使风撑藏在窗框架和窗扇框架之间的空位中，风撑基底用抽芯铝铆钉与窗框的内边固定，每个窗扇的上、下边都需装一只风撑，所以与窗扇对应窗框上、下都要装好风撑。安装风撑的操作应在窗框架连接后，即在窗框架与墙面窗洞安装前进行。

在安装风撑基座时，先将基座放在窗框下边靠墙的角位上，用手电钻通过风撑基座上的固定孔在窗框上按要求钻孔，再用与风撑基座固定孔相同直径的铝抽芯铆钉，将风撑基座进行固定。

c. 窗扇与风撑连接。窗扇与风撑连接有两处：一处是与风撑的小滑块；一处是风撑的支杆。这两处又是定位在一个连杆上，与窗扇框固定连接。该连杆与窗扇固定时，先移动连杆，使风撑开启到最大位置，然后将窗扇框与连杆固定。风撑安装后，窗扇的开启位置如图 3-24 所示。

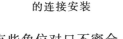

图 3-24　窗扇与"风撑"的连接安装

d. 装拉手及玻璃。拉手是安装在窗扇框的竖向边框中部，窗扇关闭后，拉手的位置与执手靠近。装拉手前先在窗扇竖向边框中部，用锉刀或铣刀把边框上压线条的槽锉一个缺口，再把装在该处的玻璃压线条切一个缺口，缺口大小按拉手尺寸而定。然后，钻孔用自攻螺钉将把手固定在窗扇边框上。

玻璃的尺寸应小于窗扇框内边尺寸 15mm 左右，将切割好的玻璃放入窗扇框内边，并马上把玻璃压线条装卡到窗扇框内边的卡槽上。然后，在玻璃的内边处各嵌上一周塔形密封橡胶条。

在平开窗的安装工作中，最主要的是掌握好斜角对口的安装。斜角对口要求尺寸、角度准确，加工细致。如果在窗框、扇框连接后，仍然有些角位对口不密合，可用与铝合金相同色的玻璃胶补缝。平开窗与墙面窗洞的安装，有先装窗框架，再安装窗扇的方法，也有的先将整个平开窗完全装配好之后，再与墙面窗洞安装。具体采用哪种方法，可根据不同情况而确定。一般大批量的安装制作时，可用前一种方法；少量的安装制作，可用后一种方法。

（二）五金配件与纱扇安装

1. 铝合金门窗五金配件的安装

（1）铝合金门窗五金配件的安装，一般在铝合金门窗安装完毕并经检查合格后进行。在安装前，先用丝锥清理铝合金门窗框扇丝扣的毛刺，然后再进行五金配件的安装。

（2）在五金配件安装完毕后，应按有关标准进行检查，所有的五金配件应达到平整、顺直、洁净、无划痕，对不符合要求的应立即进行更换。

2. 门窗纱扇的安装

（1）纱扇的安装应在玻璃安装完毕后进行，在安装前要认真检查门窗和玻璃安装是否符合要求，发现问题及时处理。

（2）裁剪的纱尺寸应比实际长度、宽度各长 50mm，以利于安装时压纱。在绷紧纱时，应先将纱铺开后装上压条用铁钉钉住，然后再装侧压条，用铁钉钉住，最后将边角多余的纱割掉。

（三）铝合金门窗安装应注意的问题

铝合金门窗安装中应注意的问题，与木门窗安装相同，主要包括质量问题和安全问题。

1. 铝合金门窗安装应注意的质量问题

（1）在进行铝合金门窗安装前，应对组装的铝合金门窗认真检查，接缝应平整，不劈棱、不窜角，如果发现翘曲、劈棱和窜角等质量缺陷，应当及时校正修理，检查全部合格后再进行安装。

（2）为保证铝合金门窗的安装符合设计要求，在安装前应进行放线找规矩，在安装时应进行挂线，确保铝合金门窗上下顺直、左右标高一致。

（3）在铝合金门窗施工时，应注意对成品的保护，及时清理面层的污染。

（4）在铝合金门窗尚未固定之前，应进行铝合金门窗关闭试验检查，并清理干净附在间隙部位的杂物，以使门窗的关闭灵活。

（5）在进行铝合金门窗安装前，应认真检查所安装钢门窗的型号、规格和尺寸，五金配件应齐全、配套；其门窗框应固定牢固，水平度、垂直度和对角线均应符合设计要求。

（6）在涂抹密封材料前，其基层应清理干净，密封膏的厚度要相同、宽窄要一致。

2. 铝合金门窗安装应注意的安全问题

（1）安装铝合金门窗中的电工、焊工等特殊工种的操作人员，必须经过专门的技术培训合格，必须坚持持证上岗。不是专门的操作人员，一律不允许进行这些特殊工种的操作。

（2）安装铝合金门窗在高处作业时，必须严格按高空作业标准施工，应戴好安全帽、安全带，并防止工具从高空坠落。

（3）在进行外墙铝合金门窗安装时，所用材料和工具应妥善放置，在施工的垂直下方严禁站人，以防止下落的材料和工具伤人。

（4）安装铝合金门窗时的施工用电，应符合行业标准《施工现场临时用电安全技术规范》（JGJ 46—2005）中的有关规定。

第三节　彩色涂层钢门窗施工工艺

彩色涂层钢门窗又称为"彩色涂层钢板门窗"、"彩色镀锌钢板门窗"、"彩板钢门窗"和"镀锌钢板门窗"，是意大利赛柯公司 20 世纪 70 年代独创的一种工艺组装式金属门窗，已在世界 30 多个国家广泛应用，是门窗行业的比较理想的新型产品。

彩色涂层钢门窗是以涂色镀锌钢板、门窗采用 4mm 厚平板玻璃或双层中空玻璃为主要材料，经过机械加工、装配而成。其色彩非常丰富，有红色、绿色、乳白色、棕色、蓝色、黄色、紫色等多种颜色。彩色涂层钢门窗在生产过程中，完全摒弃了能耗高的焊接工艺，全部采用插接件组合、自攻螺钉连接。

彩色涂层钢门窗具有质量较轻、强度较高、采光面积大、密封性优良、防尘性强、隔声性能好、保温性能高（室外零下 40℃时室内玻璃不结霜）、色彩鲜艳夺目、造型挺实美观、款式设计新颖、质感均匀柔和的特点。彩色涂层钢门窗在使用过程中不需任何保养，具有良好的防腐蚀性能，经久耐用，基本解决了金属门窗防腐蚀问题，属于较高档的门窗种类。

一、彩色涂层钢门窗的施工准备

彩色涂层钢板门窗的施工准备，主要包括施工材料准备、施工机具准备和作业条件准备三个方面。

（一）施工材料准备

在安装彩色涂层钢板门窗的施工中，所用的材料有：彩色涂层钢板门窗、自攻螺钉、膨胀螺栓、连接件、焊条、密封膏、密封胶条、对拔木楔、钢钉、硬木条（或玻璃条）、抹布和小五金等。对于以上材料应符合下列要求。

（1）彩色涂层钢板门窗的规格、型号和颜色等，均应符合设计和现行标准的要求，并有出厂合格证书。

（2）彩色涂层钢板门窗所用的五金配件，应当与门窗的型号匹配，铰链采用五金喷塑铰链，并用塑料盒盖装饰。

（3）彩色涂层钢板门窗密封宜采用橡胶密封条，其断面尺寸和形状均应符合设计要求。

（4）彩色涂层钢板门窗的连接宜采用塑料插接件螺钉，把手的材质应按设计图纸的要求确定。

（5）彩色涂层钢板门窗所用的嵌缝材料、密封膏的品种、型号等，均应符合设计要求，并应选用环保型产品。

（6）彩色涂层钢板门窗所用的焊条型号应与焊件要求相符，并有产品出厂合格证。

（7）彩色涂层钢板门窗安装中所用的水泥砂浆，水泥宜采用强度为 32.5 级以上的普通硅酸盐水泥或矿渣硅酸盐水泥，砂子宜采用过 5mm 筛的洁净中砂。

（8）彩色涂层钢板门窗所用的防锈漆及铁纱（或铝纱）应符合设计要求。

（9）彩色涂层钢板门窗所用的自攻螺钉、膨胀螺栓、塑料垫片和钢钉等，均应符合设计要求，并备有足够的数量。

（二）施工机具准备

彩色涂层钢板门窗施工中所用的施工机具和工具，主要有：螺丝刀、灰线包、吊线锤、扳手、手锤、毛刷、刮刀、扁铲、丝锥、钢卷尺、水平尺、塞尺、角尺、冲击电钻（电锤）、手枪电钻、射钉枪和电焊机等。

施工机具和工具的准备，有两方面要求：一是要齐全，凡是施工中用得到的机具一定要有；二是机具的型号、性能等方面符合要求，并运转正常。

（三）作业条件准备

（1）安装彩色涂层钢板门窗的结构工程经验收合格，室内 0.5m 的标准线已弹好并经复测无误。

（2）对进场的彩色涂层钢板门窗质量、规格进行验收，并妥善进行保存；对于有局部缺陷的门窗，已进行修理或退换。

（3）彩色涂层钢板门窗的保护膜非常完整，如有破损应进行补贴后再进行安装。

二、彩色涂层钢门窗的施工工艺

由于彩色涂层钢板门窗是成品供应，所以其安装工艺相对比较简单。工艺流程主要包括：

放线找规矩→门窗的安装→门窗的嵌缝。

（一）彩色涂层钢板门窗的施工工艺

1. 放线找规矩

（1）从顶层找出门窗口的边线，用线坠或经纬仪将门窗口的控制线引至各层，并在每层的门窗口画线标注。对于个别不直的门窗口边应及时进行纠正。

（2）根据室内确定的 0.5m 水平控制线，确定门窗的安装标高，作为门窗安装的依据。

（3）根据外墙的大样图及窗台板的宽度，确定门窗安装的平面位置，在侧面墙上弹出竖向控制线。

2. 门窗的安装

根据彩色涂层钢板门窗的构造不同，门窗的安装分为带副框门窗的安装方法和不带副框门窗的安装方法两种。

（1）带副框门窗的安装方法

① 按门窗设计图纸尺寸在工厂组装好副框，运到施工现场后用 $M5×12$ 自攻螺钉将连接件铆固在副框上。

② 将副框装入预留的洞口内，并用对技木楔将其初步固定。

③ 在校正副框的正面和侧面的垂直度及对角线的长度确实无误后，用对技木楔将其固定牢靠。

④ 将副框上的连接件逐个用电焊的方法，焊接在洞口的预埋铁件上。

⑤ 粉刷内墙、外墙和洞口。副框底部进行粉刷抹灰时，应嵌入硬木或玻璃条。副框两侧预留槽口，待粉刷层干燥后，清除浮尘，注入密封膏防水。

⑥ 室内外墙面和洞口装饰完毕并干燥后，用 $M5×12mm$ 自攻螺钉将门窗外框与副框连接牢固，并扣上孔盖。副框与门窗外框接触的顶面、侧面上均应贴密封胶条。安装推拉窗时，还应调整好滑块。

⑦ 门窗洞口与副框、副框与门窗框之间的缝隙，应填充密封膏封严。安装完毕后，再揭去门窗构件表面的保护膜，擦净玻璃及门窗的框扇，以便进行工程验收。

（2）不带副框门窗的安装方法

① 室内外及洞口应全部粉刷完毕。洞口粉刷后的成型尺寸，应当略大于门窗外框的尺寸，其间隙为：宽度方向 3～5mm，高度方向 5～8mm。

② 按照设计图中的规定，在洞口内弹好门窗安装线，作为安装门窗时的控制线。

③ 门窗与洞口宜采用膨胀螺栓进行连接。按门窗外框上膨胀螺栓的位置，在洞口相应位置的墙体上钻出膨胀螺栓的孔。

④ 将门窗框装入洞口内，并对齐安装控制线，在调整好门窗垂直度、水平度和对角线后，用木楔将框固定。在框上各螺钉孔处钉入膨胀螺栓，将门窗框与洞口连接固定，然后盖螺钉孔盖。门窗框与洞口之间的缝隙用建筑密封膏密封。

⑤ 门窗全部安装完毕后，经检查合格再揭去门窗构件表面的保护膜，擦净玻璃及门窗的框扇，以便进行工程验收。

⑥ 不带副框的涂色镀锌钢板门窗，也可以采用"先安外框、后做粉刷"的工艺。其具体做法是：门窗外框先用螺钉固定好连接件，放入洞口内调整水平度、垂直度和对角线，合格后以木楔固定，用射钉将外框连接件与洞口墙体连接，框料及玻璃用薄膜保护，然后再进行室内外装饰。砂浆干燥后，清理门窗构件装入内扇。在清理门窗构件时，千万不要划伤门窗上的涂层。

3. 门窗的嵌缝

门窗与洞口之间的缝隙，应采用设计要求的材料嵌塞密实，表面用建筑密封胶封闭。

（二）彩色涂层钢门窗五金配件与纱扇安装

1. 彩色涂层钢门窗五金配件的安装

（1）钢门窗五金配件的安装，一般在钢门窗的末道油漆完成后进行。在安装前，先用丝锥清理钢门窗框扇丝扣的毛刺及油漆，然后再进行五金配件的安装。

（2）在五金配件安装完毕后，应按有关标准进行检查，所有五金配件应达到平整、顺直、洁净、无划痕，对不符合要求的应立即进行更换。

2. 门窗纱扇的安装

（1）纱扇的安装应在玻璃安装完毕后进行，在安装前要认真检查门窗和玻璃安装是否符合要求，发现问题及时处理。

（2）裁剪的纱尺寸应比实际长度、宽度各长 50mm，以利于安装时压纱。在绷紧纱时，应先将纱铺开后装上压条用铁钉钉住，然后再装侧压条，用铁钉钉住，最后将边角多余的纱割掉。

（三）彩色涂层钢门窗安装应注意的问题

钢门窗安装中应注意的问题，与木门窗安装相同，主要包括质量问题和安全问题。

1. 钢门窗安装应注意的质量问题

（1）在进行钢门窗安装前，应对组装的钢门窗认真检查，发现翘曲和窜角等质量缺陷，应及时校正修理，检查全部合格后再进行安装。

（2）为保证钢门窗的安装符合设计要求，在安装前应进行放线找规矩，在安装时应进行挂线。确保钢门窗上下顺直、左右标高一致。

（3）钢窗的铁脚固定应符合要求，当预留洞与铁脚位置不符时，安装前应检查处理，以确保钢窗安装牢固。

（4）在钢门窗尚未固定之前，应进行钢门窗关闭试验检查，并清理干净黏附在间隙部位的杂物，以使门窗的关闭灵活。

（5）在进行钢门窗安装前，应认真检查所安装钢门窗的型号、规格和尺寸，五金配件应齐全、配套。

（6）压纱条与钢门窗扇的裁口应当配套，在切割时应认真进行操作。在固定门窗的压纱条时，应选用配套的螺钉。

2. 钢门窗安装应注意的安全问题

（1）安装钢门窗中的电工、焊工等特殊工种的操作人员，必须经过专门的技术培训合格，必须坚持持证上岗。不是专门的操作人员，一律不允许进行这些特殊工种的操作。

（2）安装钢门窗在高处作业时，必须严格按高空作业标准施工，应戴好安全帽、安全带，并防止工具从高空坠落。

（3）在进行外墙钢门窗安装时，所用材料和工具应妥善放置，在施工的垂直下方严禁站人，以防止下落的材料和工具伤人。

（4）安装钢门窗时的施工用电，应符合行业标准《施工现场临时用电安全技术规范》（JGJ 46—2005）中的有关规定。

第四节　塑料门窗施工工艺

塑料门窗是以聚氯乙烯或其他树脂为主要原料，以轻质碳酸钙为填料，添加适量助剂和改性剂，经过双螺杆挤压机挤压成型的各种截面的空腹门窗异型材，再根据不同的品种规格选用不同截面异型材组装而成。由于塑料的刚度较差、变形较大，一般在空腹内嵌装型钢或铝合金型材进行加强，从而增强了塑料门窗的刚度，提高了塑料门窗的牢固性和抗风能力。因此，塑料门窗又称为"钢塑门窗"。

塑料门窗是目前最具有气密性、水密性、耐腐蚀性、隔热保温、隔声、耐低温、阻燃、电绝缘性、造型美观等优异综合性能的门窗制品。使用实践证明：其气密性为木窗的 3 倍，为铝合金的 1.5 倍；热导率远小于金属门窗，可节约暖气费 20％左右；其隔声效果也比铝合金高30dB 以上。另外，塑料本身的耐腐蚀性和耐潮湿性优异，在化工建筑、地下工程、卫生间及浴室内都能使用，是一种应用广泛的建筑节能产品。

塑料门窗的安装施工，主要包括塑料门窗的制作、安装施工准备工作和塑料门窗的施工工艺等方面。

一、塑料门窗的制作

塑料门窗的制作一般都是在专门的工厂进行的，很少在施工工地现场进行组装。在国外，甚至连玻璃都在工厂中安装好，然后再送往施工现场安装。在国内，一些较为高档的产品，也常常采取这种方式供货。

但是，由于我国的塑料门窗组装厂还很少，而且组装后的门窗经长途运输损耗太大，因此，很多塑料门窗装饰工程仍然存在着由施工企业自行组装的情况，这对于确保制作质量还是有一定难度的。

二、安装施工准备工作

（一）一般准备工作

（1）安装工程中所使用的门窗部件、配件、材料等在运输、保管和施工过程中，应采取防止其损坏或变形的措施。

（2）门窗应放置在清洁、平整的地方，且应避免日晒雨淋，并不得与腐蚀物接触。门窗不应直接接触地面，下部应放置垫木，且均应立放，立放角度不应小于 70°并应采取防倾倒措施。

（3）贮存门窗的环境温度应低于 50℃，与热源距离不应小于 1m，门窗在安装现场放置的时间不应超过两个月。

（4）装运门窗的运输工具应设有防雨措施并保持清洁，运输门窗应竖立排放并固定牢靠，防止颠震损坏，樘与樘之间应用非金属软质材料隔开，五金配件也应相互错开，以免相互磨损及压坏五金件。

（5）装卸门窗，应轻拿、轻放，不得撬、甩、摔。吊运门窗，其表面应采用非金属软件材料衬垫，并在门窗外缘选择平稳的着力点，不得在框扇内插入抬杆起吊。

（6）塑料门窗在安装时所用的主要机具有：冲击钻、射钉枪、螺丝刀、锤子、吊线锤、钢尺、灰线包等。安装用的主要机具应完备、齐全，并应定期检验，当达不到要求时，应及时进行维修和更换。

（7）塑料门窗多为工厂制作的成品，并有齐全的五金配件，其他材料主要有木螺钉、平头螺钉、塑料胀管螺钉、自攻螺钉、钢钉、木楔、密封条、密封膏、抹布等。这些材料应当齐全，质量符合现行要求。

（8）当洞口需要设置预埋件时，应检查预埋件的数量、规格及位置，预埋件的数量应和塑料膨胀螺钉的数量一致，其标高和坐标位置应准确。

（9）门窗安装前，应按设计图纸的要求检查门窗的数量、品种、规格、开启方向、外型等，门窗五金件、密封条、紧固件等应齐全，不合格者应予以更换。

（二）现场准备工作

（1）门窗洞口质量检查。按设计要求检查门窗洞口的尺寸，若无具体的设计要求，一般应满足下列规定：门洞口宽度为门框宽度另加50mm，门洞口高度为门框高度另加20mm；窗洞口宽度为窗框宽度另加40mm，窗洞口高度为窗框高度另加40mm。

门窗洞口尺寸的允许偏差值为：洞口表面平整度允许偏差3mm；洞口正面与侧面垂直度的允许偏差3mm；洞口对角线允许偏差3mm。

（2）检查洞口的位置、标高与设计要求是否符合，若不符合应立即进行改正。

（3）检查洞口内预埋木砖的位置、数量是否准确。

（4）按设计要求弹好门窗安装位置线，并根据需要准备好安装用的脚手架。

三、塑料门窗的施工工艺

塑料门窗安装的工艺流程比较简单，主要包括：门窗外观检查→安装固定片→放线找规矩→门窗的安装→门窗的嵌缝→五金配件安装→纱门窗扇安装。

1. 门窗框与墙体的连接

塑料门窗框与墙体的连接固定方法很多，在工程中常见的有连接件法、直接固定法和假框法三种。

（1）连接件法。这是一种专门制作的铁件将门窗框与墙体相连接，是我国目前运用较多的一种方法。其优点是比较经济，且基本上可以保证门窗的稳定性。连接件法的做法是：先将塑料门窗放入门窗洞口内，找平对中后用木楔临时固定。然后，将固定在门窗框型材靠墙一面的锚固铁件用螺钉或膨胀螺钉固定在墙上，如图3-25所示。

（2）直接固定法。在砌筑墙体时，先将木砖预埋于门窗洞口设计位置处，当塑料门窗安装于洞口并定位后，用木螺钉直接穿过门窗框与预埋木砖进行连接，从而将门窗框直接固定于墙体上，如图3-26所示。

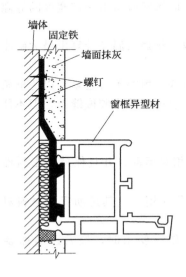

图 3-25　框与墙间连接件固定法

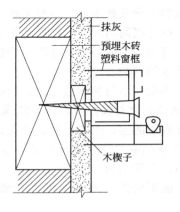

图 3-26　框与墙间直接固定法

（3）假框法。先在门窗洞口内安装一个与塑料门窗框配套的镀锌铁皮金属框，或者当木门窗换成塑料门窗时，将原来的木门窗框保留不动，待抹灰装饰完成后，再将塑料门窗框直接固定在原来框上，最后再用盖口条对接缝及边缘部分进行装饰，如图3-27所示。

2. 连接点位置的确定

在确定塑料门窗框与墙体之间的连接点的位置和数量时，应主要从力的传递和塑料门窗的伸缩变形需要两个方面来考虑，如图 3-28 所示。

（1）在确定连接点的位置时，首先应考虑能使门窗扇通过合页作用于门窗框的力，尽可能直接传递给墙体。

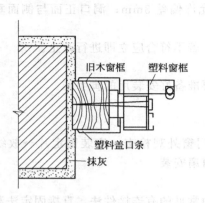

图 3-27 框与墙间"假框"固定法

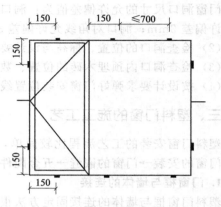

图 3-28 框与墙连接点布置图

（2）在确定连接点的数量时，必须考虑防止塑料门窗在温度应力、风压及其他静荷载作用下可能产生的变形。

（3）连接点的位置和数量，必须适应塑料门窗变形较大的特点，保证在塑料门窗与墙体之间微小的位移，也不会影响门窗的使用功能及连接本身。

（4）在合页的位置应设连接点，相邻两个连接点的距离不应大于 700mm。在横档或竖框的地方不宜设连接点，相邻的连接点应在距其 150mm 处。

3. 框与墙间缝隙的处理

（1）由于塑料的膨胀系数较大，所以要求塑料门窗与墙体间应留出一定宽度的缝隙，以适应塑料伸缩变形。

（2）框与墙间的缝隙宽度，可根据总跨度、膨胀系数、年最大温差计算出最大膨胀量，再乘以要求的安全系数求得，一般可取 10～20mm。

（3）框与墙间的缝隙，应用泡沫塑料条或油毡卷条填塞，填塞不宜过紧，以免框架发生变形。门窗框四周的内外接缝缝隙应用密封材料嵌填严密，也可用硅橡胶嵌缝条，但不能采用嵌填水泥砂浆的做法。

（4）不论采用何种填缝方法，均要做到以下两点。

① 嵌填的密封缝隙材料应当能承受墙体与框之间的相对运动，并且保持其密封性能，雨水不得在嵌填的密封隙缝材料处渗入。

② 嵌填的密封缝隙材料不应对塑料门窗有腐蚀、软化作用，尤其是沥青类材料对塑料有不利作用，不宜采用。

（5）嵌填密封完成后，可进行墙面抹灰。当工程有较高要求时，最后还需加装塑料盖口条。

4. 五金配件的安装

塑料门窗安装五金配件时，必须先在杆件上进行钻孔，然后用自攻螺钉拧入，严禁在杆件上直接锤击钉入。

5. 安装完毕后的清洁

塑料门窗扇安装完毕后，应暂时将其取下，并编号单独保管。门窗洞口进行粉刷时，应将门窗表面贴纸保护。粉刷时如果在表面沾上水泥浆，应立即用软质抹布擦洗干净，切勿使用金属工具擦刮。粉刷完毕后，应及时清除玻璃槽口内的渣灰。

四、塑料门窗施工应注意的问题

为确保塑料门窗安装质量，在进行施工操作中，主要应注意质量问题和安全问题，这是非常重要的两个方面。

（一）塑料门窗安装应注意的质量问题

（1）塑料门窗在安装前，在运输、保管和施工过程中，应采取防止其损坏或变形的措施，一般有以下具体措施。

① 装运塑料门窗的运输工具应设有防雨措施，并能保证在运输中不受污染。在运输塑料门窗时，应竖立排放并固定牢靠，防止运输途中颠簸损坏。门窗樘与樘之间应用软质材料隔开，以防止产生摩擦损伤；五金配件应相互错开，以免相互磨损或压坏五金配件。

② 在装卸塑料门窗时，应轻拿、轻放，不得撬、甩、摔。在吊运塑料门窗时，其表面应采用软质材料衬垫，并在门窗外框选择牢靠平稳的着力点，不得在框扇内插入抬杆起吊。

③ 塑料门窗应放置在清洁、干燥、平稳的地方，避免日晒雨淋，并且不得与腐蚀性物质接触。塑料门窗的下部应放置垫木，并且要均匀竖立排放，立放的角度不应小于 70°，同时应采取防止倾倒的措施。

④ 贮存塑料门窗的环境温度应低于 50℃，与热源的距离不应小于 1m。塑料门窗在安装现场放置的时间不应超过 2 个月。当在环境温度为 0℃ 的环境中存放塑料门窗时，安装前应在室温下放置 24h。

（2）安装完毕的塑料门窗框应保证其刚度，根据墙体结构采用不同的固定方法；组合窗、门连窗的拼樘料应设置增强型钢，上下端按规定进行固定。

（3）塑料门窗框周边应用密封材料嵌填或封闭，并设置排水孔。在外墙施工时，不得堵塞塑料门窗的排水孔，以保证排水畅通。

（4）塑料门窗框与墙体之间应保证为弹性连接，其缝隙应填嵌泡沫塑料或矿棉、岩棉等软质材料。但含有沥青的软质材料不得填入，以免塑料门窗受腐蚀。这些软质材料在填塞时，门窗四周内外应留出一条凹槽，并用密封材料封严，材料填塞不宜过紧，以防止门窗框受挤而变形，连接螺钉不应直接锤击入内。

（5）塑料门窗在安装过程中，要注意调整各螺栓的松紧程度，使它们基本一致，不应有过松或过紧现象。

（6）在施工中严禁在塑料门窗上搭设脚手板、支脚手杆或悬挂重物，防止塑料门窗框安装后产生变形，或出现门窗扇关闭不严、关闭困难等问题。

（7）塑料门窗上的保护膜不宜过早撕掉，一般在交工验收后清理；门窗口处作为施工运料通道时，应有可靠的保护措施，防止对门窗碰撞和损伤。

（二）塑料门窗安装应注意的安全问题

（1）塑料门窗施工中使用的电动工具及电气设备，均应符合行业标准《施工现场临时用电安全技术规范》（JGJ 46—2005）中的规定。

（2）塑料门窗施工中使用的电动工具应安装漏电保护器，当使用射钉枪时应采取安全保护措施。

（3）在施工现场未经批准不得动用明火，在必须使用明火时，应办理用火证并派专人监护，配置一定数量的灭火器材。在施工现场不允许吸烟。

（4）在塑料门窗施工中，进行各项窗口作业时，操作人员的重心应位于室内，不得在窗台上站立，必要时应系好安全带进行操作。

（5）在安装门窗及安装玻璃时，严禁操作人员站在橙子和阳台栏板上操作。当门窗处于临时固定状态，封填材料尚未达到强度以及进行电焊操作时，严禁手拉门窗进行攀登。

（6）安装塑料门窗在高处作业时，必须严格按高空作业标准施工，应戴好安全帽、安全带，并防止工具从高空坠落。

（7）在高处外墙安装塑料门窗，当无脚手架时，应按规定设置安全网。当无安全网时，操作人员应系好安全带，其保险带的钩子应挂在操作人员上方的可靠物件上。

第五节　其他类型门窗施工工艺

根据国家标准 2013 年版《建筑装饰装修工程质量验收规范》（GB 50210—2001）中的规定，特种门种类繁多、功能各异，其品种、功能还在不断增加，在建筑工程中常用的特种门窗主要包括防火门、防盗门、自动门、全玻门、旋转门、金属卷帘门等。

一、自动门安装施工

自动门是一种新型金属门，主要用于高级建筑装饰。自动门按门体的材料不同，有铝合金自动门、无框的全玻璃自动门及异型薄壁钢管自动门等；按门的扇型区分，有双扇型、四扇型和六扇型等自动门；按自动门所使用的探测传感器的不同，可分为超声波传感器、红外线探头、微波探头、遥控探测器、开关式传感器、拉线开关式传感器和手动按钮式传感器等。目前，我国比较有代表性的自动门品种与规格，见表 3-3。

表 3-3　国产自动门品种与规格

品种	规格尺寸/mm		生产单位
	宽　度	高　度	
TDLM-100 系列铝合金推拉自动门	2050～4150	2075～3575	沈阳黎明航空铝窗公司
ZM-E 型铝合金中分式微波自动门	分二、四、六扇型，除标准尺寸外，可由用户提出尺寸订制		上海红光建筑有限公司
100 系列铝合金自动门	950	2400	哈尔滨有色金属材料加工厂

注：表中所列自动门品种均含无框的全玻璃自动门。

我国生产的微波自动门，具有外观新颖、结构精巧、启动灵活、运行可靠、功耗较低、噪声较小等特点，适用于高级宾馆、饭店、医院、候机楼、车站、贸易楼、办公大楼等建筑物。下面重点介绍微波自动门的结构与安装施工。

（一）微波自动门的结构

微波自动门的传感系统采用微波感应方式，当人或其他活动目标进入微波传感器的感应范围时，门扇便自动开启，当活动目标离开感应范围时，门扇又会自动关闭。门扇的自动运行，有快速和慢速两种自动变换，使启动、运行、停止等动作达到良好的协调状态，同时可确保门扇之间的柔性合缝。当自动门意外地夹住行人或门体被异物卡阻时，自控电路具有自动停机的功能，所以安全可靠。

1. 微波自动门的门体结构

以上海某厂生产的 ZM-E2 型微波自动门为例，微波自动门体结构分类见表 3-4。

表 3-4　ZM-E2 型微波自动门门体结构分类

门体的材料	表面处理(颜色)	
铝合金	银白色	古铜色
无框的全玻璃门	白色全玻璃	茶色全玻璃
异型薄壁钢管	镀锌	油漆

微波自动门一般多为中分式，标准立面主要分为两扇型、四扇型、六扇型等，如图 3-29 所示。

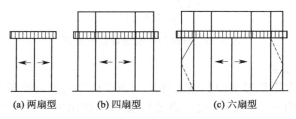

(a) 两扇型　　　(b) 四扇型　　　(c) 六扇型

图 3-29　自动门标准立面示意图

2. 自动门的控制电路结构

微波自动门的控制电路是自动门的指挥系统，由两部分组成。其一是用来感应开门目标信号的微波传感；其二是进行信号处理的二次电路控制。微波传感器采用 X 波段微波信号的"多普勒"效应原理，对感应范围内的活动目标反应的作用信号进行放大检测，从而自动输出开门或关门控制信号。一档自动门出入控制一般需要用 2 只感应探头、1 台电源器配套使用。二次电路控制箱是将微波传感器的开关门信号转化成为控制电动机正、逆旋转的信号处理装置，它由逻辑电路、触发电路、可控硅主电路、自动报警停机电路及稳压电路等组成。

微波自动门的主要电路采用集成电路技术，使整机具有较高的稳定性和可靠性。微波传感器和控制箱均使用标准插件连接，因而同机种具有互换性和通用性。微波传感器和控制箱在自动门出厂前均已安装在机箱内。

（二）微波自动门的技术指标

以 ZM-E2 型微波自动门为例，微波自动门的技术参数如表 3-5 所示。

表 3-5　ZM-E2 型微波自动门的技术参数

项　目	指　标	项　目	指　标
电源	AC220V/50Hz	感应灵敏度	现场调节至用户需要
功耗	150W	报警延时时间	10～15s
门速调节范围	0～350mm/s(单扇门)	使用环境温度	-20～+40℃
微波感应范围	门前 1.5～4m	断电时手推力	<10N

（三）微波自动门的安装施工

1. 地面导向轨道安装

铝合金自动门和玻璃自动门地面上装有导向性下轨道。异型钢管自动门无下轨道。有下轨道的自动门在土建做地坪时，必须在地面上预埋 50mm×75mm 方木条 1 根。微波自动门在安装时，撬出方木条以后，便可埋设下轨道，下轨道长度为开门宽的 2 倍。图 3-30 为自动门下轨道埋设示意图。

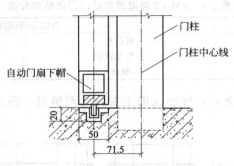

图 3-30 自动门下轨道埋设示意图

2. 微波自动门横梁安装

自动门上部机箱层主梁是安装中的重要环节。由于机箱内装有机械及电控装置，因此，对支承横梁的土建支承结构有一定的强度及稳定性要求。常用的两种支承节点如图 3-31 所示，一般砖结构宜采用图 3-31(a) 形式，混凝土结构宜采用图 3-31(b) 形式。

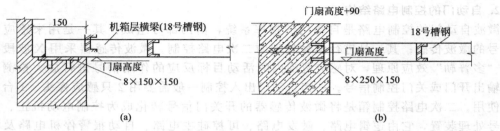

图 3-31 机箱横梁支承节点

3. 微波自动门使用与维修

自动门的使用性能与使用寿命，与施工及日常维护有密切关系，因此，必须做好下列各个方面工作。

（1）门扇地面滑行轨道应经常进行清洗，槽内不得留有异物。结冰季节要严格防止有水流进下轨道，以免阻碍活动门扇转动。

（2）微波传感器及控制箱等一旦调试正常，就不能再任意变动各种旋钮的位置，以防止失去最佳工作状态，而达不到应有的技术性能。

（3）铝合金门框、门扇及装饰板等，是经过表面化学防腐氧化处理的，产品运抵施工现场后应妥善保管，并注意门体不得与石灰、水泥及其他酸、碱性化学物品接触。

（4）对使用比较频繁的自动门，要定期检查传动部分装配紧固零件是否有松动、缺损等现象。对机械活动部位要定期加油，以保证门扇运行润滑、平稳。

二、防火门的安装施工

防火门是具有防火特殊功能的一种新型门，是为了解决高层建筑的消防问题而发展起来的，目前在现代高层建筑中应用比较广泛，并深受使用单位的欢迎。

（一）防火门的种类

1. 根据耐火极限不同分类

根据国际标准（ISO），防火门可分为甲、乙、丙三个等级。

（1）甲级防火门。甲级防火门以防止扩大火灾为主要目的，它的耐火极限为 1.2h，一般为全钢板门，无玻璃窗。

（2）乙级防火门。乙级防火门以防止开口部火灾蔓延为主要目的，它的耐火极限为 0.9h，一般为全钢板门，在门上开一个小玻璃窗，玻璃选用 5mm 厚的夹丝玻璃或耐火玻璃。性能较好的木质防火门也可以达到乙级防火门。

（3）丙级防火门。它的耐火极限为 0.6h，为全钢板门，在门上开一小玻璃窗，玻璃选用 5mm 厚夹丝玻璃或耐火玻璃。大多数木质防火门都在这一范围内。

2. 根据门的材质不同分类

根据防火门的材质不同，可以分为木质防火门、钢质防火门、钢木质防火门和其他材质防火门等。

（1）木质防火门。即用难燃木材或难燃木材制品作为门框、门扇骨架、门扇面板，门扇内若填充材料，则填充对人体无毒无害的防火隔热材料，并配以防火五金配件组成的具有一定耐火性能的门。

（2）钢质防火门。即用钢质材料制作门框、门扇骨架和门扇面板，门扇内若填充材料，则填充对人体无毒无害的防火隔热材料，并配以防火五金配件组成的具有一定耐火性能的门。

（3）钢木质防火门。即用钢质和难燃木材或难燃木材制品作为门框、门扇骨架、门扇面板，门扇内若填充材料，则填充对人体无毒无害的防火隔热材料，并配以防火五金配件组成的具有一定耐火性能的门。

（4）其他材质防火门。即全部或部分采用钢质、难燃木材、难燃木材制品制作门框、门扇骨架、门扇面板，门扇内若填充材料，则填充对人体无毒无害的防火隔热材料，并配以防火五金配件组成的具有一定耐火性能的门。

（二）防火门的主要特点

防火门具有表面平整光滑、美观大方、开启灵活、坚固耐用、使用方便、安全可靠等特点。防火门的规格有多种，除按国家建筑门窗洞统一模数制规定的门洞尺寸外，还可依用户的要求而订制。

（三）防火门的施工工艺

（1）划线。按照设计要求的部位、尺寸和标高，画出门框框口的位置线。

（2）立门框。先拆掉门框下部的固定板，凡框内高度比门扇的高度大于 30mm 者，洞两侧地面须设预留凹槽。门框一般埋入 ±0.000 标高以下 20mm，必须保证门框口的上下尺寸相同，允许误差小于 1.5mm，对角线允许误差小于 2mm。将门框用木楔临时固定在洞内，经校正合格后，固定木楔，门框铁脚与预埋铁板件焊牢。

（3）安装门扇及附件。门框周边缝隙，用 1:2 的水泥砂浆或强度不低于 10MPa 的细石混凝土嵌塞牢固，应保证与墙体连接成整体；经养护凝固后，再粉刷洞口及墙体。

粉刷完毕后，安装门扇、五金配件及有关防火装置。门扇关闭后，门缝应均匀平整，开启自由轻便，不得有过紧、过松和反弹现象。

（四）防火门的注意事项

（1）为了防止火灾蔓延和扩大，防火门必须在构造上设计有隔断装置，即装设保险丝，一旦火灾发生，热量使保险丝熔断，自动关锁装置就开始动作进行隔断，达到防火目的。

（2）金属防火门，由于火灾时的温度使其产生较大膨胀，可能不好关闭或是因为门框阻止门膨胀而产生翘曲，从而引起间隙或是使门框破坏。必须在构造上采取技术措施，不使这类现象产生，这是很重要的。

三、全玻门的安装施工

全玻门是高等级建筑中常见的全玻璃门，一般用12mm或更厚的钢化玻璃制作，可分为无框、有框两种形式。

在现代装饰工程中，全玻门是高等级建筑中常见的全玻璃门。所采用玻璃多为厚度在12mm的厚质平板白玻璃、雕花玻璃及彩印图案玻璃等，有的设有金属扇框，有的活动门扇除了用玻璃之外，只有局部的金属边条。其门框部分通常以不锈钢、黄铜或铝合金饰面，从而展示出高级豪华气派，如图3-32所示。

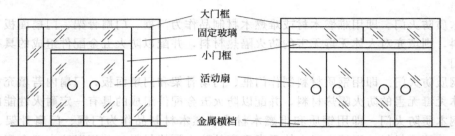

图3-32 全玻璃装饰门的形式示例

（一）全玻璃门固定部分的安装

1. 施工准备工作

在正式安装玻璃之前，地面的饰面施工应已完成，门框的不锈钢或其他饰面包覆安装也应完成。门框顶部的玻璃限位沟槽已经留出，其沟槽宽度应大于玻璃厚度2～4mm，沟槽深度为10～20mm，如图3-33所示。

不锈钢、黄铜或铝合金饰面的木底托，可采用木方条将其固定于地面安装位置，然后再用黏结剂将金属板饰面粘接卡在木方上，如图3-34所示。如果采用铝合金方管，可采用木螺丝将方管固定于木底托上，也可采用"角铝"连接件将铝合金方管固定在框架柱上。

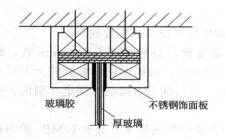

图3-33 顶部门框玻璃限位槽构造

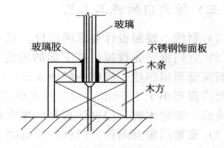

图3-34 固定玻璃扇下部底托做法

厚玻璃的安装尺寸，应从安装位置的底部、中部和顶部进行测量，选择最小尺寸为玻璃板宽度的切割尺寸。如果上、中、下测得的尺寸一致，其玻璃宽度的切割应比实测尺寸小2～3mm。玻璃板的高度方向裁割，应小于实测尺寸3～5mm。玻璃板切割后，应将其四周进行倒角处理，倒角宽度为2mm，如若在施工现场自行倒角，应手握细砂轮作缓慢细磨操作，防止出现崩角崩边现象。

2. 安装固定玻璃板

用玻璃吸盘将玻璃板吸起，由2～3人合力将其抬至安装位置，先将上部插入门顶部框的限位沟槽内，下部落于底托之上，而后校正安装位置，使玻璃板的边部正好封住侧向框的金属板饰面对准缝口，如图 3-35 所示。在底托上固定玻璃板时，可先在底托木方上钉木条，一般距玻璃 4mm 左右；然后在木条上涂刷胶黏剂，将不锈钢板或铜板粘卡在木方上。玻璃门竖向安装构造如图 3-36 所示。

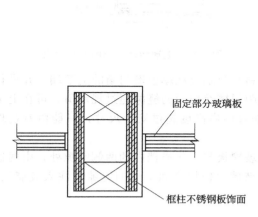

图 3-35　固定玻璃与框的配合示意

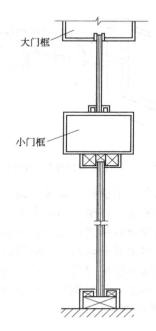

图 3-36　玻璃门竖向安装构造

3. 注胶封口

在玻璃准确就位后，在顶部限位沟槽处和底托固定处，以及玻璃板与框的对缝处，均注入玻璃密封胶。首先将玻璃胶开封后装入胶枪内，即用胶枪的后压杆端头板顶住玻璃胶罐体的底部；然后用一只手托着玻璃胶的枪身，另一只手握着注胶压柄，不断松、压循环地操作压柄，将玻璃胶注于需要封口的缝隙端，如图 3-37 所示。由需要注胶的缝隙端头开始，顺着缝隙匀速移动，使玻璃胶在缝隙处形成一条均匀的直线，最后用塑料片刮去多余的玻璃胶，用棉布擦净胶迹。

4. 玻璃板之间的对接

门上固定部分的玻璃需要对接时，其对接缝应有 2～4mm 的宽度，玻璃板的边部都要进行倒角处理。当玻璃块之间留缝定位并安装稳固后，即将玻璃胶注入其对接的缝隙，用塑料片在玻璃板对缝的两边把玻璃胶搞平，并用棉布将胶迹擦干净。

（二）玻璃活动门扇的安装

玻璃活动门扇的结构是不设门扇框，活动门扇的启闭由地弹簧进行控制。地弹簧同时又与门扇的上部、下部金属横档进行铰接，如图 3-38 所示。玻璃门扇的安装方法与步骤如下。

（1）活动门扇在安装前，应先将地面上的地弹簧和门扇顶面横梁上的定位销安装固定完毕，两者必须在同一轴线上，安装时应用吊锤进行检查，做到准确无误，地弹簧转轴与定位销为同一中心线。

（2）在玻璃门扇的上、下金属横档内划线，按线固定转动销的销孔板和地弹簧的转动轴连接板。具体操作可参照地弹簧产品安装说明书。

（3）玻璃门扇的高度尺寸，在裁割玻璃时应注意包括插入上、下横档的安装部分。一般情况下，玻璃高度尺寸应小于实测尺寸 3～5mm，以便安装时进行定位调节。

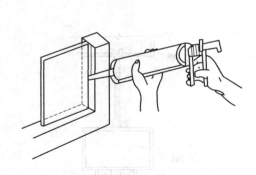

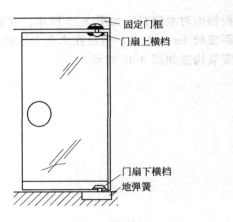

固定门框
门扇上横档

门扇下横档
地弹簧

图 3-37　注胶封口操作示意图　　　　图 3-38　玻璃活动门扇的安装示意

（4）把上、下横档（多采用镜面不锈钢成型材料）分别装在厚玻璃门扇的上下端，并进行门扇高度的测量。如果门扇高度不足，即其上下边距门横及地面的缝隙超过规定值，可在上下横档内加垫胶合板条进行调节，如图 3-39 所示。如果门扇高度超过安装尺寸，只能由专业玻璃工将门扇多余部分切割去，但要特别小心加工。

（5）门扇高度确定后，即可固定上下横档，在玻璃板与金属横档内的两侧空隙处，由两边同时插入小木条，轻敲稳实，然后在小木条、门扇玻璃及横档之间形成的缝隙中注入玻璃胶，如图 3-40 所示。

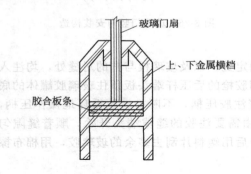

玻璃门扇
上、下金属横档
胶合板条

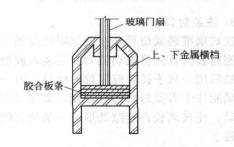

玻璃门扇
上、下金属横档
胶合板条

图 3-39　加垫胶合板条调节玻璃门扇高度尺寸　　图 3-40　门扇玻璃与金属横档的固定

（6）进行门扇定位的安装。先将门框横梁上的定位销子本身的调节螺钉调出横梁平面 1～2mm，再将玻璃门扇竖起来，把门扇下横档内的转动销连接件的孔位对准地弹簧的转动销轴，并转动门扇将孔位套在销轴上。然后把门扇转动 90°角，使之与门框横梁成直角，把门扇上横档中的转动连接件的孔对准门框横梁上的定位销，将定位销插入孔内 15mm 左右（调动定位销上的调节螺钉），如图 3-41 所示。

（7）安装门拉手。全玻璃门扇上扇拉手孔洞一般是事先订购时就加工好的，拉手连接部分插入孔洞时不能太紧，应当略有松动。安装前在拉手插入玻璃的部分涂少量的玻璃胶；如若插入过松可在插入部分裹上软质胶带。在拉手组装时，其根部与玻璃贴靠紧密后再拧紧螺钉，如图 3-42 所示。

四、旋转门的安装施工

1. 金属旋转门的特点

金属旋转门有铝质、钢质两种金属型材结构。铝质结构是采用铝镁硅合金挤压型材，经阳极氧化成银白、古铜等色，其外形美观，耐蚀性强，质量较轻，使用方便。钢质结构是采用20号碳素结构钢无缝异型管，选用 YB431-64 标准，冷拉成各种类型转门、转门的框架，然后喷涂各种油漆而成。

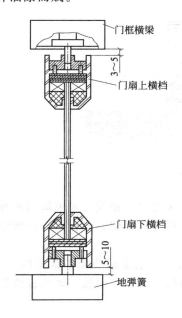

图 3-41　门扇的定位安装

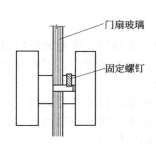

图 3-42　玻璃门拉手安装示意

金属旋转门具有密闭性好、抗震性能优良、耐老化能力强、转动平稳、使用方便、坚固耐用等特点。金属转门主要适用于宾馆、机场、商店等高级民用及公共建筑。

2. 金属转门的施工

金属转门的安装施工，应当按照以下步骤进行。

（1）在金属转门开箱后，检查各类零部件是否齐全、正常，门樘外形尺寸是否符合门洞口尺寸，以及转门侧壁位置要求，预埋件位置和数量。

（2）木桁架按洞口左右、前后位置尺寸与预埋件固定，并保持水平，一般转门与弹簧门、铰链门或其他固定扇组合后，就可先安装其他组合部分。

（3）装转轴，固定底座，底座下要垫实，不允许出现下沉，临时点焊上轴承座，使转轴垂直于地平面。

（4）安装圆转门顶与转门壁，转门壁不允许预先固定，便于调整与活门扇之间隙，装门扇保持 90°夹角，旋转转门，保证上下间隙。

（5）调整转门壁的位置，以保证门扇与转门壁的间隙。门扇高度与旋转松紧调节，如图3-43 所示。

（6）先焊上轴承座，用混凝土固定底座，埋插销下壳，最后将门壁固定。

（7）安装门扇上的玻璃，玻璃一定要安装牢固，不准有任何松动现象。

（8）如果采用钢质结构的旋转门，在安装完毕后，对其还应喷涂涂料。

五、装饰门的安装施工

1. 装饰门的类型

装饰门主要起着装饰的作用，建筑工程中常用的有普通装饰门、塑料浮雕装饰门和普通木板门改装装饰门三种类型。

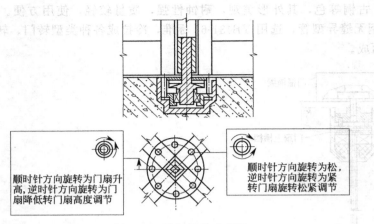

图 3-43　转门调节示意图

（1）普通装饰门。普通装饰门根据其组成结构不同，又可分为镶板门和玻璃门两种。

（2）塑料浮雕装饰门。塑料浮雕装饰门的门扇采用木材装成框架，面板为三合板塑料浮雕热压粘接而成。

（3）普通木板门改装装饰门。普通木板门改装装饰门是住宅重新装修中常见的一种形式，即在普通老式木门扇的两侧加装饰面板与压条，如水曲柳胶合板、压层板、硬木板或塑料层压板改造而成的装饰门。

2. 装饰门的安装施工

（1）实木装饰门要采用干燥的硬木制作，要求木纹自然、协调、美观，所选用的五金配件应与门相适应。

（2）普通装饰门要显示出木材天然本色，一般应刷透明聚酯漆，这种装饰方法通常称为"靠木油"做法。

（3）塑料浮雕装饰门一般是由工厂加工成型，在现场进行安装。安装时，与门框配套，并选用与其色调相适应的五金配件。塑料浮雕装饰门在运输和存放过程中，要特别注意对成品的保护，以免将塑料浮雕损坏，门扇要直立存放在仓库内，避免风吹、日晒、雨淋。

（4）将普通木门改装成装饰门时，应先将五金配件卸掉，将旧门拆下，清除旧门扇上的涂料。如有压条时，应将其刨平。如旧门扇上有空档，要嵌入胶合板或门芯板，并用黏结法和气钉钉牢，以便在铺贴新面板时，能够提供均匀涂刷胶黏剂的表面。然后按照旧门的尺寸，根据装饰门的要求，将贴面薄板进行准确裁割，精心刨平、修整，以便能准确地进行安装。

（5）胶黏剂一般应选用接触型胶黏剂，乳胶可用于内门，外门应采用防水的胶黏剂。在进行操作时，应在旧门表面及新加板的背面，均匀涂刷胶黏剂，当胶黏剂不粘手时，按要求将其定位，并粘接到一起，再用小圆钉临时固定。胶黏剂固化后，将门锁装配孔和执手装配孔开好，重新安装上全部小五金配件。如果新改装的装饰门较厚，则需重新调整合页的位置，使其与旧门框配套。为了确保装饰门的美观，在旧门框两侧也需用胶合板镶包平齐，使其与门扇配套、协调。

六、卷帘防火、防盗窗

1. 卷帘门窗的特点

卷帘门窗具有造型美观新颖、结构紧凑先进、操作方便简单、坚固耐用、刚性较强、密封性好、不占地面面积、启闭灵活、防风防尘、防火防盗等优良特点，主要适用于各类商店、宾馆、银行、医院、学校、机关、厂矿、车站、码头、仓库、工业厂房及变电室等。

2. 卷帘门窗的类型

（1）根据传动方式的不同，卷帘门窗可分为电动卷帘门窗、遥控电动卷帘门窗、手动卷帘门窗和电动手动卷帘门窗。

（2）根据外形的不同，卷帘门窗可分为全鳞网状卷帘门窗、直管横格卷帘门窗、"帘板"卷帘门窗和压花卷帘门窗四种。

（3）根据材质的不同，卷帘门窗可分为铝合金卷帘门窗、电化铝合金卷帘门窗、镀锌铁板卷帘门窗、不锈钢钢板卷帘门窗和钢管及钢筋卷帘门窗五种。

（4）根据门扇结构的不同，卷帘门可分为以下两种。

①"帘板"结构的卷帘门窗。其门扇由若干"帘板"组成，根据门扇"帘板"的形状、卷帘门的型号而有所不同。其特点是：防风、防砂、防盗，并可制成防烟、防火的卷帘门窗。

②"通花"结构的卷帘门窗。其门扇由若干圆钢、钢管或扁钢组成。这种卷帘门窗的特点是美观大方、轻便灵活、启闭方便。

（5）根据性能的不同，卷帘门窗可分为普通型、防火型卷帘门窗和抗风型卷帘门窗三种。

3. 防火卷帘门的构造

防火卷帘门由"帘板"、卷筒体、导轨、电气传动等部分组成。"帘板"可用 1.5mm 厚的冷轧带钢轧制成 C 形板重叠连锁，具有刚度好、密封性能优的特点；也可采用钢质 L 形串联式组合结构。防火卷帘门配有温感、烟感、光感报警系统，水幕喷淋系统，遇有火情可自动报警、自动喷淋，门体自控下降，定点延时关闭，使受灾区域人员得以疏散。防火卷帘门全系统防火综合性能显著。

4. 防火卷帘门的安装

防火卷帘门的安装是比较复杂的，一般应按如下顺序进行。

（1）按照设计型号，查阅产品说明书；检查产品零部件是否齐全；量测产品各部位的基本尺寸；检查门洞口是否与卷帘门尺寸相符；检查导轨、支架的预埋件位置和数量是否正确。

（2）测量洞口的标高，弹出两导轨的垂线及卷帘卷筒的中心线。

（3）将垫板电焊在预埋铁板上，用螺钉固定卷筒的左右支架，安装卷筒。卷筒安装完毕后，应检查其是否转动灵活。

（4）安装减速器和传动系统，安装电气控制系统。安装完毕后进行空载试车。

（5）将事先装配好的"帘板"安装在卷筒上。

（6）安装导轨。按施工图规定位置，将两侧及上方导轨焊牢于墙体预埋件上，并焊成一体，各导轨应在同一垂直面上。

（7）安装水幕喷淋系统，并与总控制系统连接。

（8）试车。先用手动方法进行试运行，再用电动机启动数次。全部调试完毕，安装防护罩，调整至无卡住、阻滞及异常噪声即可。

（9）安装防护罩。卷筒上的防护罩可做成方形，也可做成半圆形。护罩的尺寸大小应与门的宽度和门条板卷起后的直径相适应，保证卷筒将门条板卷满后与护罩仍保持一定距离，不相互碰撞，经检查无误后，再与护罩预埋件焊牢。

（10）粉刷或镶砌导轨墙体的装饰面层。

第四章

门窗工程施工注意事项

门窗虽然是结构比较简单的构件，但在建筑装饰工程中却有着不可替代的重要作用。如果施工质量不符合设计要求和现行施工规范的规定，不仅严重影响其装饰效果，而且严重影响其使用功能。因此，在门窗工程设计和施工过程中，必须严格按照国家或行业现行标准中的规定施工，使施工质量达到设计要求。

用不同材料制作的门窗，其施工方法是不同的，在施工中应注意的问题也不一样。根据门窗工程的施工实践经验，在具体施工的过程中应当注意如下事项。

第一节 木质门窗施工注意事项

木质门窗在安装施工的过程中，应当严格按照国家标准《建筑装饰工程质量验收规范》（GB 50210—2001）中的规定进行，使其主控项目和一般项目均达到现行标准的要求。为达到设计要求和规范中的标准，木质门窗在施工中应注意如下事项。

（1）在木门窗施工前，应检查其基层材料，选用合格的木龙骨及厚度为 15mm 的细木工板或中密度纤维板作为基层材料。

（2）在木门窗正式安装前，应检查基层墙面的平整度，其误差不得超过 3mm。

（3）墙体表面破损较大的，在木质基层做好后应用水泥砂浆进行找平，然后才能进行面层的施工。

（4）门窗套的基层用干燥木料打木楔固定牢靠，一般应离地面 5mm，并防止水浸。

（5）检查门窗平整度和垂直度。平整度及垂直度的允许偏差应不大于 1mm，对角线长度允许偏差应不大于 2mm。在同一层建筑中，门窗的高度应一致。

（6）对于宽度或高度超过 150mm 的副窗，在封闭副窗时应采用木龙骨框架。封 50mm 宽、15mm 厚的条状细木工板，间距一般为 20mm。板与原墙体抹灰层高差为 15～20mm，并将原来的抹灰层打掉 50mm 宽，在接缝处钉上钢丝网，最后用水泥砂浆抹平。

（7）门扇一般采用双层 15mm 厚的木工板开条制作，木工板的宽度一般为 120mm，纵向 2 根，横向 5 根，在装锁处应特别加固，木工板应进行交叉口处理，以防止出现变形。

（8）制作门窗套的面板，必须进行仔细挑选和分类；门扇门档处应用实木条制作，其色泽应当一致。在进行门窗套修边时，严禁损伤面板，所有门窗套面板不得有伤痕及裂缝。

（9）进行门窗封板时，应当用白乳胶、螺钉进行固定，白乳胶应涂刷均匀、足量、全面，不得出现漏刷。

（10）制作框边线的木板必须仔细挑选，保证正面线条纹理、色彩均衡美观。边线使用前应打磨光滑，正反面都应上一遍底漆，钉线条时必须将其背面推光校平后再少量打胶，然后再用铁钉进行固定。

（11）线条转角的接头应当严密，线槽应当通畅，纹理和色泽应变化不大，使其符合设计和施工规范的要求。

（12）实木条与面板接缝应严密，肉眼距面板 1m 处应看不见接缝痕迹，固定应十分牢固，钉眼尽量在线条的凹缝处，线条离地面的距离一般为 5mm。

（13）边线与墙体的交接应严密，缝隙的宽度应在 3～6mm 以内，并采用专用密封胶补缝。当缝隙宽度超过 6mm 时，应先用 9 厘板将基层填满后，再用专用密封胶补缝。

（14）组装实木门扇时，应当挑选板面，让纹理、色彩观感较好的面向外，以提高实木门的装饰性。门扇组装好以后，不得高于边线厚度，安装后应开关灵活。

（15）为便于门窗的开启，在门窗扇的安装中，应当注意以下事项：①门窗与地面（面层高度）距离 5～8mm，门扇左、右、上口的间隙为 2～3mm；②门扇与门档结合应严密，不得有透光现象，缝隙应小于 1mm；③当组装门扇涉及磨砂玻璃时，装好后应在光面注入适量玻璃胶，以此来保护玻璃；④厨卫间玻璃的磨砂面应向外，与室外交接处玻璃的磨砂面应向内。

（16）门窗上的五金配件安装，应当注意如下事项：①门拉手应距离地面 0.9～1.05m，窗拉手应距离地面 1.5～1.6m；②合页位置一般为立梃高度的 1/10，安装合页应在门扇和门框上双面开槽，门扇开口与合页应严密，完工后所有合页应更换新合页；③门碰安装应固定牢靠，位置准确，使用方便；④磁碰应固定于踢脚线上，踢脚线周围应牢固；⑤五金连接件应安装齐全、位置适宜、固定可靠。

（17）门锁安装应注意如下事项：①门锁的中心距离地面高度为 900～1000mm，锁孔的位置要正确，锁舌与门扇、锁扣与门框之间的缝隙应严密，安装要牢固，开启要自如；②门锁安装完毕未使用前，必须包扎保护，以防止污染。

（18）门窗扇 1500mm 以内轨道必须使用小号滑轨，1500～2000mm 的轨道必须使用中号滑轨，2000mm 以上的轨道必须使用大号滑轨。三种规格的滑轨均应使用下滑式，使用滑轨应仔细阅读使用说明书。

（19）推拉门和折叠门应开启自如、轻松，不得产生擦、挂现象；横缝和竖缝应当分布均匀、严密。暗藏式推拉门应在门扇装好且调试合格后方可封闭，然后设置门档和门的卡锁。

（20）门窗安装后其外观质量应表面洁净，大面上无划痕、碰伤、污染和锈蚀；涂膜大面平整光滑、厚度均匀、颜色一致、无气泡。

（21）目前，木质门窗大部分使用再加工板材，施工时使用射钉等机具，如何进行钉眼的处理成为一个突出问题。这就要求对腻子的配色采取十分严谨的态度，尽量使配色后的腻子颜色与木材表面基本一致，其处理方法也适用于树节、树疤的处理。

（22）门窗框与墙体之间的缝隙填塞，最好设专人负责。先将水泥砂浆用小溜子将缝隙塞严，待达到一定强度时再用水泥砂浆找平。

（23）当 120mm 厚的砖墙预埋的木砖容易发生松动时，可采用 120mm×120mm×240mm 预制混凝土块（中间设置木砖）的方法。厚度为 240mm 的砖墙，在中间固定时，固定门窗的木砖应与砖的尺寸同宽；靠一侧固定时，应将木砖去掉一个斜槎。

（24）当加气混凝土砌块隔墙与门框连接采用后固定时，先将墙体钻上深 100mm、直径 35mm 的孔洞，再以相同尺寸的圆木蘸上建筑胶水泥浆，将其打入孔洞内，表面露出约 10mm，以代替木砖用。门的高度在 2m 以内时，每侧的固定点应设 3 处；如果用黄花松制作门框时，每侧的固定点应设 4 处。

（25）安装时先在门框上预先钻上钉眼，然后用木螺钉与加气混凝土块中的预埋圆木钉牢。

（26）进行门框塞缝时，要采用黏结砂浆勾缝，黏结砂浆的配比（质量比）为：水泥：细砂：建筑胶：水＝1：1：0.2：0.3。

（27）当采用铁钉固定时，先将铁钉的钉帽拍扁，钉入门框使其外露钉尖，待砌块砌至超过钉子高度时，再将钉子钉进砌块内。

（28）碳化石灰板、石膏珍珠岩空心条板隔墙与门口的连接，宜采用与板材粘接、钉入结合的方法施工。

（29）当板条按照规定的顺序，安装至门口位置时，应先将板条侧面的浮砂清理干净，涂刷建筑胶一道，再抹上黏结砂浆，将门口立好挤严，同时钉上4道长90～100mm钉子与板条钉牢，然后再按顺序安装门口另一侧的板条。

（30）门窗框要用木卡子卡好找方，并钉上两道支撑固定，以防止因受外力挤压使门窗框变形，待黏结砂浆达到一定强度后，才能去掉门窗框上的支撑。

第二节　铝合金门窗施工注意事项

铝合金门窗在安装施工的过程中，应当严格按照国家标准2013年版《建筑装饰工程质量验收规范》（GB 50210—2001）中的规定进行，使其主控项目和一般项目均达到现行标准的要求。为达到设计要求和规范中的标准，铝合金门窗在施工中应注意如下事项。

（1）铝合金门窗与墙体的连接形式，可分为有预埋件安装和无预埋件安装两种。家庭室内装饰一般是在建筑工程完工后再安装金属门窗，所以多为无预埋件安装。

（2）铝合金门窗的无预埋件安装，主要采用滑片、连接件的紧固形式。

（3）安装铝合金门窗所用的连接件与钢门窗基本相同，一般多采用镀锌锚固板，一端固定在墙体结构上，另一端固定在门窗框的外侧。

（4）在进行铝合金门窗安装时，铝合金门窗与墙体结构之间，应当留有一定的间隙，以防止因热胀冷缩而引起变形。

（5）铝合金门窗与墙体结构之间所留的间隙，应根据墙面的不同饰面材料而定。门窗框架固定后，周边要进行填缝处理。

（6）为适应铝合金门窗与墙体之间间隙的变形，间隙填缝应分层填入矿棉或玻璃棉毡条、泡沫塑料等软质材料。

（7）铝合金门窗外框与墙体之间的缝隙，应按设计要求进行填塞。当设计无具体要求时，铝合金门窗框边要留出5～8mm深的槽口，待墙体粉刷或贴面后，清除干净浮灰，嵌填防水密封胶。

（8）铝合金门窗安装应采用塞口安装方法，不允许采取边砌筑、边安装或先安装、后砌筑的安装方法，洞口尺寸应符合《建筑门窗洞口尺寸系列》（GB/T 5824—2008）的规定，尺寸偏差过大者应预先修补处置。

（9）在安装竖向组合门窗或横向组合门窗时要用拼樘料，按基本门窗的设计尺寸先分隔成为若干基本单元，然后再安装单元窗，拼樘料的断面和门窗系列应当一致。两侧有连接扣槽与门窗框卡接或搭接，再用螺钉加固。其缝隙之间用密封膏密封，以防止门窗在建筑物受地震力、沉降及温度应力作用下产生变形，造成裂缝而降低其水密性和气密性。

（10）铝合金门窗安装中使用的明螺丝，应采用与门窗颜色相同的密封材料填埋，这样一方面可以提高门窗的装饰效果，另一方面又不降低其密封性能。

（11）铝合金门窗玻璃的安装，应保证玻璃不直接与铝合金型材接触，与门窗之间保持弹性状态，为此应在玻璃下部垫上氯丁橡胶或尼龙块，玻璃两侧多用橡胶密封条嵌填，室外一侧还可以用胶枪在密封条上部加注硅酮密封膏，在打胶后要保证在24h内不受振动。

（12）在铝合金门窗安装时，其框要用木卡子卡好找方，并钉上两道支撑，以防止受外力挤压使门框变形，待黏结砂浆有一定强度后，才可打掉门框上的支撑。

（13）碳化石灰板、石膏珍珠岩空心条板隔墙与门口的连接，宜采用与板材粘接、钉入结合的方法施工。

（14）当板条按照规定的顺序，安装至门口位置时，应先将板条侧面的浮砂清理干净，涂刷建筑胶一道，再抹上黏结砂浆。

（15）认真清理铝合金门窗扇、玻璃表面的污物和胶迹。如果沾上水泥浆等则应随时清洗干净。安装好的铝合金门窗应做好成品保护工作。

（16）在铝合金门窗的安装过程中，应始终注意保护好门窗框和扇，使其不被损坏、碰伤、划痕，如果需要吊运时，表面应用非金属软质材料衬垫，用非金属绳索进行捆扎，选择牢靠平稳的着力点；不应把门窗框、门窗扇作为受力构件使用，不能在上面安放脚手架、悬挂重物等，并应注意防止电焊火花落在门窗上。

第三节 塑料门窗施工注意事项

塑料门窗在安装施工的过程中，应当严格按照国家标准 2013 年版《建筑装饰工程质量验收规范》（GB 50210—2001）中的规定进行，使其主控项目和一般项目均达到现行标准的要求。为达到设计要求和规范中的标准，塑料门窗在施工中应注意如下事项。

（1）门框的安装应在地面工程开始之前进行。无下框的平开门，其边框要插入地面标高线以下 25～30mm。有下框的平开门及推拉门，门的下框应低于地面标高线 10～30mm。在地面工程施工时，要将门框与地面固定成为一体，以保证门框安装牢固。

为了防止安装过程中门框中部发生鼓起，在门框缝隙处理前，可用若干标准木撑临时撑住门框，也可以在门框中央用螺钉直接进行固定。

（2）固定铁片的安装位置，应当与门窗扇铰链位置相对应，以便能把门窗扇的重量及外力传递到墙体上。不能将固定铁件安装在竖框和横框的顶头上，以避免使中框或外框膨胀而产生变形。两侧立框固定铁件不能少于 3 个，距四角端部 200mm 左右，其间距一般不超过 600mm。

（3）塑料门窗框与墙体固定连接操作的顺序，应首先固定上框，然后固定两侧竖框，最后再固定下框。工程实践证明，这样的操作顺序可以保证门窗安装偏差在允许范围之内。在门窗框固定时，应注意如下事项。

① 在门窗安装就位前，一定要辨别好门窗的内外方向、上下位置，要特别注意下框的泄水孔必须朝外。

② 为确保门窗的安装质量，操作人员必须进行培训上岗，在施工中要严格按照现行操作规程进行操作。

③ 塑料门窗的安装一般都是由塑料生产厂家的专业安装队进行，他们安装技术熟练，对产品的各方面比较了解，可以保证安装质量。为此，土建施工中的各工种与门窗安装要相互配合、协调，不得各自为政。

④ 塑料门窗的安装，应遵照规定的方法进行，禁止使用射钉枪安装固定。

⑤ 尽量在墙体粗装修后再安装门窗框，在内外装修、粉刷后再安装门窗扇，以减少污染门窗表面和损伤玻璃。

⑥ 对塑料门窗临时固定的木楔，不要过早地进行拆除，必须待填缝后再拆除，要将木楔留下的眼填平塞实。

⑦ 在进行密封胶嵌缝、水泥砂浆嵌缝或其他抹灰时，要防止污染塑料门窗。一旦出现污

染，应在水泥硬化前用湿布擦干净，以免破坏门窗表面的粗糙度。

⑧ 在进行室外窗台勾缝、填塞门窗缝隙施工时，如果采用水泥砂浆要防止砂浆堵塞泄水孔。

⑨ 塑料门窗表面的保护膜，必须待工程竣工验收合格后才能揭掉。

（4）塑料门窗扇在安装过程中，应当符合下列规定。

① 在施工过程中，不得在门窗扇上安放脚手架、悬挂重物，也不能在框扇内进行起吊，以防止门窗变形和损坏。

② 在进行塑料门窗吊运时，表面应用非金属软质材料进行衬垫，选择牢靠平稳的着力点，以免塑料门窗表面擦伤。

③ 安装塑料门窗必须采用预留洞口的方法，严禁采用边砌筑、边安装或先安装、后砌筑的施工方法。

④ 塑料门窗的固定，可采用焊接、膨胀螺栓等方式，但砖墙严禁采用射钉枪固定。

⑤ 在门窗扇安装中，应及时清理门窗表面沾污的水泥砂浆和密封膏等，以保护门窗的表面质量。

（5）当外墙面采用面砖装饰时，门窗制作应在面砖粘贴完成后，根据现场实际测量尺寸进行制作。

（6）门窗框进行填缝处理是一项非常细致的工作，应有专人负责操作。先将水泥砂浆用小溜子将填缝塞实塞严，待达到一定强度后再用水泥砂浆找平。

（7）门窗框安装应采取有效加固措施，以保证与墙体连接牢固，抹灰后不会在门窗框边处发生裂缝、空鼓等质量问题。

（8）当120mm厚的砖墙预埋的木砖容易发生松动时，可采用120mm×120mm×240mm预制混凝土块（中间设置木砖）的方法。

（9）厚度为240mm的砖墙，在中间固定时，固定门窗的木砖应与砖的尺寸同宽；靠一侧固定时，应将木砖去掉一个斜槎。

（10）当加气混凝土砌块隔墙与门框连接采用后固定时，先将墙体钻上深100mm、直径35mm的孔洞，再以相同尺寸的圆木蘸上建筑胶水泥浆，将其打入孔洞内，表面露出约10mm，以代替木砖用。

（11）门的高度在2m以内时，每侧的固定点应设3处；如果用黄花松制作门框时，每侧的固定点应设4处。安装时先在门框上预先钻上钉眼，然后用木螺钉与加气混凝土块中的预埋圆木钉牢。

（12）进行门框塞缝时，要采用黏结砂浆勾缝，黏结砂浆的配比（质量比）为：水泥：细砂：建筑胶：水＝1：1：0.2：0.3。

（13）当采用铁钉固定时，先将铁钉的钉帽拍扁，钉入门框使其外露钉尖，待砌块砌至超过钉子高度时，再将钉子钉进砌块内。

（14）加气混凝土条板隔墙上门窗框的安装，也可以采用加气混凝土砌块的方法。

（15）碳化石灰板、石膏珍珠岩空心条板隔墙与门口的连接，宜采用与板材粘接、钉入结合的方法施工。

（16）当板条按照规定的顺序，安装至门口位置时，应先将板条侧面的浮砂清理干净，涂刷建筑胶一道，再抹上黏结砂浆，将门口立好挤严，同时钉上4道长90～100mm钉子与板条钉牢，然后再按顺序安装门口另一侧的板条。

（17）门窗框要用木卡子卡好找方，并钉上两道支撑固定，以防止因受外力挤压使门窗框变形，待黏结砂浆达到一定强度后，才能去掉门窗框上的支撑。

第四节　钢门窗施工注意事项

钢门窗在安装施工的过程中，应当严格按照国家标准《建筑装饰工程质量验收规范》（GB 50210—2001）中的规定进行，使其主控项目和一般项目均达到现行标准的要求。为达到设计要求和规范中的标准，钢门窗在施工中应注意如下事项。

（1）钢门窗与墙体的连接形式，可分为有预埋件安装和无预埋件安装两种。家庭室内装饰一般是在建筑工程完工后再安装金属门窗，所以多为无预埋件安装。

（2）钢门窗的无预埋件安装，主要采用滑片、连接件的紧固形式。

（3）安装钢门窗所用的连接件与木质门窗和塑料门窗不同，一般多采用镀锌锚固板，一端固定在墙体结构上，另一端固定在门窗框的外侧。

（4）在进行钢门窗安装时，钢门窗与墙体结构之间，应当留有一定的间隙，以防止因热胀冷缩而引起变形。

（5）钢门窗与墙体结构之间所留的间隙，应根据墙面的不同饰面材料而定。门窗框架固定后，周边要进行填缝处理。

（6）为适应钢门窗与墙体之间间隙的变形，间隙填缝应分层填入矿棉或玻璃棉毡条、泡沫塑料等软质材料。

（7）钢门窗框的安装应采取有效措施，以保证其与墙体连接牢固，抹灰后不会在门窗框边处发生裂缝、空鼓等质量缺陷。

（8）加气混凝土砌块隔墙与钢门框连接采用后固定时，先将墙体钻上深100mm、直径35mm的孔洞，再以相同尺寸的圆木蘸上建筑胶水泥浆，将其打入孔洞内，表面露出约10mm，以代替木砖用。

（9）碳化石灰板、石膏珍珠岩空心条板隔墙与门口的连接，宜采用与板材粘接、钉入结合的方法施工。

（10）当板条按照规定的顺序，安装至门口位置时，应先将板条侧面的浮砂清理干净，涂刷建筑胶一道，再抹上黏结砂浆。

第五节　其他门窗施工注意事项

除了以上几种常见的门窗外，在实际工程中还会根据材料和使用功能的不同要求，对某些种类的门窗进行安装。其他种类的门窗很多，这里仅介绍常用的涂色镀锌钢板门窗安装施工、自动门安装施工和旋转门安装施工。为达到设计要求和施工规范的规定，在这些门窗的施工中应注意如下事项。

一、涂色镀锌钢板门窗安装施工注意事项

（1）涂色镀锌钢板门窗与墙体的连接形式，可分为有预埋件安装和无预埋件安装两种。家庭室内装饰一般是在建筑工程完工后再安装金属门窗，所以多为无预埋件安装。

（2）涂色镀锌钢板门窗的无预埋件安装，主要采用滑片、连接件的紧固形式。

（3）安装涂色镀锌钢板门窗所用的连接件与木质门窗和塑料门窗不同，一般多采用镀锌锚固板，一端固定在墙体结构上，另一端固定在门窗框的外侧。

（4）在进行涂色镀锌钢板门窗安装时，涂色镀锌钢板门窗与墙体结构之间，应当留有一定的间隙，以防止因热胀冷缩而引起变形。

（5）涂色镀锌钢板门窗与墙体结构之间所留的间隙，应根据墙面的不同饰面材料而定。门

窗框架固定后，周边要进行填缝处理。

（6）为适应涂色镀锌钢板门窗与墙体之间间隙的变形，间隙填缝应分层填入矿棉或玻璃棉毡条、泡沫塑料等软质材料。

（7）涂色镀锌钢板门窗外框与墙体之间的缝隙，应按设计要求进行填塞。当设计无具体要求时，涂色镀锌钢板门窗框边要留出 5～8mm 深的槽口，待墙体粉刷或贴面后，清除干净浮灰，嵌填防水密封胶。

（8）涂色镀锌钢板门窗框的安装应采取有效措施，以保证其与墙体连接牢固，抹灰后不会在门窗框边处发生裂缝、空鼓等质量缺陷。

（9）当板条按照规定的顺序，安装至门口位置时，应先将板条侧面的浮砂清理干净，涂刷建筑胶一道，再抹上黏结砂浆。

（10）将门口立好挤严，同时钉上 4 道长 90～100mm 的钉子将板条钉牢，然后再按顺序安装门口另一侧的板条。

（11）涂色镀锌钢板门框要用木卡子卡好找方，并钉上两道支撑固定，以防止因受外力挤压使门窗框变形，待黏结砂浆达到一定强度后，才能去掉门窗框上的支撑。

二、自动门安装施工注意事项

（1）自动门装入洞口时，应当横平竖直，连接牢固，不得将自动门的外框直接埋入墙体中。

（2）自动门在安装密封条时，应当留有伸缩余量，以防止出现收缩缝。

（3）如果自动门用明螺钉进行连接，应当采用密封材料将螺钉掩埋密封。

（4）自动门安装后必须有可靠的刚性，必要时可增设加固件，对加固件应进行防腐处理。

（5）自动门与墙体结构之间所留的间隙，应根据墙面的不同饰面材料而定。门窗框架固定后，周边要进行填缝处理。为适应涂色镀锌钢板门窗与墙体之间间隙的变形，应按设计要求进行处理。

（6）安装自动门所用的连接件与木质门窗和塑料门窗不同，一般多采用镀锌锚固板，并将其端部固定在墙体结构上。

（7）自动门与墙体的连接形式，可分为有预埋件安装和无预埋件安装两种。家庭室内装饰一般是在建筑工程完工后再安装金属门窗，所以多为无预埋件安装。当采用无预埋件安装时，自动门主要采用滑片、连接件的紧固形式。

（8）自动门的安装应采取有效措施，以保证其与墙体连接牢固，抹灰后不会在自动门边处发生裂缝、空鼓等质量缺陷。

（9）为保证门与墙体之间连接牢固，自动门门框的塞缝工作，应设专人负责。

（10）自动门的安装应采取有效措施，以保证其与墙体连接牢固，抹灰后不会在门窗框边处发生裂缝和空鼓等质量缺陷。在安装的过程中，应注意如下事项。

① 当 120mm 厚的砖墙预埋的木砖容易发生松动时，可采用 120mm×120mm×240mm 预制混凝土块（中间设置木砖）的方法。

② 厚度为 240mm 的砖墙，在中间固定时，固定门窗的木砖应与砖的尺寸同宽；靠一侧固定时，应将木砖去掉一个斜槎。

③ 加气混凝土砌块隔墙与钢门框连接采用后固定时，先将墙体钻上深 100mm、直径 35mm 的孔洞，再以相同尺寸的圆木蘸上建筑胶水泥浆，将其打入孔洞内，表面露出约 10mm，以代替木砖用。

④ 自动门进行门框塞缝时，要采用黏结砂浆勾缝，黏结砂浆的配比（质量比）为：水泥：细砂：建筑胶（108 胶）：水＝1：1：0.2：0.3。

⑤ 自动门采用先固定方法时，砌块和门框外侧均涂抹厚度为 5mm 的黏结砂浆，并且挤压塞实，同时校正墙面的垂直度，随即在门框每侧钉上长 100mm 的钉子 3 个，与加气混凝土砌块墙钉牢。先将铁钉的钉帽拍扁，钉入门框使其外露钉尖，待砌块砌至超过钉子高度时，再将钉子钉进砌块内。

⑥ 碳化石灰板、石膏珍珠岩空心条板隔墙与门口的连接，宜采用与板材粘接、钉入结合的方法施工。

⑦ 当板条按照规定的顺序，安装至门口位置时，应先将板条侧面的浮砂清理干净，涂刷建筑胶一道，再抹上黏结砂浆，将门口立好挤严，同时钉上 4 道长 90～100mm 的钉子将板条钉牢，然后再按顺序安装门口另一侧的板条。

⑧ 门窗框要用木卡子卡好找方，并钉上两道支撑固定，以防止因受外力挤压使门窗框变形，待黏结砂浆达到一定强度后，才能去掉门窗框上的支撑。

三、旋转门安装施工注意事项

(1) 为保证门与墙体之间连接牢固，旋转门门框的塞缝工作，应设专人负责。

(2) 旋转门的安装应采取有效措施，以保证其与墙体连接牢固，抹灰后不会在门窗框边处发生裂缝和空鼓等质量缺陷。在安装的过程中，应注意如下事项。

① 当 120mm 厚的砖墙预埋的木砖容易发生松动时，可采用 120mm×120mm×240mm 预制混凝土块（中间设置木砖）的方法。

② 厚度为 240mm 的砖墙，在中间固定时，固定门窗的木砖应与砖的尺寸同宽；靠一侧固定时，应将木砖去掉一个斜楂。

③ 加气混凝土砌块隔墙与钢门框连接采用后固定时，先将墙体钻上深 100mm、直径 35mm 的孔洞，再以相同尺寸的圆木蘸上建筑胶水泥浆，将其打入孔洞内，表面露出约 10mm，以代替木砖用。

④ 旋转门进行门框塞缝时，要采用黏结砂浆勾缝，黏结砂浆的配比（质量比）为：水泥：细砂：建筑胶：水＝1:1:0.2:0.3。

⑤ 旋转门采用先固定方法时，砌块和门框外侧均涂抹厚度为 5mm 的黏结砂浆，并且挤压塞实，同时校正墙面的垂直度，随即在门框每侧钉上长 100mm 的钉子 3 个，与加气混凝土砌块墙钉牢。先将铁钉的钉帽拍扁，钉入门框使其外露钉尖，待砌块砌至超过钉子高度时，再将钉子钉进砌块内。

⑥ 碳化石灰板、石膏珍珠岩空心条板隔墙与门口的连接，宜采用与板材粘接、钉入结合的方法施工。

⑦ 当板条按照规定的顺序，安装至门口位置时，应先将板条侧面的浮砂清理干净，涂刷建筑胶一道，再抹上黏结砂浆，将门口立好挤严，同时钉上 4 道长 90～100mm 的钉子将板条钉牢，然后再按顺序安装门口另一侧的板条。

⑧ 门窗框要用木卡子卡好找方，并钉上两道支撑固定，以防止因受外力挤压使门窗框变形，待黏结砂浆达到一定强度后，才能去掉门窗框上的支撑。

第五章

装饰门窗的质量要求及验收标准

门窗作为建筑艺术造型的重要组成因素之一，其设置不仅较为显著地影响建筑物的形象特征，而且对建筑物的采光、通风、保温、节能和安全等方面具有重要意义。

第一节　木质门窗的质量要求及验收标准

一、木质门窗材料的质量控制

（1）木质门窗应选用材质轻软、纹理较直、干燥性能良好、不易翘曲开裂、耐久性强、易于加工的木材，如水曲柳、核桃楸、麻栎等材质致密的树种。

（2）制作普通木门窗所用木材的质量要求应符合表 5-1 的规定，制作高级门窗所用木材的质量要求应符合表 5-2 的规定。

表 5-1　制作普通木门窗所用木材的质量要求

	木材缺陷	门窗扇的立梃、冒头、中冒头	窗棂、压条、门窗及气窗的线角、通风窗立梃	门芯板	门窗框
活节	不计个数时,直径/mm	<15	<5	<15	<15
	计算个数时,直径	≤木材宽度的1/3	≤木材宽度的1/3	≤30mm	≤木材宽度的1/3
	任何1延米个数	≤3	≤2	≤3	≤5
	死节	允许,计入活节总数	不允许	允许,计入活节总数	
	髓心	不露出表面的,允许	不允许	不露出表面的,允许	
	裂缝	深度及长度不得大于厚度的1/5	不允许	允许可见裂缝	深度及长度不得大于厚度的1/4
	斜纹的斜率/%	≤7	≤5	不限	≤12
	油眼	非正面,允许			
	其他	浪形纹理、圆形纹理、偏心及化学变色,允许			

表 5-2　制作高级门窗所用木材的质量

	木材缺陷	门窗扇的立梃、冒头、中冒头	窗棂、压条、门窗及气窗的线角、通风窗立梃	门芯板	门窗框
活节	不计个数时,直径/mm	<10	<5	<10	<10
	计算个数时,直径	≤木材宽度的1/4	≤木材宽度的1/4	≤20mm	≤木材宽度的1/3
	任何1延米个数	≤2	0	≤2	≤3
	死节	允许,计入活节总数	不允许	允许,计入活节总数	不允许

续表

木材缺陷	门窗扇的立梃、冒头、中冒头	窗棂、压条、门盖及气窗的线角、通风窗立梃	门芯板	门窗框
髓心	不露出表面的,允许	不允许	不露出表面的,允许	
裂缝	深度及长度不得大于厚度的 1/6	不允许	允许可见裂缝	深度及长度不得大于厚度的 1/5
斜纹的斜率/%	≤6	≤4	≤15	≤10
油眼	非正面,允许			
其他	浪形纹理、圆形纹理、偏心及化学变色,允许			

(3) 木材含水率。制作门窗木材的含水率要严格控制,如果木材含的水分超过规定,不仅加工制作困难,而且易使门窗变形和开裂,轻则影响美观,重则不能使用。因此,制作门窗的木材应经窑干法干燥处理,使其含水率不大于 12%。

(4) 制作木门窗所用的胶料,一般可采用国产酚醛树脂胶和脲醛树脂胶。普通木门窗可采用半耐水的脲醛树脂胶,高档木门窗可采用耐水的脲醛树脂胶。

(5) 工厂生产的木门窗必须有出厂合格证。由于运输、堆放等原因受损的门窗,应进行预处理,达到合格要求后,方可用于工程。

(6) 安装木门窗所用小五金零件的品种、规格、型号、颜色等均应符合设计要求,质量必须合格,地弹簧等五金零件应有出厂合格证。

二、木质门窗工程施工质量控制

装饰木门窗的安装,主要包括门窗框的安装和门窗扇的安装两部分。在整个安装过程中,要选择正确的安装方法,掌握一定的施工要点,这样才能保证装饰木质门窗的施工质量。

(一) 木门窗制作与安装质量预控要点

(1) 门窗框和门窗扇进场后,及时组织油漆工将框靠墙和地面的一侧涂刷防腐涂料,然后分类水平堆放平整,底层应搁置在方木上,在仓库中方木离地面的高度应不小于 200mm,临时敞棚方木离地面的高度应不小于 400mm,每层间垫木板,使其能自然通风。为确保门窗安装前的质量,在一般情况下,严禁将木门窗露天堆放。

(2) 在木门窗安装前,首先检查门窗框和门窗扇有无翘扭、弯曲、窜角、劈裂及榫槽间结合处松散等缺陷,如有应及时进行修理。

(3) 预先安装的门窗框,应在楼、地面基层标高或墙体砌到窗台标高时安装。后安装的门窗框,应在主体工程验收合格、门窗洞口防腐木砖埋设齐备后进行。

(4) 门窗扇的安装应在饰面工程完成后进行。没有木门框的门扇,应在墙侧处安装预埋件,以便于门扇的准确安装。

(二) 木门窗制作与安装施工质量要点

(1) 木门窗框扇的榫槽必须嵌合严密、牢固。门窗框及厚度大于 50mm 的门窗应采用双榫连接。在进行框、扇拼装时,榫槽应严密嵌合,并用胶黏剂粘接,用胶楔加紧。

(2) 木门窗的结合处和安装配件处,不得有木节或已填补的木节。木门窗如有允许限值以内的死节及直径较小的虫眼时,应采用同一材种的木塞加胶填补。对于清油木制品,木塞的色泽和木纹应与制品一致。

(3) 门窗裁口,起线应顺直,割角准确,拼缝严密。窗扇拼装完毕,构件的裁口应在同一平面上。镶门芯板的凹槽深度应在镶入后尚余 2～3mm 的间隙,门窗框与门窗扇的安装线应符合设计要求。

(4) 胶合板门的面层必须胶结牢固。制作胶合板时，边框和横楞必须在同一平面上，面层与边框及横向棱应当加压胶结。应在横向棱和上下冒头各钻两个以上的透气孔，以防受潮脱胶或起鼓。

(5) 表面平整无刨痕、毛刺和锤印等缺陷，门窗的表面应光洁。小料和短料胶合门窗、胶合板或纤维板门窗不允许脱胶，胶合板不允许刨透表层单板或戗槎。

(6) 在砖石墙体上安装门窗框时，应当采用砸扁钉帽的钉子固定在墙内木砖上。木砖的埋置一定要满足数量和间距的要求，即 2m 高以内的门窗，每边不少于 3 块木砖，木砖间距以 0.8~0.9m 为宜；2m 高以上的门窗，每边木砖间距不大于 1m，以保证门窗框安装牢固。

(7) 木门窗安装必须采用预留洞口的施工方法，严禁采用边安装、边砌筑或先安装、后砌筑的施工方法。

(8) 木门窗与砖石砌体、混凝土或抹灰层的接触处，应进行防腐处理并应设置防潮层；埋入砌体或混凝土的木砖也应进行防腐处理。

(9) 建筑外门窗的安装必须牢固，在砌体上安装门窗严禁用射钉进行固定。

(10) 在木门窗安装前，应对门窗洞口尺寸、固定门窗的预埋件和锚固件进行认真检查，一切符合设计要求才能进行安装。

(11) 在木门窗安装前，应按设计要求核对门窗的规格、型号、形式和数量。

(12) 门窗框安装前应校正，钉好斜向两根以上的拉条，无下坎的门框应设置水平的拉条，以防止在安装过程中产生变形。

(13) 在安装合页时，合页的沟槽应"里平外卧"，木螺钉严禁一次钉入，钉入深度不能超过螺钉长度的 1/3，钉入的深度不小于钉长的 2/3，这样才能保证铰链平整，木螺钉拧紧卧平。遇到较硬木材时可预先钻孔，孔径应小于木螺钉直径的 1.5mm 左右。

(14) 木门窗安装完毕后，应按照有关规定做好成品保护工作。

三、木门窗工程安装质量控制

木门窗工程安装质量控制适用于木门窗安装工程的质量验收，主要内容如下。

（一）木门窗工程安装的主控项目

(1) 木门窗的品种、类型、规格、尺寸、性能、开启方向、安装位置、连接方式及性能应符合设计要求及国家现行标准、规范的有关规定。检验方法：观察；尺量检查；检查产品合格证书、性能检验报告、进场验收记录和复验报告；检查隐蔽工程验收记录。

(2) 木门窗的防火、防腐、防虫处理应符合设计要求。检验方法：观察；检查材料进场验收记录。

(3) 木门窗框的安装必须牢固可靠。预埋木砖的防腐处理、木门窗框固定点的数量、位置及固定方法应当符合设计要求。检验方法：观察；手扳检查；检查隐蔽工程验收记录和施工记录。

(4) 木门窗扇必须安装牢固，并应开关灵活，关闭严密，无倒翘。检验方法：观察；开启和关闭检查；手扳检查。

(5) 木门窗配件的型号、规格、数量应符合设计要求，安装应牢固，位置应正确，功能应满足使用要求。检验方法：观察；开启和关闭检查；手扳检查。

（二）木门窗工程安装的一般项目

(1) 木门窗表面应洁净，不得有刨切的痕迹、锤印。检验方法：观察。

(2) 木门窗的割角、拼缝应严密平整。门窗框、扇的裁割口应顺直，刨切面应平整。检验方法：观察。

(3) 木门窗上的槽、孔应边缘整齐，无毛刺。检验方法：观察。

（4）木门窗与墙体间缝隙的填塞材料应符合设计要求，填塞应饱满。寒冷地区外门窗（或门窗框）与砌体间的空隙应填充保温材料。检验方法：轻敲门窗框检查；检查隐蔽工程验收记录和施工记录。

（5）木门窗批水、盖口条、压缝条、密封条安装应顺直，与门窗结合应牢固、严密。检验方法：观察；手扳检查。

（6）木门窗安装的留缝限值、允许偏差和检验方法应符合表5-3的规定。

表5-3　木门窗安装的留缝限值、允许偏差和检验方法

项次	项　目		留缝限值/mm		允许偏差/mm		检验方法
			普通	高级	普通	高级	
1	门窗槽口对角线长度差		—	—	3	2	用钢尺检查
2	门窗框的正、侧面垂直度		—	—	2	1	用1m垂直检测尺子检查
3	框与扇、扇与扇接缝高低差		—	—	2	1	用钢直尺和塞尺检查
4	门窗扇对口缝		1~2.5	1.5~2	—	—	用塞尺检查
5	工业厂房双扇大门对口缝		2~5	—	—	—	
6	门窗扇与上框间留缝		1~2	1~1.5	—	—	
7	门窗扇与侧框之间留缝		1~2.5	1~1.5	—	—	
8	窗扇与下框之间留缝		2~3	2~2.5	—	—	
9	门扇与下框之间留缝		3~5	3~4	—	—	
10	双层门窗内外框间距		—	—	4	3	用钢尺检查
11	无下框时门扇与地面间留缝	外门	4~7	5~6	—	—	用塞尺检查
		内门	5~8	6~7	—	—	
		卫生间门	8~12	8~10	—	—	
		厂房大门	10~20	—	—	—	

第二节　铝合金门窗的质量要求及验收标准

一、铝合金门窗材料的质量控制

目前，在建筑工程中金属门窗主要是铝合金门窗、钢门窗和涂色镀锌钢板门窗，其中以铝合金门窗和钢门窗最为常见。

铝合金门窗材料质量要求如下。

（1）铝合金门窗是以门窗框料截面宽度、开启方式等方面区分的，在选择铝合金门窗的系列时，应根据不同地区、不同环境、不同建筑构造，并考虑门窗抗风性能进行计算确定。

（2）制作铝合金门窗所用的型材表面应清洁，无裂纹、起皮和腐蚀存在，装饰面不允许有气泡。

（3）普通精度型材装饰面上碰伤和擦伤，其深度不得超过0.2mm；由模具造成的纵向挤压痕深度不得超过0.1mm。对于高精度型材的表面缺陷深度，装饰面应不大于0.1mm，非装饰面应不大于0.25mm。

（4）铝合金型材经表面处理后，其阳极氧化膜厚度应不小于$10\mu m$，着银白、浅古铜、深古铜等颜色，色泽应均匀一致。其面层不允许有腐蚀斑点和氧化膜脱落等缺陷。

（5）铝型材厚度一般以1.2~1.5mm为宜。板壁如果太薄，刚度不足，表面易受损或变形；板壁如果过厚，自重较大且不经济。

（6）铝合金门窗宜选用厚度为5mm或6mm的玻璃；窗纱应选用铝纱或不锈钢纱；密封条可选用橡胶条或橡塑条；密封材料可选用硅酮胶、聚氨酯胶、丙烯酸酯胶等。

（7）铝合金门窗制作完成后，应用无腐蚀性的软质材料包扎牢固，放置在通风干燥的地

方，严禁与酸、碱、盐等有腐蚀性的物品接触。露天存放时，下部应垫高 100mm 以上，上面应覆盖篷布加以保护。

（8）配件选择：铝合金门窗所用的配件，应按设计要求、门窗类别合理选用。铝合金地弹簧门的地弹簧应为不锈钢面或铜面；推拉窗的拉锁应用锌合金压铸制品，表面镀铬或覆膜；平开窗的合页应用不锈钢制品，钢片厚度不宜小于 1.5mm，并且有松紧调节装置；滑块一般为铜制品；执手可选用锌合金压铸制品，表面镀铬或覆膜，也可选用铝合金制品，表面应进行氧化处理。

二、铝合金门窗工程施工质量控制

1. 铝合金门窗制作与安装质量预控要点

（1）铝合金门窗安装的主体结构经有关质量部门验收合格，达到门窗安装的条件。工种之间已办好交接手续。

（2）检查门窗洞口尺寸及标高是否符合设计要求。有预埋件的门窗口还应检查预埋件的数量、位置和埋设方法是否符合设计要求。

（3）在铝合金门窗安装前，应按设计图纸要求的尺寸弹好门窗中线，并弹好室内＋500mm 水平线，以确定门窗在安装中的位置标准。

（4）安装前认真检查铝合金门窗，如有翘曲不平、偏差超标、表面损伤、变形及松动、外观色差较大者，应与有关人员协调解决，经处理、验收合格后才能安装。

2. 铝合金门窗制作与安装施工质量要点

（1）铝合金门窗装入洞口应横平竖直，外框与洞口应弹性连接牢固，不得将门窗的外框架部分直接埋入墙体。与混凝土墙体连接时，门窗框的连接件与墙体可用射钉或膨胀螺栓固定。与砖墙连接时，应预先在墙内埋置混凝土块，然后再用射钉或膨胀螺栓固定。

（2）铝合金门窗框的连接件应伸出铝框与内外锚固，连接件应采用不锈钢件或经防锈处理的金属件，其厚度不应小于 1.5mm，宽度不小于 25mm；连接件的位置、数量应符合有关规范的规定。

（3）铝合金门窗横向及竖向组合时，应采取套插、搭接形成曲面组合，搭接长度一般为10mm，并用密封胶进行密封。

（4）铝合金门窗框与墙体间隙填塞，应按设计要求处理，如设计无要求时，应采用矿棉条或聚氨酯发泡剂等软质保温材料填塞，框四周缝隙必须留 5～8mm 深的槽口用密封胶进行密封。

（5）铝合金门窗玻璃安装时，要在门窗槽内放置弹性垫块（如胶木等），不准玻璃与门框直接接触，玻璃与门窗槽搭接量不应少于 6mm，玻璃与框槽间隙应用橡胶条或密封胶将四周压牢或填满。

（6）铝合金门窗安装好后，应经喷淋抽检试验，不得存有渗漏现象。

（7）铝合金推拉窗顶部应设限位装置，其数量和间距应保证窗扇抬高或推拉时不脱轨。

（8）铝合金门窗安装完毕后，应按照有关规定做好成品保护工作。

三、金属门窗工程安装质量控制

金属门窗工程安装质量控制适用于钢门窗、铝合金门窗、涂色镀锌钢板门窗等金属门窗安装工程质量的验收，主要内容如下。

（一）金属门窗工程安装的主控项目

（1）金属门窗的品种、类型、规格、尺寸、性能、开启方向、安装位置、连接方式及铝合金门窗的型材壁厚应符合设计要求及国家现行标准、规范的有关规定。金属门窗的防腐处理及填嵌、密封处理应符合设计要求。检验方法：观察；尺量检查；检查产品合格证书、性能检验报告、进场验收记录和复验报告；检查隐蔽工程验收记录。

（2）铝合金门窗的型材主要受力杆件的壁厚应符合设计要求，其中门用型材主要受力部位截面最小壁厚不应小于 2.0mm，窗用型材主要受力部位截面最小壁厚不应小于 1.4mm。检验方法：观察，游标卡尺检查，查进场验收记录。

（3）金属门窗框和副框的安装必须牢固。预埋件的数量、位置、埋设方式、与框的连接方式必须符合设计要求。检验方法：手扳检查；检查隐蔽工程验收记录。

（4）金属门窗扇必须安装牢固，并应开关灵活、关闭严密，无倒翘。由于推拉门窗扇意外脱落容易造成安全方面的伤害，对高层建筑情况更为严重，因此推拉门窗扇必须有防脱落措施。检验方法：观察；开启和关闭检查；手扳检查。

（5）金属门窗配件的型号、规格、数量应符合设计要求，安装应牢固，位置应正确，功能应满足使用要求。检验方法：观察；开启和关闭检查；手扳检查。

（二）金属门窗工程安装的一般项目

（1）金属门窗表面应洁净、平整、光滑、色泽一致，无锈蚀。大面应无划痕、碰伤。漆膜或保护层应连续。检验方法：观察。

（2）铝合金门窗推拉门窗扇开关力应不大于 50N。检验方法：用测力计检查。

（3）金属门窗框与墙体之间的缝隙应填嵌饱满，并采用密封胶密封。密封胶表面应光滑、顺直，无裂纹。检验方法：观察；轻敲门窗框检查；检查隐蔽工程验收记录。

（4）金属门窗扇的橡胶密封条或毛毡密封条装配应平整、完好，不得脱槽，交角处应平顺。检验方法：观察；开启和关闭检查。

（5）有排水孔的金属门窗，排水孔应畅通，位置和数量应符合设计要求。检验方法：观察。钢门窗安装的留缝限值、允许偏差和检验方法应符合表 5-4 的规定。铝合金门窗安装的允许偏差和检验方法应符合表 5-5 的规定。

表 5-4　钢门窗安装的留缝限值、允许偏差和检验方法

项次	项目		留缝限值/mm	允许偏差/mm	检验方法
1	门窗槽口的宽度、高度	≤1500mm	—	2.5	用钢尺进行测量检查
		>1500mm	—	3.5	
2	门窗槽口对角线长度差	≤2000mm	—	5.0	用钢尺进行测量检查
		>2000mm	—	6.0	
3	门窗框的正、侧面垂直度		—	3.0	用1m垂直检测尺子检查
4	门窗横框的水平度		—	3.0	用1m水平尺和塞尺检查
5	门窗横框标高		—	5.0	用钢尺进行检查
6	门窗竖向偏离中心		—	4.0	用钢尺进行检查
7	双层门窗内外框间距		—	5.0	用钢尺进行检查
8	门窗框、门窗扇配合间隙		≤2.0	—	用塞尺进行检查
9	无下框时门扇与地面间留缝		4～8	—	用塞尺进行检查

表 5-5　铝合金门窗安装的允许偏差和检验方法

项次	项目		允许偏差/mm	检验方法
1	门窗槽口的宽度、高度	≤1500mm	1.5	用钢尺进行测量检查
		>1500mm	2.0	
2	门窗槽口对角线长度差	≤2000mm	3.0	用钢尺进行测量检查
		>2000mm	4.0	
3	门窗框的正、侧面垂直度		2.5	用1m垂直检测尺子检查
4	门窗横框的水平度		2.0	用1m水平尺和塞尺检查

续表

项次	项目	允许偏差/mm	检验方法
5	门窗横框标高	5.0	用钢尺进行检查
6	门窗竖向偏离中心	5.0	用钢尺进行检查
7	双层门窗内外框间距	4.0	用钢尺进行检查
8	推拉门窗扇与框搭接量	1.5	用钢直尺进行检查

第三节 塑料门窗的质量要求及验收标准

一、塑料门窗材料的质量控制

（1）塑料门窗的规格、型号、颜色等应符合设计要求，五金配件应配套齐全，并具有出厂合格证。

（2）塑料门窗所用的玻璃、嵌缝材料、防腐材料等，均应符合设计要求和现行有关标准的规定。

（3）进场前应对塑料门窗进行验收检查，不合格的产品不准进场。运到现场的塑料门窗应分型号、规格，以不小于70°的角度立放于整洁的仓库内，下部应放置垫木。仓库内的环境温度应小于50℃；门窗与热源的距离应大于1m，并且不得与腐蚀物质接触。

（4）五金配件的型号、规格和技术性能，均应符合国家现行标准的有关规定；滑撑铰链不得使用铝合金材料。

二、塑料门窗工程施工质量控制

（一）塑料门窗制作与安装质量预控要点

（1）主体结构已施工完毕，并经有关部门验收合格。或墙面已粉刷完成，各工种之间已办好交接手续。

（2）当门窗采用预埋木砖与墙体连接时，墙体应按设计要求埋置防腐木砖。对于加气混凝土墙，应预埋胶黏圆木。

（3）同一类型的门窗及其相邻的上、下、左、右洞口应横平竖直；对于高级装饰工程及放置过梁的洞口，应做洞口样板。洞口宽度和高度尺寸的允许偏差见表5-6。

表5-6 洞口宽度和高度尺寸的允许偏差

单位：mm

墙体表面	洞口宽度或高度 <2400	2400～4800	>4800
未粉刷墙面	±10	±15	±20
已粉刷墙面	±5	±10	±15

（4）按设计图要求的尺寸弹好门窗中线，并弹好室内+50mm水平线。

（5）组合窗的洞口，应在拼樘料的对应位置设预埋件或预留洞。

（6）门窗安装应在洞口尺寸按第（3）条的要求检验并合格，办好各工种交接手续后方可进行。门的安装应在地面工程施工前进行。

（二）塑料门窗制作与安装施工质量要点

（1）塑料门窗安装时，必须按施工操作工艺进行。施工前一定要划线定位，使塑料门窗上下顺直，左右标高一致。

（2）安装时要使塑料门窗垂直方正，对于有棱角损伤和边角不规矩的门窗扇，必须及时加以调整。

（3）固定片的安装应先采用直径 3.2mm 的钻头钻孔，然后将十字槽盘头自攻螺钉 $M4 \times 20mm$ 拧入，不得用锤直接打入。

（4）窗与墙体的固定。当门窗与墙体固定时，应当先固定上框，后固定边框。固定窗框包括固定方法和确定连接点两个主要工作，其各种具体操作方法应符合下列要求。

① 直接固定法。即木砖固定法。窗洞施工时按设计位置预先埋入防腐木砖，将塑料窗框送入洞口定位后，用木螺钉穿过窗框异型材与木砖连接，从而把窗框与基体固定。对于小型塑料窗，也可采用在基体上钻孔，塞入尼龙胀管，即用螺钉将窗框与基体连接。

② 连接件固定法。在塑料窗异型材的窗框靠墙一侧的凹槽内或凸出部位，事先安装之字形铁件作为连接件。塑料窗嵌入窗洞调整对中后，用木楔临时稳固定位，然后将连接铁件的伸出端用射钉或胀铆螺栓固定于洞壁基体。

③ 假框架固定法。先在窗洞口内安装一个与塑料窗框相配的"∏"形镀锌钢板金属框，然后将塑料窗框固定在上面，最后以盖缝条对接缝及边缘部分进行遮盖和装饰。这种做法的优点是可以较好地避免其他施工对塑料窗框的损伤，并能提高塑料窗的安装效率。塑料窗框与墙体连接固定如图 5-1 所示。

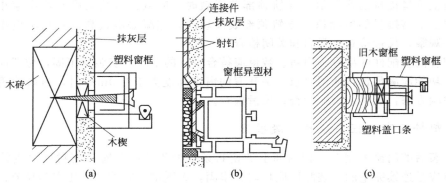

图 5-1 塑料窗框与墙体连接固定

（5）组合窗的拼樘料与窗框间的连接应牢固，并用嵌缝膏进行嵌缝，应将两窗框与拼樘料卡接，卡接后应用紧固件双向拧紧，其间距应不大于 600mm；紧固件端头及拼樘料与窗框间的缝隙应采用嵌缝膏进行密封处理。

（6）门扇应待水泥砂浆硬化后安装；铰链部分配合间隙的允许偏差及门框、扇的搭接量，应符合国家现行标准《未增塑聚氯乙烯（PVC-U）塑料门》（JC/T 180—2005）的规定。

（7）门锁、执手、纱窗铰链及锁扣等五金配件，应安装牢固、位置正确、开关灵活，安装完毕后应整理纱网、压实压条。

（8）门窗框扇上若粘有水泥砂浆，应在其硬化前用湿布擦干净，但不得用硬质材料铲刮门窗框扇的表面。

三、塑料门窗工程安装质量控制

塑料门窗工程安装质量控制适用于塑料门窗安装工程的质量验收，主要内容如下。

（一）塑料门窗工程安装的主控项目

（1）塑料门窗的品种、类型、规格、尺寸、性能、开启方向、安装位置、连接方式及填嵌密封处理应符合设计要求及国家现行标准、规范的有关规定，内衬增强型钢的壁厚和设置，应符合国家现行产品标准的质量要求。检验方法：观察；尺量检查；检查产品合格证书、性能检验报告、进场验收记录和复验报告；检查隐蔽工程验收记录。

（2）塑料门窗框、门窗的副框和门窗扇的安装必须牢固。固定片或膨胀螺栓的数量与位置应正确，连接方式应符合设计要求。固定点应距离窗角、中横框、中竖框为 150～200mm，固定点间距不得大于 600mm。检验方法：观察；手扳检查；尺量检查；检查隐蔽工程的验收记录。

（3）塑料组合门窗使用的拼樘料截面尺寸及内衬增强型钢的形状、壁厚应符合设计要求。承受风荷载的拼樘料应采用与其内腔紧密吻合的增强型钢作为内衬，其两端必须与洞口固定牢固。窗框必须与拼樘料连接紧密，固定点间距应不大于 600mm。检验方法：观察；手扳检查；尺量检查；吸铁石检查；检查进场验收记录。

（4）窗框与洞口之间的伸缩缝内应采用聚氨酯发泡胶填充，发泡胶填充应均匀、密实。发泡胶成型后不宜切割。表面应采用密封胶密封。所用的密封胶，应当性能优良、粘接牢固，表面应光滑、顺直、无裂纹。检验方法：观察；检查隐蔽工程验收记录。

（5）"滑撑铰链"的安装必须牢固，紧固螺钉必须使用不锈钢材质。螺钉与门窗框扇的连接处，应进行防水密封处理。检验方法：观察；手扳检查；吸铁石检查；检查隐蔽工程验收记录。

（6）推拉门窗扇必须有防脱落措施。检验方法：观察。

（7）门窗扇关闭应严密，开关应灵活。推拉门窗安装后，门窗框和门窗扇应无可视变形，窗扇与窗框上下搭接量的实测值（导轨顶部装滑轨时，应减去滑轨高度）均不应小于 6mm。门扇与门框上下搭接量的实测值（导轨顶部装滑轨时，应减去滑轨高度）均不应小于 8mm。检验方法：观察；尺量检查；开启和关闭检查。

（8）塑料门窗配件的型号、规格、数量应符合设计的要求，安装应牢固，位置应正确，使用应灵活，功能应满足各自使用要求。平开窗的窗扇高度大于 900mm 时，窗扇锁闭点不应少于 2 个。检验方法：观察；手扳检查；尺量检查。

（二）塑料门窗工程安装的一般项目

（1）安装后的门窗关闭时，密封面上的密封条应处于压缩状态，密封层数应符合设计要求。密封条应是连续完整的，装配后应均匀、牢固，无脱槽、收缩、未压实等现象；密封条接口应严密，且应位于窗的上方。检验方法：观察。

（2）塑料门窗扇的开关力应符合下列规定：①平开门窗扇平铰链的开关力应不大于 80N；"滑撑铰链"的开关力应不大于 80N，但也不应小于 30N。②推拉门窗扇的开关力应不大于 100N。检验方法：观察；用测力计检查。

（3）门窗表面应洁净、平整、光滑，颜色应均匀一致。可视面应无划痕、碰伤等影响外观质量的缺陷，门窗不得有焊接开裂、型材断裂等损坏现象。检验方法：观察。

（4）旋转窗间隙应均匀。检验方法：观察。

（5）排水孔应畅通，位置和数量应符合设计要求。检验方法：观察。

（6）塑料门窗安装的允许偏差和检验方法应符合表 5-7 的规定。

表 5-7　塑料门窗安装的允许偏差和检验方法

项次	项目		允许偏差/mm	检验方法
1	门窗框外形（宽度、高度）尺寸的长度差	≤1500mm	2.0	用钢尺进行测量检查
		>1500mm	3.0	
2	门窗框两对角线长度差	≤2000mm	3.0	用钢尺进行测量检查
		>2000mm	5.0	
3	门窗框（含拼樘料）的正、侧面垂直度		3.0	用 1m 垂直检测尺子检查
4	门窗框（含拼樘料）的水平度		3.0	用 1m 水平尺和塞尺检查
5	门窗下横框标高		5.0	用钢尺进行检查

项次	项目		允许偏差/mm	检验方法
6	双层门窗内外框间距		4.0	用钢尺进行检查
7	门窗竖向偏离中心		5.0	用钢直尺进行检查
8	平开门窗及上悬、下悬、中悬窗	门窗扇与框搭接量	2.0	用深度尺或钢直尺检查
		同樘门、窗相邻扇的水平高度差	2.0	用靠尺和钢直尺检查
		门窗框扇四周的配合间隙	1.0	用楔形塞尺检查
9	推拉门窗	门窗扇与框搭接量	2.0	用深度尺或钢直尺检查
		门窗扇与框或相邻扇的竖边平行度	2.0	用钢直尺检查
10	组合门窗	门窗的平面度	2.5	用2m靠尺和钢直尺检查
		竖向缝的直线度	2.5	用2m靠尺和钢直尺检查
		横向缝的直线度	2.5	用2m靠尺和钢直尺检查

第四节　其他方面的质量要求及验收标准

一、特种门窗材料的质量控制

1. 防火、防盗门材料质量要求

(1) 防火门、防盗门的规格、型号应符合设计要求，还应经消防部门鉴定和批准。五金配件应配套齐全，并具有生产许可证、产品合格证和性能检测报告。

(2) 防火门、防盗门安装所用的防腐材料、填缝材料、水泥、砂子、连接板等，应符合设计要求和有关标准的规定。

(3) 防火门、防盗门在码放前，要将存放处清理平整，垫好支撑物。码放时面板叠放高度不得超过1.2m；门框重叠平放高度不得超过1.5m；并要有防晒、防风及防雨措施。

2. 自动门材料质量要求

自动门一般可分为微波自动门、踏板式自动门和光电感应自动门，在工程中常用的是微波中分式自动门，其主要技术指标应符合表5-8中的要求。

表5-8　自动门主要技术指标

项目名称	技术指标	项目名称	技术指标
电源	AC220V/50Hz	感应敏感度	现场调节至用户需要
功耗	150W	报警延时时间	10～15s
门速调节范围	0～350mm/s	使用环境温度	−20～+40℃
微波感应范围	门前1.5～4.0m	断电时手推力	<10N

3. 全玻门材料质量要求

(1) 玻璃。主要是指厚度在12mm以上的玻璃，根据设计要求选择质量合格的玻璃，并安放在安装位置的附近。

(2) 不锈钢或其他有色金属型材的门框、限位槽及板，都应按设计图加工好，检查合格后准备安装。

(3) 辅助材料，如木方、玻璃胶、地弹簧、木螺钉、自攻螺钉等。根据设计要求准备。

二、特种门窗工程施工质量控制

（一）防火、防盗门安装质量控制

(1) 立门框。先拆掉门框下部的固定板，凡框内高度比门扇的高度大于30mm者，洞口两侧地面需要设置凹形槽。门框一般埋入±0.00标高以下20mm，并保证门框口的上下尺寸相同，允许误差＜1.5mm，对角线允许误差＜2mm。

将门框用木楔临时固定在洞口内，经校正合格后，打紧木楔，门框铁脚与预埋铁板焊接牢固。然后在门框两个上角墙上开洞，向框内灌注M10水泥素浆，待其凝固后方可装配门扇。冬季施工应注意防寒，水泥素浆灌注后应养护21d。

（2）安装门框附件。门框周边的缝隙，用1：2的水泥砂浆或强度不低于10MPa的细石混凝土嵌缝，并应保证门框与墙体结成整体；经养护凝固后，再粉刷洞口及墙体。

（3）安装五金配件及防火、防盗装置。粉刷完毕后，安装门扇五金配件及防火、防盗装置。门扇关闭后，门缝应均匀平整，开启自由轻便，不得有过紧、过松和反弹现象。

（二）自动门安装质量控制

（1）地面轨道安装。铝合金自动门和全玻自动门地面上装有导向性下轨道，异形钢管自动门无下轨道。自动门安装时，撬出预埋木条便可埋设下轨道，下轨道的长度一般为开启门宽的2倍。在埋设下轨道时，应注意地坪层材料的标高保持一致。

（2）安装横梁。将18号槽钢放置在已预埋铁的门柱处，并将其校平、吊直，注意与下轨道的位置关系，然后用电焊方式固定。由于机箱内装有机械及电控装置，因此自动门上部机箱层主梁是安装中的重要环节，对支撑横梁的土建支撑结构有一定的强度及稳定性要求。

（3）固定机箱。将厂方生产的机箱按说明固定在横梁上，做到位置正确、固定牢靠。

（4）安装门扇。按施工规范要求安装门扇，使门扇滑动平稳、开启灵活、感觉良好。

（5）调试。接通电源，调试微波传感器和控制箱，使其达到最佳的工作状态。一旦调试正常后，不得再任意变动各种旋转位置，以免出现故障。

（三）全玻门安装质量控制

（1）裁割玻璃。全玻门的厚玻璃安装尺寸，应从安装位置的底部、中部和顶部进行测量，选择最小尺寸为玻璃板宽度的切割尺寸。如果在上、中、下测得的尺寸一致，其玻璃宽度的切割应比实测尺寸小3～5mm。玻璃板的高度方向裁割，应小于实测尺寸的3～5mm。玻璃板切割后，应将其四周进行倒角处理，倒角宽度为2mm。倒角一般应在专业厂家加工，若在现场自行加工时，应用细砂轮进行缓慢操作，防止出现崩角崩边。

（2）安装玻璃板。用玻璃吸盘将玻璃吸紧，然后移动使玻璃就位。先把玻璃板上边插入门框的限位槽内，然后将其下边安放于木底托上的不锈钢包面对口缝内。

在底托上固定玻璃板的方法是：在底托木方上钉上木板条，距玻璃板面4mm左右，然后在木板条上涂刷万能胶，将饰面不锈钢的钢板粘卡在木方上。

（3）门扇固定。首先进行门扇定位安装，即先将门框横梁上的定位销子本身的调节螺钉调出横梁平面1～2mm，再将玻璃门扇竖立起来，把门扇下横档内的转动销连接件的孔位对准地弹簧的转动销轴，并转动门扇将孔位套入销轴上；然后把门扇转动90°使之与门框横梁成直角，把门扇上横档中的转动连接件的孔对准门框横梁上的定位销，将定位销插入孔内15mm左右。

（4）安装拉手。全玻璃门扇上的拉手孔洞，一般是事先订购时由厂家加工好的，拉手连接部分插入孔洞时不要太紧，应有一定的松动。安装前应在拉手插入玻璃的部分涂少许玻璃胶；如果插入后过松，可在插入部分裹上软质胶带。在进行拉手组装时，其根部与玻璃贴紧后再拧紧固定螺钉。

三、特种门工程安装质量控制

特种门工程安装质量控制适用于防火门、防盗门、自动门、全玻门、旋转门、金属卷帘门等特种门安装工程的质量验收。

（一）特种门工程安装的主控项目

（1）特种门的质量和各项性能应符合设计要求。检验方法：检查生产许可证、产品合格证书和性能检验报告。

（2）特种门的品种、类型、规格、尺寸、开启方向、安装位置及防腐处理应符合设计要求。检验方法：观察；尺量检查；检查进场验收记录和隐蔽工程验收记录。

（3）带有机械装置、自动装置或智能化装置的特种门，其机械装置、自动装置或智能化装置的功能应符合设计要求和有关标准的规定。检验方法：启动机械装置、自动装置或智能化装置，观察。

（4）特种门的安装必须牢固。预埋件的数量、位置、埋设方式、与框的连接方式必须符合设计要求。检验方法：观察；手扳检查；检查隐蔽工程验收记录。

（5）特种门的配件应齐全，位置应正确，安装应牢固，功能应满足使用要求和特种门的各项性能要求。检验方法：观察；手扳检查；检查产品合格证书、性能检测报告和进场验收记录。

（二）特种门工程安装的一般项目

（1）特种门的表面装饰应符合设计要求。检验方法：观察。

（2）特种门的表面应洁净，无划痕、碰伤。检验方法：观察。

（3）推拉自动门安装的留缝限值、允许偏差和检验方法应符合表 5-9 的规定。

表 5-9　推拉自动门安装的留缝限值、允许偏差和检验方法

项次	项目		留缝限值/mm	允许偏差/mm	检验方法
1	门槽口的宽度、高度	≤1500mm	—	1.5	用钢尺进行测量检查
		>1500mm	—	2.0	
2	门槽口对角线长度差	≤2000mm	—	2.0	用钢尺进行测量检查
		>2000mm	—	2.5	
3	门框的正、侧面垂直度		—	1.0	用 1m 垂直检测尺子检查
4	门构件装配间隙		—	0.3	用塞尺进行检查
5	门梁导轨的水平度		—	1.0	用 1m 水平尺和塞尺进行检查
6	下导轨与门梁导轨的平行度		—	1.5	用钢尺进行检查
7	门扇与侧向框之间的留缝		1.2～1.8	—	用塞尺进行检查
8	门扇的对口缝		1.2～1.8	—	用塞尺进行检查

（4）推拉自动门的感应时间限值和检验方法应符合表 5-10 的规定。

表 5-10　推拉自动门的感应时间限值和检验方法

项次	项目	感应时间限值/s	检验方法
1	开门响应时间	≤0.5	用秒表进行检查
2	堵门保护延时	16～20	用秒表进行检查
3	门扇在全开启后保持时间	13～17	用秒表进行检查

（5）旋转门安装的允许偏差和检验方法应符合表 5-11 的规定。

表 5-11　旋转门安装的允许偏差和检验方法

项次	项目	允许偏差/mm		检验方法
		金属框架玻璃旋转门	木质旋转门	
1	门扇正、侧面垂直度	1.5	1.5	用 1m 垂直检测尺子检查
2	门扇对角线长度差	1.5	1.5	用钢尺进行检查
3	相邻扇高度差	1.0	1.0	用钢尺进行检查
4	门扇与圆弧边留缝	1.5	2.0	用塞尺进行检查
5	门扇与上顶的留缝	2.0	2.5	用塞尺进行检查
6	门扇与地面间留缝	2.0	2.5	用塞尺进行检查

第六章

门窗工程的质量问题与防治

门窗是建筑工程不可缺少的重要组成部分，是进出建筑物的通道口和采光通风的洞口，不仅起着通行、疏散和围护作用，而且还起着采光、通风和美化作用。但是，门窗暴露于大气之中，处于室内外连接之处，不仅受到各种侵蚀介质的作用，而且还受安装质量和使用频率的影响，会出现各种各样的质量缺陷。

第一节　木质门窗的质量问题与防治

自古至今，装饰木质门窗在建筑装饰工程中占有非常重要的地位，在建筑装饰工程方面留下了光辉的一页，我国北京故宫就是装饰木门窗应用的典范。当前，尽管新型装饰材料层出不穷，但木材的独特质感、自然花纹、特殊性能，是其他任何材料无法替代的。然而，木材也具有很多缺陷，使其在制作、安装和使用中出现各种问题，需要进行维修。

一、木门窗框发生变形

（一）木门窗框变形的原因

（1）在制作木门窗框时，所选用的木材含水率超过了规定的数值。木材干燥后，引起不均匀收缩，由于径向和弦向干缩存在差异，使木材改变原来的形状，引起翘曲和扭曲的变形。

（2）选材不适当。制作门窗的木材中有迎风面和背风面，如果选用相同的木材，由于迎风面的木材的含水率与背风面不同，很容易发生边框弯曲和弓形翘曲等。

（3）当木门窗成品重叠堆放时，由于底部没有全部垫平；在露天堆放时，表面没有进行遮盖，木门窗框受到日晒、雨淋、风吹，发生膨胀干缩变形。

（4）由于设计或使用中的原因，木门窗受墙体压力或使用时悬挂重物等影响，在外力的作用下造成门窗框翘曲。

（5）在制作木门窗时，门窗框的制作质量低劣，如榫眼不正、开榫不平正等，造成门窗框的四角不在一个平面内，也会使木门窗框变形。

（6）在进行木门窗框安装时，没有按照施工规范进行操作，由于安装不当而产生木门窗框变形。

（二）木门窗框变形的维修

如果是在立框前发现门窗框变形，对弓形翘曲、边框弯曲且变形较小的木材，可通过烘烤使其平直；对变形较大的门窗框，退回原生产单位重新制作。如果是在立框后发现门窗框变形，则根据以下情况进行维修。

（1）由于用材不当（木材含水率高、木材断面尺寸太小、易变形木材等），造成门窗框变形的，应拆除重新制作安装。重新制作时，要将木材干燥到规范规定的含水率，即：原木或方木结构应不大于25％；板材结构及受拉构件的连接板应不大于18％；通风条件较差的木构件应不大于20％。对要求变形小的门窗框，应选用红白松及杉木等制作。注意木材的变形规律，要把易变形的阴面部分木材挑出不用。选用断面尺寸达到要求的木材。

（2）如果是制作时门窗质量低劣，造成门窗框变形的，当变形较小时，可拆下通过榫眼加木楔，安装L形、T形铁角等方法进行校正；当变形较大时，应拆除重新制作，注意打眼要方正，两侧要平整，开榫要平整，榫肩方正。

（3）如果是安装不当、受墙体压力等原因，造成门窗框变形，应拆下重新安装。重新安装时，要消除墙体压力，防止再次受压；在立框前应在靠墙一侧涂上底子油，立框后及时涂刷涂料，防止其干缩变形。

（4）如果是成品重叠堆放、使用不当等原因，造成门窗框变形。这种变形一般较小，在立框前变形，对于弓形翘曲、边框弯曲，可通过烘烤使其平直；立框后，可通过弯面锯口加楔子的方法，使其平直。

二、门窗扇倾斜与下坠

（一）门窗扇倾斜与下坠的原因

门扇倾斜、下坠主要表现为门扇不装合页一边下面与地面间的缝隙逐渐减小，甚至开闭门扇时摩擦地面；窗扇安上玻璃后，不装合页一边上面缝隙逐渐加大，下边的缝隙逐渐减少。其原因如下。

（1）门窗扇过高、过宽，在安装玻璃后，又会加大门窗扇自身的重量，当选用的木材断面尺寸太小时，承受不了经常开关门窗的扭力，日久则产生变形，造成门窗扇下坠。

（2）门窗过宽、过重，选用的五金规格偏小，安装的位置不适当，上部合页与上边距离过大，造成门窗扇下垂和变形。

（3）制作时未按规定操作，导致门窗的质量低劣，如榫眼不正、开榫不平正、榫肩不方、榫卯不严、榫头松动等，在门窗自重作用下，也容易发生变形、下坠。

（4）在安装门窗时，由于选用的合页质量和规格不当，再加上合页安装质量不好，很容易发生松动，从而会造成门窗扇的下坠。

（5）门窗上未按规定安装L形、T形铁角，使门窗组合不牢固，从而造成门窗倾斜和下坠。

（二）门窗扇倾斜与下坠的维修

（1）对较高、较宽的门窗扇，应当适当加大其断面尺寸，以防止木材干缩或使用时用力扭曲等，使门窗扇产生倾斜和变形。

（2）门窗在使用过程中，不要在门窗扇上悬挂重物，对脱落的涂料要及时进行涂刷，以防止门窗扇受力或含水量变化产生变化。

（3）如果选用的五金规格偏小，可更换适当的五金；如是合页规格过小，可更换较大的合页；如果是安装位置不准确，可以重新安装；如为合页上木螺丝松动，可将木螺丝取下，在原来的木螺丝眼中塞入小木楔，重新按要求将木螺丝拧上。

（4）如果门窗扇稍有下坠现象，可以把下边的合页稍微垫起一些，以此法进行纠正，但不要影响门窗的垂直度。

（5）当门窗扇下坠比较严重时，应当将门窗扇取下，校正合格后，在门窗扇的四角加上铁三角，以防止再出现下坠。

（6）对下坠的门扇，可将下坠的一边用木板适当撬起，在安装合页的扇梃冒头上、榫头上部加楔，在甩边冒头榫头下部加楔。

（7）对下坠的窗扇，用木板将窗扇下坠的一边适当撬起，在有合页的扇边里侧，窗梃下部加木楔，窗梃的另一端会把甩边抬起。

（8）对下垂严重的门窗扇，应当卸下门窗扇，待门窗扇恢复平直后再加楔挤紧。

（9）对于榫头松动下坠的门窗扇，可以先把门窗扇拆开，将榫头和眼内壁上的污泥清除干净后，然后重新拼装，调整翘曲、串角，堵塞漏胶的缝隙后，将门窗扇横放，往榫眼的缝隙中灌满胶液进行固定。

如果榫眼的缝隙较大，可在胶液内掺入5%～10%的木粉，这样既可以减小胶的流动性，又可以减小胶液的收缩变形。一边灌好后，钉上木盖条，然后再灌另一边，胶液固化后再将木盖条取下。由于榫和眼黏结成了一个整体，就不易松动下垂。

三、门窗扇出现翘曲

（一）门窗扇翘曲的原因

门窗扇翘曲的主要表现为将门窗扇安装在检查合格的门窗框上时，扇的四个角与框不能全部靠实，其中的一个角跟框保持着一定距离。其原因如下。

（1）在进行门窗扇制作时，未按施工规范操作，致使门窗扇不符合质量要求，拼装好的门窗扇本身就不在同一平面内。

（2）制作门窗扇木材的材质较差，用了容易发生变形的木料，或是木材未进行充分干燥，木材含水率过高，安装好后由于干湿变化产生变形。

（3）木门窗在现场保管不善，长期受风吹、日晒、雨淋作用，或是堆放底部不平整或不当，造成门窗扇翘曲变形。

（4）木门窗在使用过程中，门窗出现涂料粉化、脱落后，没有及时进行重新涂刷，使木材经常产生湿胀干缩，从而引起门窗发生翘曲变形。

（5）受墙体压力或使用时悬挂重物等影响，造成门窗扇翘曲。

（二）门窗扇翘曲的维修

当门窗扇翘曲不严重时，可采用以下方法修理。

（1）烘烤法。将门窗扇卸下用水湿润弯曲部位，然后用火烘烤。使一端顶住不动，在另一端向下压，中间垫一个木块，看门窗扇翘曲程度，改变木块和烘烤的位置，反复进行直到完全矫正为止。

（2）阳光照射法。在变形的门窗扇的凹部位洒上水，使之湿润，凸面朝上，放在太阳光下直接照晒。四面的木材纤维吸收水分后膨胀。凸面的木材纤维受到阳光照晒后，水分蒸发收缩，使木材得到调直，恢复门窗扇的平整状态。

（3）重力压平法。选择一块比较平整场地，在门窗扇弯曲的四面洒水加以湿润，使翘曲的凸面部位朝上，并压以适量的重物（石头或砖块）。在重力作用下，凸出的部分被压下去，变形的门窗扇会逐渐恢复平直状态。

（4）**翘曲在 3mm 以内的**，可以将门窗扇装合页一边的一端向外拉出一些，使另一边与框保持平齐。

（5）把门窗框与门窗扇先行靠在一起的那个部位的梗铲掉，使门窗扇和框靠实。

（6）借助门锁和插销将门窗扇的翘曲校正过来。

四、木门窗出现走扇

（一）木门窗"走扇"的原因

木门窗"走扇"是木门窗使用中最常见的质量问题，表现为关上的门扇能自行慢慢地打开，开着的门扇能自行慢慢地关上，不能停留在需要的位置上。产生木门窗"走扇"的原因主要如下。

（1）安装合页的一边门框不垂直，往开启方向倾斜，扇就会自动打开，往关闭的方向倾斜，扇就自动关闭。

（2）门扇上下合页轴心不在一条垂直线上，当上合页轴心偏向开启方向时，门就自动开启，否则自动关闭。

（二）木门窗"走扇"的维修

（1）当门框倾斜较小时，可调整下部（或上部）的合页位置，使上下合页的轴线在一条垂直线上。

（2）当门框倾斜较大时，先将固定门框的钉子取出或锯断，然后将门框上下走头处的砌体凿开，重新对门框进行垂直校正，经检查无误后，再用钉子重新固定在两侧砌墙的木砖上，然后用高强度等级水泥砂浆将走头部分的砌体修补好。

五、门窗扇关闭不拢

（一）门窗扇关闭不拢的原因

（1）缝隙不均匀造成的关不拢。门窗扇与门窗框之间缝隙不匀，是由于门窗扇制作尺寸误差和安装误差所造成的。一般门扇在侧边与门框"蹭口"，窗扇在侧边或底边与窗框"蹭口"。

（2）门窗扇坡口太小造成的关不拢。门窗扇安装时，按照规矩扇四边应当刨出坡口，这样门窗扇就容易关拢。如果坡口太小，门窗扇开关时会因其尺寸不适合而关不拢，而且安装合页的扇边还会出现"抗口"的毛病。

（3）木门窗扇翘曲、"走扇"造成的关不拢。门窗扇翘曲、"走扇"造成的关不拢的原因，与门窗扇翘曲、"走扇"的原因相同，主要是安装合页的一边门框不垂直和门扇上下合页轴心不在一条垂直线上。

（二）门窗扇关闭不拢的维修

（1）缝隙不均匀造成的关不拢。当门扇在侧边与门框"蹭口"，窗扇在侧边或底边与窗框"蹭口"时，可将门扇和窗扇，进行细刨修正。

（2）门窗扇坡口太小造成的关不拢。如果出现因门窗扇坡口太小造成的关不拢，可把"蹭口"的门窗扇坡口再刨大一些就可以，一般坡口大约 2°～3°比较适宜。

（3）门窗扇翘曲、"走扇"造成的关不拢。如果出现门窗扇翘曲、"走扇"而造成的门窗扇关不拢，可参照翘曲、"走扇"的修理方法进行修理。

六、门框、窗框扇的腐朽、虫蛀

(一)门框、窗框扇腐朽和虫蛀的原因

门框、窗框扇的腐朽表现为门框(扇)或窗框(扇)上明显出现黑色的斑点,甚至门窗框已产生腐烂。其原因如下。

(1)由于门窗框(扇)没有经过适当的防腐处理,从而引起腐朽的木腐菌在木材中具备了生存条件。

(2)采用易受白蚁、家天牛等虫蛀的马尾松、木麻黄、桦木、杨木等木材作为门窗框(扇),没有经过适当的防虫处理。

(3)在设计施工房屋时,没有周全考虑一些细部构造,如窗台、雨篷、阳台、压顶等没有做适当的流水坡度和未做滴水槽,靠外墙的门窗框,门窗框顶没有设置雨篷,经常受雨水的浸泡,门窗框(扇)长期潮湿,使门窗框腐朽。

(4)靠近厨房、卫生间的门窗框,由于受洗涤水或玻璃窗上结的露水流入框缝中,并且厨卫通风不良,使门窗框长期处于潮湿状态,为门窗框腐朽提供了条件。

(5)门窗框(扇)涂料老化产生脱落,没有及时进行涂刷和养护,使门窗框(扇)产生腐朽和虫蛀。

(二)门框、窗框扇腐朽和虫蛀的维修

(1)在紧靠墙面和接触地面的门窗框脚等易潮湿部位和使用易受白蚁、家天牛等虫蛀的木材时,宜进行适当的防腐防虫处理。如果用五氯酚、林丹合剂处理,其配方为五氯酚:林丹(或氯丹):柴油=4:1:95。

(2)在设计和施工房屋建筑工程时,注意做好窗台、雨篷、阳台、压顶等处的流水坡度和滴水槽。

(3)在使用过程中,对门窗出现的老化脱落的涂料要及时涂刷,一般以3~5年为涂刷周期。

(4)当门窗产生腐朽、虫蛀时,可锯去腐朽、虫蛀部分。用小榫头对半接法换上新材,加固钉钉牢。新材的靠墙面必须涂刷防腐剂,搭接长度不小于20mm。

(5)门窗挺端部出现腐朽,一般应予以换新,如冒头榫头断裂,但不腐朽,则可采用安装铁片曲尺加固,开槽窝实时应稍低于表面1mm。

(6)如果门窗冒头腐朽,可以局部进行接修。

第二节　铝合金门窗的质量问题与防治

铝合金门窗与普通木门窗、钢门窗相比,具有质量比较轻、强度比较高、密封性能好、使用中变形小、立面非常美观、便于工业化生产等特点。但在安装和使用过程中,也会出现一些质量问题,若不及时进行维修,则会影响其装饰效果和使用功能。

一、铝合金窗常见问题及原因

(一)铝合金门窗开启不灵

铝合金门窗开启不灵,主要表现为门窗扇推拉比较困难,或者根本无法推拉到位,严重影响其使用性能。产生铝合金窗开启不灵的主要原因如下。

(1)安装的轨道不符合施工规范的要求,由于轨道有一定弯曲,两个滑轮不同心,互相偏

移及几何尺寸误差较大。

（2）由于门扇的尺寸过大、重量必然过大，门扇出现下坠现象，使门扇与地面的间隙小于规定量 2mm，从而导致铝合金门窗开启不灵。

（3）由于对开门的开启角度小于 90°±3°，关闭时间大于 3～15s，自动定位不准确等，使铝合金门窗开启不灵。

（4）由于平开窗的窗铰松动、滑块脱落、外窗台超高等，从而导致铝合金门窗开启不灵。

（二）铝合金门窗渗水

（1）对铝合金门窗框与墙体之间、玻璃与门窗框之间密封处理不好，构造处理不当，必然会产生渗水现象。

（2）外层推拉门窗下框的轨道根部没有设置排水孔，降雨后雨水存在轨道槽内，使雨水无法排出。

（3）在开启铝合金门窗时，由于方法不正确，用力不均匀，特别是用过大的力进行开启时，会使铝合金门窗产生变形，由于缝隙过大而出现渗水。

（4）在使用过程中，由于使用不当或受到外力的不良作用，使窗框、窗扇及轨道产生变形，从而导致铝合金门窗渗水。

（5）由于各种原因窗铰变形、滑块脱落，使铝合金门窗的密封性不良，也会导致铝合金门窗渗水。

（三）门窗框安装松动

门窗框安装松动主要表现为大风天气或手推时，铝合金门窗框出现较明显的晃动；门窗框与墙连接件腐蚀断裂。

产生门窗框安装松动的原因主要是：由于连接件数量不够或位置不对；连接件过小；固定铁片间距过大，螺钉钉在砖缝内或砖及轻质砌块上，组合窗拼樘料固定不规范或连接螺钉直接捶入门窗框内。

（四）密封质量不好

密封质量不好主要表现为橡胶条或毛刷条中间有断开现象，没有到节点的端头，或脱离开凹槽。

产生密封质量不好的原因主要是：由于尼龙毛条、橡胶条脱落或长度不到位；玻璃两侧的橡胶压条选型不妥，压条压不进；橡胶压条材质不好，有的只用一年就出现严重的龟裂，失去弹性而影响密封；硅质密封胶注入得较薄，没起到密闭作用。

二、铝合金门窗常见问题的修理

（一）铝合金门窗开启不灵的修理

（1）如果铝合金门窗的轨道内有砂粒和杂物等，使其开启不灵，应将门窗扇推拉认真清理框内垃圾等杂物，使其干净清洁。

（2）如果是铝合金门窗扇发生变形而开启不灵，应将已变形的窗扇撤下来，或者进行修理，或者更换新的门窗扇。

（3）如果铝合金门窗扇开启不灵，是因为门窗的铰链发生变形，对这种情况应采取修复或更换的方法。

（4）如果铝合金窗扇开启不灵，是因为外窗台超高部分而造成，应将所超高的外窗台进行凿除，然后再抹上与原窗台相同的装饰材料。

（二）铝合金门窗框松动的修理

（1）对于铝合金门窗的附件和螺钉，要进行定期检查和维修，松动的要及时加以拧紧，脱落的要及时进行更换。

（2）铝合金门窗因腐蚀严重而造成的门窗框松动，应彻底进行更换。

（3）如果是往撞墙上打射钉造成的松动，可以改变其固定的方法。其施工工序如下：先拆除原来的射钉，然后重新用冲击钻在撞墙上钻孔，放入金属胀管或直径小于 8mm 的塑料胀管，再拧进螺母或木螺钉。

（三）密封质量不好的修理

（1）如果是因为铝合金门窗上的密封条丢失而密封不良，应及时将丢失的密封条补上。

（2）使用实践证明，有些缝隙的密封橡胶条，容易在转角部位出现脱开，应在转角部位注上胶，使其粘接牢固。

（3）如果是密封施工质量不符合要求，可在原橡胶密封条上或硅酮密封胶上再注一层硅酮封胶，将有缝隙的部位密封。

（四）铝合金门窗渗水的修理

（1）在横、竖框的相交部位，先将框的表面清理干净，再注上防水密封胶封严。为确保密封质量，防水密封胶多采用硅酮密封胶。

（2）在铝合金门窗的封边处和轨道的根部，隔一定距离钻上直径 2mm 的排水孔，使框内积水通过小孔尽快排向室外。

（3）当外窗台的泛水出现倒坡时，应当重新做泛水，使泛水形成外侧低、内侧高，形成顺水坡，以利于雨水的排除。

（4）如果铝合金窗框四周与结构的间隙处出现渗水，可以先用水泥砂浆将缝隙嵌实，然后再注上一层防水胶。

第三节　塑料门窗的质量问题与防治

塑料门窗线条清晰、外观挺拔、造型美观、表面细腻、色彩丰富，不仅具有良好的装饰性，而且具有良好的隔热性、密闭性和耐腐蚀性。此外，塑料门窗不需要涂刷涂料，可节约施工时间和费用。但是，塑料门窗也存在整体强度低、刚度比较差、抗风压性能低、耐紫外线能力较差等缺点，在使用过程中也会出现一些质量问题，必须进行正常而及时的维修。

一、塑料门窗常见问题及原因分析

（一）塑料门窗松动

塑料门窗安装完毕后，经质量检查发现安装不牢固，有不同程度的松动现象，严重影响门窗的正常使用。

塑料门窗出现松动的主要原因是：固定铁片间距过大，螺钉钉在砖缝内或砖及轻质砌块上，组合窗拼樘料固定不规范或连接螺钉直接插入门窗框内。

（二）塑料门窗安装后变形

塑料门窗安装完毕后，经质量检查发现门窗框出现变形，不仅严重影响其装饰效果，而且影响门窗扇的开启灵活。塑料门窗安装后变形的主要原因是：固定铁片位置不当，填充发泡剂时填得太紧或框受外力作用。

（三）组合窗拼樘料处渗水

塑料组合窗安装完毕后，经质量检查发现组合窗拼樘料处有渗水现象，这些渗水对窗的装饰性和使用年限均有不良影响。塑料组合窗拼樘料处渗水的主要原因是：节点处没有防渗措施；接缝盖缝条不严密；扣槽有损伤。

（四）门窗框四周有渗水点

塑料门窗安装完毕后，经质量检查发现门窗框四周有渗水点，渗水会影响框与结构的粘接，渗水达一定程度会引起门窗的整体松动。门窗框四周有渗水点的主要原因是：固定门窗框的铁件与墙体间无注入密封胶，水泥砂浆抹灰没有确实填实，抹灰面比较粗糙、高低不平，有干裂或密封胶嵌缝不足。

（五）门窗扇开启不灵活，关闭不密封

塑料门窗安装完毕后，经质量检查发现门窗扇开启不灵活、关闭不密封，严重影响门窗的使用功能和密封性能。门窗扇开启不灵活、关闭不密封的主要原因是：门窗框与门窗扇的几何尺寸不符；门窗平整与垂直度不符合要求；密封条填缝位置不符，合页安装不正确，产品加工不精密。

（六）固定窗或推拉（平开）窗窗扇下槛渗水

塑料门窗安装完毕后，经质量检查发现固定窗或推拉（平开）窗窗扇下槛有渗水。固定窗或推拉（平开）窗窗扇下槛有渗水的主要原因是：下槛泄水孔或泄水孔下皮偏高，泄水不畅或有异物堵塞；安装玻璃时，密封条不密实。

二、塑料门窗常见问题修理

（一）塑料门窗松动的修理

调整固定铁片的间距，使其不大于 600mm，在墙内固定点埋设木砖或混凝土块；组合窗拼樘料固定端焊于预埋件上或深入结构内后浇筑 C20 混凝土；连接螺钉直接捶入门窗框内者，应改为先进行钻孔，然后旋进螺钉并和两道内腔肋紧固。

（二）塑料门窗安装后变形的修理

调整固定铁片的位置，重新安装门窗框，并注意填充发泡剂要适量，不要填充过紧而使门窗框受到过大压力，安装后防止将脚手板搁置于框上或悬挂重物等。

（三）组合窗拼樘料处渗水的防治

拼樘料与框之间的间隙先填以密封胶，拼装后接缝处外口也灌以密封胶或调整盖缝条，扣槽损伤处再填充适量的密封胶。

（四）门窗框四周有渗水点的修理

固定门窗的铁件与墙体相连处，应当注入密封胶进行密封，缝隙间的水泥砂浆要确保填实，表面做到平整细腻，密封胶嵌缝位置正确、严密，表面用密封胶封堵砂浆裂纹。

（五）门窗扇开启不灵活，关闭时不密封的防治

首先检查门窗框与门窗扇的几何尺寸是否协调，再检查其平整度和垂直度是否符合要求；检查五金配件质量和安装位置是否合格。对几何尺寸不匹配和质量不合格者应进行调换，对平整度、垂直度和安装位置不合格者应进行调整。

（六）固定窗或推拉（平开）窗窗扇下槛渗水的修理

对于固定窗或推拉（平开）窗窗扇下槛渗水的修理比较简单，主要采取：加大泄水孔，并剔除下皮高出部分；更换密封条；清除堵塞物等措施。

第四节　特殊门的质量问题与防治

随着高层建筑和现代建筑的飞速发展，对于门的各种要求越来越多、越来越高，因此特种门也随之而发展。目前，用于建筑的特种门种类繁多，功能各异，而且其品种、功能还在不断增加，最常见的有防火门、防盗门、自动门、全玻门、旋转门、金属卷帘门等。

工程实践证明，特种门的重要性明显高于普通门，数量则较之普通门为少，为保证特种门的使用功能，不仅规定每个检验批抽样检查的数量应比普通门加大，而且对特种门的养护和维修更要引起重视。

一、自动门的质量问题与修理

（一）自动门的质量问题

建筑工程中常用的自动门，在安装和使用过程中，容易出现的质量问题有：关闭时门框与门扇出现磕碰，开启不灵活；框周边的缝隙不均匀；门框与副框处出现渗水。

（二）出现质量问题的原因

（1）自动门如果出现开启不灵活和框周边的缝隙不均匀等现象，一般是由于以下原因所造成的。

① 由于各种原因使自动门框产生较大变形，从而使门框不方正、不规矩，必然造成关闭时门窗框与门窗扇出现磕碰，开启不灵活。

② 自动门上的密封条产生松动或脱落，五金配件出现损坏，未发现或未及时维修和更换，也会造成框周边的缝隙不均匀，门窗框与副框处出现渗水。

③ 在进行自动门安装时，由于未严格按现行的施工规范进行安装，安装质量比较差，偏差超过允许范围，容易出现关闭时门窗框与门窗扇磕碰，开启不灵活，框周边的缝隙不均匀，门窗框与副框处出现渗水等现象。

（2）自动门造成五金配件损坏的原因

① 在选择和采购五金配件时，未按设计要求去选用，或者五金配件本身质量低劣。

② 在安装自动门上的五金配件时，紧固中未设置金属衬板，没有足够的安装强度。

（三）自动门的防治修理

（1）当由于自动门的框外所填塞砂浆将框压至变形时，可以将门框卸下并清除原来的砂浆，将门框调整方正后再重新进行安装。

（2）如果自动门上的密封条产生松动或脱落，应及时将松动的密封条塞紧；如果密封条出

现老化，应及时更换新的。

（3）对自动门上所用的五金配件，一是要按设计要求进行选择和采购；二是一定要检查其产品合格证书；三是对于已损坏的要及时更换；四是安装五金配件要以正确的方法操作。

（4）做好自动门的成品保护和平时的使用保养，防止外力的冲击，在门上不得悬挂重物，以免使自动门变形。

（5）五金配件安装后要注意保养和维修，防止生锈腐蚀。在日常使用中要按规定开关，防止硬性开关，以免造成损坏。

二、旋转门的质量问题与修理

（一）旋转门的质量问题

建筑工程中常用的旋转门，在安装和使用过程中，容易出现的质量问题与自动门基本相同，主要有：关闭时门框与门扇出现磕碰，门转动不灵活；框周边的缝隙不均匀；门框与副框处出现渗水。

（二）出现质量问题的原因

旋转门如果出现开启不灵活、开关需要很大力气和框周边的缝隙不均匀等现象时，一般是由于以下原因所造成的。

① 在安装过程中由于搬运、放置和安装各种原因，使旋转门的框架产生较大变形，从而使门框不方正、不规矩，必然造成关闭时门窗框与门窗扇出现磕碰，门的旋转很不灵活，旋转时需要很大力气，有时甚至出现卡塞转不动。

② 在安装旋转门的上下轴承时，未认真检查其位置是否准确，若位置偏差超过允许范围，必然会导致旋转门开启不灵活、开关需要很大力气。

③ 旋转门上的密封条安装不牢固，产生松动或脱落，或者五金配件出现损坏，加上未发现或未及时维修和更换，也会造成框周边的缝隙不均匀，门窗框与副框处出现渗水。

④ 在进行旋转门安装时，由于未严格按现行的施工规范进行安装，操作人员技术水平较低或安装质量比较差，偏差超过允许范围，也很容易出现关闭时门窗框与门窗扇磕碰，开启不灵活，框周边的缝隙不均匀，门窗框与副框处出现渗水等现象。

（三）旋转门的防治修理

（1）当旋转门出现窗框与门窗扇磕碰、门的转动不灵活时，首先应检查门的对角线及平整度的偏差，不符合要求时应进行调整。

（2）选用的五金配件的型号、规格和性能，均应符合国家现行标准和有关规定，并与选用的旋转门相匹配。在安装、使用中如果发现五金配件不符合要求或损坏，应立即进行更换。

（3）做好旋转门的成品保护和平时的使用保养，防止外力的冲击，在门上不得悬挂重物，以免使旋转门变形。

（4）五金配件安装后要注意保养和维修，防止生锈腐蚀。在日常使用中要按规定开关，防止硬性开关，以延长其使用寿命。

三、防火卷帘门的质量问题与修理

（一）防火卷帘门的质量问题

防火卷帘门的主要作用是防火，但在其制作和安装过程中，很容易出现座板刚度不够而变形、防火防烟效果较差、起不到防火分隔作用、安装质量不符合要求等质量问题。

（二）出现质量问题的原因

（1）主要零部件原材料厚度达不到标准要求，如卷帘门的座板需要3.0mm厚度的钢板，一些厂家却用1.0mm厚度的钢板，这样会导致座板刚度不够，易挤压变形。

（2）绝大部分厂家的平行度误差和垂直度误差不符合标准要求，导致中间缝隙较大，防火防烟措施就失去了作用。

（3）有些厂家的防火卷帘门不能与地面接触，一旦发生火灾，火焰就会从座板与地面间，由起火部位向其他部位扩散，不能有效阻止火焰蔓延，起不到防火分隔的作用。

（4）防火卷帘门生产企业普遍存在无图纸生产。企业为了省事，大都按照门洞大小，现场装配并进行安装，不绘制图纸，导致安装质量低下。

造成以上质量问题的原因是多方面的，但是，最主要的是：安装队伍素质低下，水平不高，特别是为了赶工期临时抽调安装人员，造成安装质量不稳定；各生产企业不能根据工程实际情况绘制图纸，并组织生产安装。

（三）防火卷帘门的防治修理

（1）防火卷帘门安装后，如果发现座板厚度不满足设计要求，必须坚决进行更换，不会因座板刚度不够而挤压变形。

（2）经检查防火卷帘门不能与地面接触时，应首先检查卷帘门的规格是否符合设计要求，地面与卷帘接触处是否平整，根据检查的具体情况进行调整或更换。

（3）按有关标准检查和确定防火卷帘门的平行度和垂直度误差，如果误差较小，可通过调正加以纠正；如果误差较大，应当根据实际情况进行改造或更换。

（4）如果防火卷帘门因安装人员技术较差、未按设计图纸进行安装等，使防火卷帘门的质量不合格，施工企业必须按施工合同条款进行返工和赔偿。

四、特种门的养护与维修

特种门的安装质量好坏非常重要，其日常的养护与维修也同样重要，不仅关系到装饰效果，而且关系到使用年限和使用功能。在特种门的日常养护与维修中，应当注意如下事项。

（1）定期检查门窗框与墙面抹灰层的接触处是否开裂剥落，嵌缝膏是否完好。如抹灰层破损、嵌缝膏老化，应及时进行维修，以防止框与墙间产生渗水，造成连接间的锈蚀和间隙内材料保温密封性能低下。

（2）对于木门窗要定期进行涂刷，防止涂料失效而出现腐蚀。尤其是当门窗出现局部脱落时，应当及时进行补漆，补漆尽量与原漆保持一致，以免妨碍其美观。当门窗涂料达到涂料老化期限时，应全部重新涂刷。一般期限为木门窗5～7年左右涂刷一次，钢门窗8～10年左右涂刷一次。对环境恶劣地区或特殊情况，应缩短涂刷期限。

（3）经常检查铝合金、塑钢门窗的密封条是否与玻璃均匀接触、贴紧，接口处有无间隙、脱槽现象，是否老化。如有此列现象，应及时修复或更换。

（4）对铝合金门窗和塑钢门窗，应避免外力的破坏、碰撞，禁止带有腐蚀性的化学物质与其接触。

五、特种门窗的涂刷翻新

对于木质和钢板特种门窗进行定期涂刷翻新，是一项非常重要的养护和维修工作，应当按照一定的方法进行。

（一）涂刷前的底层处理

门窗在进行涂刷翻新前，应进行认真的底层处理，这是涂料与底层粘接是否牢固的关键。应当根据不同材料的底层，采取不同的底层处理方法。

1. 金属面的底层处理

（1）化学处理法

① 配制硫酸溶液。用工业硫酸（15%～20%）和清水（85%～80%）混合配成稀硫酸溶液。配制时只能将硫酸倒入水中，不能把水倒入硫酸中，以免引起爆溅。

② 将被涂的金属件浸泡 2h 左右，使其表面氧化层（铁锈）被彻底侵蚀掉。

③ 取出被浸金属件用清水把酸液和锈污冲洗干净，再用 90℃ 的热水冲洗或浸泡 3min 后提出（必要时，可在每 1L 水中加 50g 纯碱配成的溶液中浸泡 3～5min），15min 后即可干燥，并立即进行涂刷底漆。

（2）机械处理法。一般用喷砂机的压缩空气和石英砂粒或用风动刷、除锈枪、电动刷、电动砂轮等把铁锈清除干净，以增强底漆膜的附着力。

（3）手工处理法。先用纱布、铲刀、钢丝刷或砂轮等打磨涂面的氧化层，再用有机溶剂（汽油、松香水等）将浮锈和油污洗净，即可进行刷涂底漆。

2. 木材面的底层处理

对木材面的底层处理，一般可以分为清理底层表面和打磨底层表面两个步骤进行。

（1）清理底层表面。清理底层表面就是用铲刀和干刷子清除木材表面黏附的砂浆和灰尘，这是木材面涂刷涂料不可缺少的环节，不仅清除了表面杂物，而且使其表面光滑、平整。一般可根据以上不同情况分别进行。

如果木材面上玷污了沥青，先用铲刀刮掉沥青，再刷上少量的虫胶清漆，以防涂刷的涂料被咬透漆膜而变色不干。

如果木材面有油污，先用碱水、皂液清洗表面，再用清水洗刷一次，干燥后顺木纹用砂纸打磨光滑即可。

如果木材面的结疤处渗出树脂，先用汽油、乙醇、丙酮、甲苯等将油脂洗刮干净，再用 1.5 号木砂纸顺木纹打磨平滑，最后用虫胶漆以点刷的方法在结疤处涂刷，以防止树脂渗出而影响涂漆干燥。

（2）打磨底层表面。木材的底层表面清理完毕后，可用 1.5 号木砂纸进行打磨，使其表面干净、平整。对于门窗框（扇），因为安装时间有前有后，门窗框（扇）的洁净程度不一样，所以还要用 1 号砂纸磨去框上的污斑，使木材尽量恢复其原来的色泽。

当木材表面有硬刺、木丝、绒毛等不易打磨时，先用排笔刷上适量的酒精，点火将其燃烧，使硬刺等烧掉留下的残余变硬，再用木砂纸打磨光滑即可。

（二）旧漆膜的处理

当用铲刀刮不掉旧漆膜，用砂纸打磨时，声音发脆、有清爽感觉的，说明旧漆膜附着力很好，只需用肥皂水或稀碱水溶液洗干净即可。

当旧漆膜局部脱落时，首先用肥皂水或稀碱水溶液清洗干净原来的旧漆膜，再经过涂刷底漆、刮腻子、打磨、修补等程序，做到与旧漆膜平整一致、颜色相同，然后再上漆罩光。

当旧漆膜的附着力不好，大面积出现脱落现象时，应当全部将旧漆膜清除干净，再重新涂刷涂料。

清除旧漆膜主要有碱水清洗法、摩擦法、火喷法和脱漆剂法等几种方法。

1. 碱水清洗法

碱水清洗法是用少量火碱（4%）溶解于温水（90%）中，再加入少量石灰（6%），配成火碱水。火碱水的浓度，以能够清洗掉原来的旧漆膜为准。

在进行清洗时，先把火碱水刷于旧漆膜上，略干后再刷，刷 3～4 遍，然后用铲刀把旧漆膜全部刮去，或用硬短毛刷或揩布蘸水擦洗，再用清水把残余碱水洗净。

2. 摩擦法

摩擦法是用长方形块状浮石或粗号油磨石，蘸水打磨旧漆膜，直至将旧漆膜全部磨去为止。此法多用于清除天然漆的旧漆膜。

3. 火喷法

火喷法是用喷灯火焰烧旧漆膜，将旧漆膜烧化发热后，立即用铲刀刮掉，采用火喷法时要和刮漆密切配合，因涂件冷却后不易刮掉，此法多用于金属涂件如钢门窗等。

4. 脱漆剂法

脱漆剂法即用 T-1 脱漆剂清除旧漆膜，在采用这种方法清除旧漆膜时，只需将脱漆剂刷在旧漆膜上，约半个小时后，旧漆膜就出现膨胀起皱，再把旧漆膜刮去，用汽油清洗污物即可。脱漆剂不能和其他溶剂混合使用，脱漆剂使用时味浓易燃，必须注意通风防火。

第七章

隔墙与隔断施工工艺

装饰隔墙与隔断是室内装饰中经常运用的手段，它们虽然都是起着分隔室内空间的作用，但产生的效果大不相同。轻质隔墙是近几年发展起来的一种新型隔墙，它以许多独特的优点在建筑装饰工程中起着非常重要的作用。隔墙是将分隔体直接做到顶，是一种完全封闭式的分隔；隔断是半封闭的留有通透的空间，既联系又分隔空间。简单地说，从楼地面到顶棚全封的分隔墙体为隔墙，不到顶的分隔墙体为隔断。

在室内装饰装修施工中，为进行建筑物室内空间的划分，既要满足功能要求，又要满足现代人们的生活和审美的需求，主要采用各种玻璃或罩面板与龙骨骨架组成隔墙或隔断。这些结构虽然不能承重，但由于其墙身薄、自重小，可以提高平面利用系数，增加使用面积，拆装非常方便，还具有隔声、防潮、防火等功能，所以在室内装修中经常采用。

隔墙的种类非常多。隔墙按其使用状况可分为永久性隔墙、可拆装隔断墙和可折叠隔断墙三种形式。

第一节　立筋式隔墙与隔断施工工艺

用各种玻璃或轻质罩面板拼装制成的隔墙与隔断，为了使墙体的功能完善和外形比较美观，必须有相应的骨架材料、嵌缝材料、接缝材料、吸声材料和隔声材料等进行配套，必须按照一定的构造要求和施工工艺施工。

一、木龙骨轻质隔墙施工

在室内隔断墙的设计和施工中，木龙骨轻质隔断墙也是广泛应用的一种形式。这种隔断墙主要采用木龙骨和木质罩面板、石膏板及其他一些板材组装而成，其具有安装方便、成本较低、使用价值高等优点，可广泛用于家庭装修及普通房间。

（一）木龙骨架结构形式

木龙骨隔断墙的木龙骨由上槛、下槛、主柱（墙筋）和斜撑组成。按立面构造，木龙骨隔断墙分为全封隔断墙、有门窗隔断墙和半高隔断墙三种类型。不同类型的隔断墙，其结构形式也不尽相同。

1. 大木方结构

如图7-1所示，这种结构的木隔断墙通常用 50mm×80mm 或 50mm×100mm 的大木方制作主框架，框体的规格为 500mm×500mm 左右的方框架或 5000mm×800mm 左右的长方框架，再用 4～5mm 厚的木夹板作为基面板。这种结构多用于墙面较高、较宽木龙骨隔断墙。

2. 小木方双层结构

如图 7-2 所示，为了使木隔断墙有一定的厚度，常用 25mm×30mm 的带凹槽木方做成两片龙骨的框架，每片规格为 300mm×300mm 或 400mm×400mm 的框架，再将两个框架用木方横杆相连接。这种结构适用于宽度为 150mm 左右的木龙骨隔断墙。

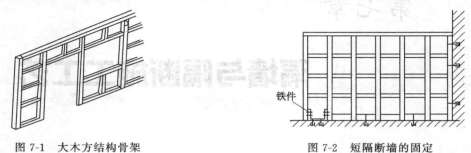

图 7-1　大木方结构骨架　　　　　　　　图 7-2　短隔断墙的固定

3. 小木方单层结构

这种结构常用 25mm×30mm 的带凹槽木方组装，常用的框架规格为 300mm×300mm。此种结构的木隔断墙多用于高度在 3m 以下的全封隔断或普通半高矮隔断。

（二）隔墙木龙骨架的安装

隔墙木龙骨架所用木材的树种、材质等级、含水率以及防腐、防虫、防火处理，必须符合设计要求和《木结构工程施工质量验收规范》（GB 50206—2012）的有关规定。接触砖、石、混凝土的骨架和预埋木砖，应经防腐处理，连接用的铁件必须经镀锌或防锈处理。

1. 弹线打孔

根据设计图纸的要求，在楼地面和墙面上弹出隔墙的位置线（中心线）和隔墙厚度线（边线），同时按 300～400mm 的间距确定固定点的位置，用直径 7.8mm 或 10.8mm 的钻头在中心线上打孔，孔的深度为 45mm 左右，向孔内放入 M6 或 M8 的膨胀螺栓。注意打孔的位置与骨架竖向木方错开位。如果用木楔铁钉固定，就需打出直径 20mm 左右的孔，孔的深度为 50mm 左右，再向孔内打入木楔。

2. 木龙骨的固定

木龙骨固定的方式有多种。为保证装饰工程的结构安全，在室内装饰工程中，通常遵循不破坏原建筑结构的原则进行龙骨的固定。木龙骨的固定，一般按以下步骤进行。

（1）木龙骨固定的位置，通常是在沿地、沿墙、沿顶等处。

（2）在木龙骨进行固定前，应按对应地面和顶面的隔墙固定点的位置，在木龙骨架上画线，标出固定点位置，进而在固定点打孔，打孔的直径略微大于膨胀螺栓的直径。

（3）对于半高的矮隔墙来说，主要靠地面固定和端头的建筑墙面的固定。如果矮隔断墙的端头处无法与墙面固定，常采用铁件来加固端头处。加固部分主要是地面与竖向方木之间，如图 7-2 所示。

3. 木骨架与吊顶的连接

在一般情况下，隔墙木骨架的顶部与建筑楼板底的连接可有多种选择，采用射钉固定连接件，或采用膨胀螺栓，或采用木楔圆钉等做法均可。若隔墙上部的顶端不是建筑结构，而是与装饰吊顶相接触时，其处理方法需要根据吊顶结构而确定。

对于不设开启门扇的隔墙，当其与铝合金或轻钢龙骨吊顶接触时，只要求与吊顶间的缝隙要小而平直，隔墙木骨架可独自通过吊顶内与建筑楼板以木楔圆钉固定。当其与吊顶的木龙骨接触时，应将吊顶木龙骨与隔墙木龙骨的沿顶龙骨钉接起来。如果两者之间有接缝，还应垫实接缝后再钉钉子。

对于设有开启门扇的隔墙，考虑到门的启闭产生振动及人的往来碰撞，其顶端应采取较牢靠的固定措施，一般做法是其竖向龙骨穿过吊顶的面与建筑楼板底面进行固定，并需要采用斜角支撑。斜角支撑的材料可以是方木，也可以是角钢，斜角支撑杆件与楼板底面的夹角以 60 °为宜。斜角支撑与基体的固定方法，可以用木楔铁钉或膨胀螺栓，如图7-3所示。

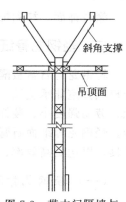

图 7-3　带木门隔墙与建筑顶面的连接固定

（三）固定板材

木龙骨隔断墙的饰面基层板，通常采用木夹板、中密度纤维板等木质板材。现以木夹板的用钉安装固定为例，介绍木龙骨隔断墙饰面基层板的固定方法。木龙骨隔断墙上固定木夹板的方式，主要有"明缝固定"和"拼缝固定"两种。

"明缝固定"是在两板之间留一条有一定宽度的缝隙。当施工图无明确规定时，预留的缝宽度以 8～10mm 为宜。如果"明缝"处不用垫板，则应将木龙骨面刨光，使"明缝"的上下宽度一致。在锯割木夹板时，用靠尺来保证锯口的平直度与尺寸的准确性，锯切完后要用 0 号木砂纸打磨修边。

在进行"拼缝固定"时，要求木夹板正面四边进行倒角处理（边倒角为 45°），以便在以后的基层处理时可将木夹板之间的缝隙补平。其钉板的方法是用 25mm 枪钉或铁钉，把木夹板固定在木龙骨上。要求布置的钉子要均匀，钉子间距掌握在 100mm 左右。通常厚度 5mm 以下的木夹板用长 25mm 钉子固定，厚度 9mm 左右的木夹板用长 30～35mm 的钉子固定。

对钉入木夹板的钉头，有两种处理方法：一种是先将钉头打扁，再将钉头打入木夹板内；另一种是先将钉头与木夹板钉平，待木夹板全部固定后，再用尖头冲子逐个将钉头冲入木夹板平面以内 1mm。枪钉的钉头可直接埋入木夹板内，所以不必再处理。但在用枪钉时，要注意把枪嘴压在板面上后再扣动扳机打钉，以保证钉头埋入木夹板内。

（四）木隔墙门窗的构造做法

1. 门框构造

木隔墙的门框是以门洞口两侧的竖向木龙骨为基体，配以挡位框、装饰边板或装饰边线组合而成的。传统的大木方骨架的隔墙门洞竖龙骨断面大，挡位框的木方可直接固定于竖向木龙骨上。对于小木方双层构架的隔墙，由于其木方断面较小，应该先在门洞内侧钉固 12mm 厚的胶合板或实木板之后，才可在其上固定挡位框。

如果对木隔墙的门设置要求较高，其门框的竖向木方应具有较大断面，并应采取铁件加固法（图7-4），这样做可以保证不会由于门的频繁启闭振动而造成隔墙的颤动或松动。

木质隔墙门框在设置挡位框的同时，为了收边、封口和装饰美观，一般都采取包框饰边的结构形式。常见的有厚胶合板加木线包边、阶梯式包边、大木线条压边等。安装固定时可使用胶黏剂和钉，这样装设比较牢固，同时要注意将铁钉打入面层中。

2. 窗框构造

木隔断中的窗框是在制作木隔断时预留出的，然后用木夹板和木线条进行压边或定位。木隔断墙的窗有固定式和活动窗扇式。固定窗是用木条把玻璃定位在窗框中，活动窗扇式与普通活动窗的构造基本相同。

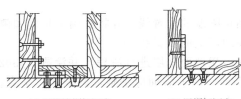

(a) 用胀铆螺栓固定　　(b) 用螺钉固定

图 7-4　木隔墙门框采用铁件加固的构造做法

（五）饰面处理

在木龙骨夹板墙身基面上，可进行的饰面种类有：涂料饰面、裱糊饰面、镶嵌各种罩面板等。其施工工艺详见相关章节内容。

二、轻钢龙骨纸面石膏板隔墙施工

轻钢龙骨石膏板隔墙是以轻钢龙骨为骨架，以纸面石膏板为面板材料，在室内现场组装的分户或分室非承重墙。轻钢龙骨纸面石膏板隔墙具有操作比较方便、施工速度快、工程成本低、劳动强度小、装饰美观、防火性强、隔声性能好等特点，是目前应用较为广泛的一种隔墙。轻钢龙骨纸面石膏板隔墙的施工方法不同于传统材料，应合理地使用材料，正确使用施工机具，以达到高效率、高质量的目的。

（一）轻钢龙骨隔墙材料及工具

1. 轻钢龙骨隔墙材料

（1）龙骨材料。轻钢隔墙龙骨按其截面形状的不同，可以分为 C 形和 U 形两种；按其使用功能不同，可分为横龙骨、竖龙骨、通贯龙骨和加强龙骨四种；按其规格尺寸不同，主要可分为 C50 系列、C75 系列和 C100 系列等。用于层高 3.5m 以下的隔墙，可采用 C50 系列；对于施工要求及使用需求较高的空间，可以采用 C70 或 C100 系列。

（2）紧固材料。轻钢隔墙龙骨主要通过射钉、膨胀螺钉、自攻螺钉、普通螺钉等进行连接加固，紧固材料的质量、规格、数量等应符合设计要求。

（3）垫层材料。轻钢隔墙龙骨安装所用的垫层材料，主要有橡胶条、填充材料等，垫层材料的质量、规格、数量等应符合设计要求。

（4）面板材料。轻钢龙骨隔墙的面板材料，一般宜选用纸面石膏板。纸面石膏板分为普通纸面石膏板和防水纸面石膏板两类，它们具有轻质、高强、抗震、防火、防蛀、隔热保温、隔声性能好、可加工性良好等特点。干燥的空间宜采用普通纸面石膏板，潮湿和有防水要求的空间宜采用防水纸面石膏板。

2. 轻钢龙骨隔墙施工机具

在轻钢龙骨隔墙施工中，常用的施工机具有气钉枪、电钻、墨斗、空气压缩机、木锯等。

（二）轻钢龙骨隔墙的施工工艺

1. 施工条件

（1）轻钢龙骨石膏罩面板隔墙在施工前，应先完成墙体的基本验收工作，石膏罩面板安装应待屋面、顶棚和墙抹灰完成后进行。

（2）设计要求隔墙有"地枕带"时，应待"地枕带"施工完毕，并达到设计要求的强度后，方可进行轻钢龙骨的安装。

（3）当主体结构墙、柱为砖砌体时，应在隔墙的交接处，按 1000mm 的间距预埋防腐木砖，以便进行连接。

2. 施工工艺

轻钢龙骨纸面石膏板隔墙的施工工艺流程如下。

（1）墙体位置放线。根据设计图纸，在室内地面确定隔墙的位置线，并将其引至顶棚和侧墙。在地上放出的墙线应为双线，即隔墙两个垂直面在地面上的投影线。

（2）墙体垫层施工。当设计要求设置墙垫时，应先对楼地面基层进行清理，并涂刷 YJ302 型界面处理剂一遍，然后再浇筑 C20 素混凝土墙垫。墙体垫的上表面应平整，两侧面应垂直。墙垫内是否配置构造钢筋或埋设预埋件，应根据设计要求确定。

（3）安装沿地面、沿顶部及沿边龙骨。固定沿地面、沿顶部及沿边龙骨，可采用射钉或钻孔用膨胀螺栓，固定点的距离一般以 900mm 为宜，最大不应超过 1000mm。轻钢龙骨与建筑基体表面的接触处，一般要求在龙骨接触面的两边各粘贴一根通长的橡胶密封条，以起防水和隔声作用。射钉的位置应避开已敷设的暗管。沿地面、沿顶部及沿边龙骨的固定方法，如图7-5所示。

（4）轻钢竖向龙骨安装。轻钢竖向龙骨的安装，应按下列要求进行。

① 竖龙骨按设计确定的间距就位，通常根据罩面板的宽度尺寸而定。对于罩面板材较宽者，需在其中间加设一根竖龙骨，竖龙骨中间距离最大不应超过600mm。对于隔断墙的罩面层较重时（如表面贴瓷砖）的竖龙骨中距，应以不大于420mm为宜；当隔断墙体的高度较大时，其竖龙骨布置应适当加密。

② 竖龙骨安装时应由隔断墙的一端开始排列，设有门窗的要从门窗洞口开始分别向两侧展开。当最后一根竖龙骨距离沿墙（柱）龙骨的尺寸大于设计规定的龙骨中距时，必须增加一根竖龙骨。将预先截好长度的竖龙骨推向沿顶部、沿地面龙骨之间，翼缘朝罩面板方向就位。龙骨的上、下端如为刚性连接，均用自攻螺钉或抽心铆钉与横龙骨固定，如图7-6所示。

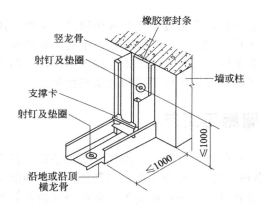

图7-5 沿地面、沿顶部和沿边
龙骨固定示意图（单位：mm）

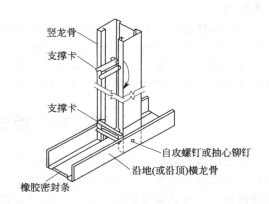

图7-6 竖龙骨与沿地面、沿顶部
横龙骨的固定示意图

当采用有冲孔的竖龙骨时，其上下方向不能颠倒。竖龙骨现场截断时，应一律从其上端切割，并应保证各条龙骨的贯通孔洞高度必须在同一水平面上。

门窗洞口处的竖龙骨安装应按照设计要求进行，采用双根并用或扣盒子加强龙骨。当门的尺寸较大且门扇较重时，应在门框外的上下左右增设斜撑。在安装门窗洞口竖龙骨的同时，应将门口与竖龙骨一并就位固定。

（5）水平龙骨的连接。当隔墙的高度超过石膏板的长度时，应适当增设水平龙骨。水平龙骨的连接方式：可采用沿地面、沿顶部龙骨与竖龙骨连接方法，或采用竖龙骨用卡托连接，或采用"角托"连接于竖龙骨等方法。连接龙骨与龙骨的连接卡件，如图7-7所示。

（6）安装通贯龙骨。通贯横撑龙骨的设置，一种是低于3m的隔断墙安装1道；另一种是高3～5m的隔断墙安装2～3道。通贯龙骨横穿各条竖龙骨上的贯通冲孔，需要接长时使用其配套的连接件。在竖龙骨开口面安装卡托或"支撑卡"与通贯横撑龙骨连接锁紧，根据需要在竖龙骨背面可加设"角托"与通贯龙骨固定。采用"支撑卡"系列的龙骨时，应当先将"支撑卡"安装于竖龙骨开口面，卡距一般为400～600mm，距龙骨两端的距离为20～25mm。

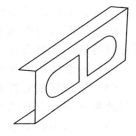

图7-7 连接龙骨与龙
骨的连接卡件

（7）固定件的安装。当隔墙中设置配电盘、消火栓、脸盆、水箱时，各种附墙的设备及吊挂件，均应按设计要求在安装骨架时预先将连接件与骨架连接牢固。

（8）安装纸面石膏板

① 石膏板安装应竖向排列，龙骨两侧的石膏板错缝排列。石膏板宜采用自攻螺钉固定，顺序是从板的中间向两边进行固定。

② 12mm 厚的石膏板用长 25mm 螺钉、两层 12mm 厚的石膏板用长 35mm 螺钉。自攻螺钉在纸面石膏板上的固定位置：离纸包边的板边大于 10mm，小于 16mm，离切割边的板边至少 15mm。板边的螺钉距 250mm，边中的螺钉距 300mm。螺丝钉帽应略埋入板内，并不得损坏纸面。

③ 隔墙下端的石膏板不应直接与地面接触，应留出 10～15mm 的缝隙，缝用密封膏充填密实。

④ 卫生间及湿度较大的房间隔墙，应设置墙体垫层并采用防水石膏板。石膏板下端与墙垫间留出缝 5mm，并用密封膏充填密实。

⑤ 纸面石膏板上开孔处理。开圆孔较大时应用螺旋钻开孔，开方孔时应用钻钻孔后再用锯条修边。

（9）暗接缝的处理。暗接缝的处理采用嵌接腻子方法，即将缝中浮尘和杂物清理干净，用小开刀将腻子嵌入缝内与板缝取平。待嵌入腻子凝固后，刮约 1mm 厚的腻子并粘贴玻璃纤维接缝带，再在开刀处往下一个方向施压、刮平，使多余的腻子从"接缝带"网眼中挤出。随即用大开刀刮腻子，将"接缝带"埋入腻子中，用腻子将石膏板的楔形棱角处填满找平。

第二节　板式隔墙施工工艺

板式隔墙是隔墙与隔断中最常用的一种形式，常用的条板材料有：加气混凝土条板、石膏条板、石膏复合条板、石棉水泥板面层复合板、"泰柏板"、压型金属板面层复合板及各种面层的蜂窝板等。板式隔墙的特点是：不需要设置墙体龙骨骨架，采用高度等于室内净高的条形板材进行拼装。

安装条板的方法，一般有上加楔和下加楔两种，通常采用下加楔比较多。下加楔的具体做法是：先在板的顶部和板的侧面浇水，满足其吸水性的要求，再在其上涂抹胶黏剂，使条形板的顶面与平顶顶紧，下面用木楔从板底两侧打进，调整板的位置达到设计要求，最后用细石混凝土灌缝。

一、板材隔墙工程材料质量要求

板材隔墙工程的质量如何，关键在于选择符合设计质量要求的材料。材料的质量要求主要包括以下几个方面。

（1）复合轻质墙板、石膏空心板、预制钢丝网水泥板等板材，采购及验收时应检查出厂合格证，并按其产品质量标准进行验收，不合格的板材不得用于工程。

（2）罩面板应表面平整、边缘整齐，不应有污垢、裂纹、缺角、翘曲、起皮、色差、图案不完整等缺陷。胶合板、木质纤维板不应变色和腐朽。

（3）隔断墙用的龙骨和罩面板材料的材质，均应符合现行国家标准和行业标准的规定。

（4）罩面板的安装宜使用镀锌的螺钉、钉子。接触砖石、混凝土的木龙骨和预埋的木砖应进行防腐处理，所有的木材制品均应进行防火处理。

（5）人造板及其制品应符合《住宅装饰装修工程施工规范》（GB 50327—2001）和《民用建筑工程室内环境污染控制规范》（GB 50325—2010）中的规定，相关试验方法及限量值见表 7-1。

表 7-1　人造板及其制品甲醛释放试验方法及限量值

产品名称	试验方法	限量值	使用范围	限量标志
中密度纤维板、高密度纤维板、刨花板、定向刨花板等	穿孔萃取法	≤9mg/100g	可直接用于室内	E_1
		≤30mg/100g	必须饰面处理后可允许用于室内	E_2
胶合板、装饰单板贴面胶合板、细木工板等	干燥器法	≤1.5mg/L	可直接用于室内	E_1
		≤5.0mg/L	必须饰面处理后可允许用于室内	E_2
饰面人造板(包括浸渍纸层压木质地板、实木复合地板、竹地板、浸渍胶膜纸饰面人造板等)	气候箱法	≤0.12mg/m³	可直接用于室内	E_1
	干燥器法	≤1.5mg/L		

注：1. 仲裁机关在仲裁工作中需要做试验时，可采用气候箱法。

2. E_1为可直接用于室内的人造板，E_2为必须饰面处理后允许用于室内的人造板。

二、加气混凝土板隔墙施工

(一) 条板构造及规格

加气混凝土条板是以钙质材料（水泥、石灰）、含硅材料（石英砂、尾矿粉、粉煤灰、粒化高炉矿渣、页岩等）和加气剂作为原料，经过磨细、配料、搅拌、浇注、切割和压蒸养护（0.8MPa 或 1.5MPa 下养护 6～8h）等工序制成的一种多孔轻质墙板。条板内配有适量的钢筋，钢筋宜预先经过防锈处理，并用点焊加工成网片。

加气混凝土条板可以制作室内隔墙，也可作为非承重的外墙板。由于加气混凝土能利用工业废料，产品成本比较低，能大幅度降低建筑物的自重，生产效率较高，保温性能较好，因此具有较好的技术经济效果。

加气混凝土条板，按照其原材料不同，可分为水泥-矿渣-砂、水泥-石灰-砂和水泥-石灰-粉煤灰加气混凝土条板；加气混凝土隔墙条板的规格有：厚度 75mm、100mm、120mm、125mm，宽度一般为 600mm，长度根据设计要求而定。条板之间黏结砂浆层的厚度一般为2～3mm，要求饱满、均匀，以使条板与条板粘接牢固。条板之间的接缝可以做成平缝形式，也可以做成倒角缝形式。

(二) 加气混凝土条板的安装

加气混凝土条板隔墙一般采用垂直安装，板的两侧应与主体结构连接牢固，板与板之间用黏结砂浆粘接，沿板缝上下各 1/3 处按 30°角钉入金属片，在转角墙和丁字墙交接处，在板高上下1/3 处，应斜向钉入长度不小于 200mm、直径 8mm 的铁件，分别如图 7-8～图 7-10 所示。加气混凝土条板上下部的连接，一般采用刚性节点做法：即在板的上端抹黏结砂浆，与梁或楼板的底部粘接，下部两侧用木楔顶紧，最后在下部的缝隙用细石混凝土填实，如图 7-11 所示。

加气混凝土条板内隔墙安装顺序，应从门洞处向两端依次进行，门洞两侧宜用整块条板。无门洞时，应按照从一端向另一端顺序安装。板间黏结砂浆的灰缝宽度以 2～3mm 为宜，一般不得超过 5mm。板底部的木楔需要经过防腐处理，按板的宽度方向楔紧。门洞口过梁块连接如图 7-12 所示。

加气混凝土条板隔墙安装，要求墙面垂直，表面平整，用 2m 靠尺来检查其垂直度和平整度，偏差最大不应超过规定 4mm。隔墙板的最小厚度，不得小于 75mm；当厚度小于 125mm时，其最大长度不应超过 3.5m。对双层墙板的分户墙，两层墙板的缝隙应相互错开。

由于加气混凝土墙板的强度一般比较低，所以在墙板上不宜吊挂重物，否则易损坏墙板。如果确实需要吊挂重物，则应采取有效的措施进行加固。

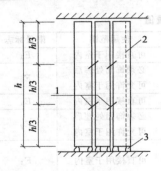

图 7-8 加气混凝土条板用铁
销、铁钉横向连接示意图
1—铁销；2—铁钉；3—木楔

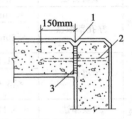

图 7-9 转角墙节点构造
1—八字缝；2—用直径 8mm 钢筋打尖；
3—黏结砂浆

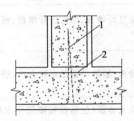

图 7-10 丁字墙节点构造
1—用直径 8mm 钢筋打尖；
2—黏结砂浆

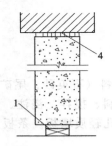

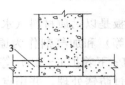

图 7-11 隔墙板上下连接构造方法
1—木楔；2—细石混凝土；3—地面；4—黏结砂浆

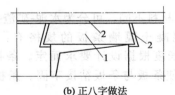

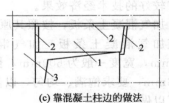

(a) 倒八字做法　　　　　　(b) 正八字做法　　　　　(c) 靠混凝土柱边的做法

图 7-12 门洞口过梁块的连接构造做法
1—过梁挟（用墙板切锯）；2—黏结砂浆；3—钢筋混凝土柱

　　装卸加气混凝土板材应使用专用工具，运输时应对板材做好绑扎措施，避免松动、碰撞。板材在现场的堆放点应靠近施工现场，避免二次搬运。堆放场地应坚实、平坦、干燥，不得使板材直接接触地面。堆放时宜侧立放置，注意采取覆盖保护措施，避免雨淋。加气混凝土条板隔墙施工主要机具及主要配套材料见表 7-2 所示。

表 7-2　加气混凝土条板隔墙施工主要机具及主要配套材料

项目	名　　称	用　　途
主要施工机具	电动式的台锯	用于板材纵横切锯
	锋钢锯和普通手锯	用于局部切锯或异形构件切锯
	固定式摩擦夹具	用于吊装横向墙板、窗过梁（主要用于外墙施工）
	转动式摩擦夹具	用于吊装竖向墙板（用于外墙）
	电动慢速钻（按钻杆和钻头分扩孔钻、直孔钻、大孔钻）	钻墙面孔穴：扩孔钻用于埋设铁件、暖气片挂钩等；直孔钻用于穿墙铁件或管道敷设；大孔钻用于预埋锚固铁件的垫板、螺栓或接线盒及电开关盒等
	撬棍	用于调整、挪动墙板位置
	镂槽器	用于墙面上镂槽

项目	名　称	用　途
主要	塑料胀管、尼龙胀管、钢胀管	用于固定挂衣钩、壁柜搁板、木护墙龙骨以及木门窗框等
配套	铝合金钉、铁销	用于隔墙板之间的连接
材料	螺栓夹板	用于隔墙板悬挂重物,如厕所水箱、配电箱、洗脸盆支架等

三、纤维板隔墙施工

纤维板是由碎木加工成纤维状,除去其中的有害杂质,经纤维分离、喷胶（常用酚醛树脂胶）、成型、干燥后,在高温下用压力压制而成的板材。这种板材是废木料的再利用,具有节省木材、面大规整、无缝无节、材质均匀、纵横方向强度相同、便于施工、外表美观、装饰性好、应用面广等优点。纤维板隔墙安装施工的要点如下:

（1）采用普通钉子固定时,硬质纤维板的钉子间距为 80～120mm,钉子长度为 20～30mm,钉帽打扁后要钉入板面 0.5mm,钉眼要用油性腻子将其抹平。这样不仅可使板面平整、不使钉帽生锈,而且可防止板面产生空鼓、翘曲。如果采用木压条固定时,钉子间距一般不应大于 200mm,钉帽打扁后要钉入板面 0.5～1.0mm,钉眼要用油性腻子将其抹平。

（2）采用硬质纤维板罩面装饰或隔断时,在隔断的阳角处应做护角,以防止在使用过程中损坏墙角。

（3）为了防止产生较大变形,硬质纤维板在安装前应用清水浸透,晾干后才能使用,不得直接进行安装固定。

四、石膏板隔墙施工

随着科学技术的发展,石膏板在建筑装饰工程应用越来越广泛,品种也越来越多,如纸面石膏板、装饰石膏板、石膏空心条板、纤维石膏板和石膏复合墙板等。其中应用最广泛的是石膏空心条板和石膏复合墙板。

（一）石膏条板隔墙施工

石膏板是以建筑石膏（$CaSO_4 \cdot 1/2H_2O$）为主要原料生产制成的一种质量轻、强度高、厚度薄、加工方便、隔声、隔热和防火性能较好的建筑材料。我国常用石膏空心条板。它是以天然石膏或化学石膏为主要原料,掺加适量水泥或石灰、粉煤灰为辅助胶结料,并加入少量增强纤维,经加水搅拌制成料浆,再经浇注成型,抽芯、干燥而成。

石膏空心条板的一般规格,长度为 2500～3000mm,宽度为 500～600mm,厚度为 60～90mm。石膏空心条板表面平整光滑,且具有质轻（表观密度 600～900kg/m³）、比强度高（抗折强度 2～3MPa）、隔热［热导率为 0.22W/(m·K)］、隔声（隔声指数＞300dB）、防火（耐火极限 1～2.25h）、加工性好（可锯、刨、钻）、施工简便等优点。

石膏空心条板按照原材料不同可分为:石膏粉煤灰硅酸盐空心条板、磷石膏空心条板和石膏空心条板。石膏空心条板按照防潮性能不同可分为:普通石膏空心条板和防潮空心条板。

1. 石膏条板隔墙一般构造

石膏空心条板一般用单层板作分室墙和隔墙,也可用双层空心条板,内设空气层或矿棉组成分户墙。单层石膏空心板隔墙,也可用割开的石膏板条做骨架,板条宽为 150mm,整个条板的厚度约为 100mm,墙板的空心部位可穿电线,板面上固定开关及插销等,可按需要钻成小孔,将圆木固定于上。

石膏空心条板隔墙板与梁（板）的连接,一般采用下楔法,即下部与木楔楔紧后,然后再填充干硬性混凝土。其上部固定方法有两种:一种为软连接;另一种为直接顶在楼板或梁下。

为施工方便较多采用后一种方法。墙板之间，墙板与顶板以及墙板侧边与柱、外墙等之间均用108 胶水泥砂浆粘接。凡墙板宽度小于条板宽度时，可根据需要随意将条板锯开再拼装粘接。石膏空心条板隔声性能及外观和尺寸允许偏差分别见表 7-3 和表 7-4 所示。

表 7-3　石膏空心条板隔墙隔声性能

构造	厚度 /mm	单位面积质量 /(kg/m²)	隔声性能/dB	
			指数	平均值
单层石膏珍珠岩空心板	60	38	31	31.35
双层石膏珍珠岩空心板，中间加空气层	60+50+60	76	40	40.76
双层石膏珍珠岩空心板，中间填棉毡	60+50+60	83	46	46.95

表 7-4　石膏空心条板外观和尺寸允许偏差

项次	项目	技术指标
1	对角线偏差/mm	<5
2	抽空中心线位移/mm	<3
3	板面平整度	长度 2mm，翘曲不大于 3mm
4	掉角	掉角的两直角边长度不得同时大于 60mm×40mm，若小于 60mm×40mm，同板面不得有两处
5	裂纹	裂纹长度不得大于 100mm，若小于 100mm，在同一板面不得有两处
6	气孔	不得有大于 10mm 气孔三个以上

2. 石膏条板隔墙的施工工艺

石膏空心板隔墙的施工顺序为：墙体位置放线→立墙板→墙体底缝隙填塞混凝土→嵌缝。

安装墙板时，应按照放线的位置，从门口通天框旁开始，最好使用定位木架。安装前在板的顶面和侧面刷 108 胶水泥砂浆，先推紧侧面，再顶牢顶面，板下两侧 1/3 处垫两组木楔并采用靠尺进行检查，然后下端浇注细石混凝土，或者先在地面上浇制或放置混凝土条块，也可以砌砖，然后粘接上石膏空心条板。为了防止安装时石膏空心条板底端吸水，应先涂刷甲基硅醇钠憎水剂进行防潮处理。

踢脚线施工比较简单，先用稀 108 胶水刷一遍，再用 108 胶水泥浆刷至踢脚线部位，待初凝后用水泥砂浆抹实压光。

石膏空心条板隔墙的墙板与墙板的连接、墙板与地面的连接、墙板与门口的连接、墙板与柱子的连接、墙板与顶板的连接（软节点），分别见图 7-13～图 7-17。

墙板之间的缝隙一般采用不留置明缝的做法，其具体做法是：在涂刷防潮涂料之前，先刷适量的水湿润两遍，再抹石膏膨胀珍珠岩腻子，并进行勾缝、填实、刮平。

（二）石膏复合墙板隔墙的施工

1. 石膏复合墙板隔墙一般构造

石膏面层的复合墙板，一般是指用两层纸面石膏板或纤维石膏板和一定断面的石膏龙骨或

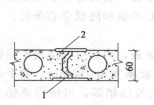
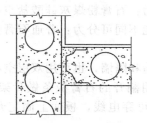
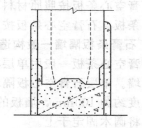

图 7-13　墙板与墙板的连接　　　　　　　　　图 7-14　墙板与地面的连接
1—108 胶水泥砂浆粘接；2—石膏腻子嵌缝

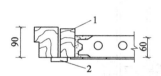

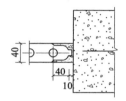

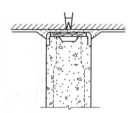

图 7-15 墙板与门口的连接 　　　图 7-16 墙板与柱子的连接 　　　图 7-17 墙板与顶板
1—通天板；2—木压条 　　　　　　　　　　　　　　　　　　　　　　　的连接（软节点）

木龙骨、轻钢龙骨，经过粘接、干燥而制成的轻质复合板材。常用石膏板复合墙板如图 7-18
所示。

石膏复合墙板按其面板不同，可分为纸面石膏板与无纸面石膏复合板；按其隔声性能不
同，可分为空心复合板与实心复合板；按其
用途不同，可分为一般复合板与固定门框复
合板。纸面石膏复合板的一般规格为：长度
1500～3000mm，宽度 800～1200mm，厚度
50～200mm。无纸面石膏复合板的一般规格
为：长度 3000mm，宽度 800～900mm，厚
度 74～120mm。

2. 石膏复合墙板的安装施工

石膏复合板一般用于分室墙或隔墙，也
可用两块复合板中设空气层组成分户墙。隔
墙墙体与梁或楼板连接，一般常采用下楔法，
即墙板下端垫木楔，填干硬性混凝土。隔墙
下部构造，可根据工程需要做墙基或不做墙

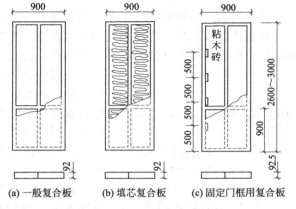

图 7-18 常用石膏板复合墙板

基；墙体和门框的固定，一般选用固定门框用复合板，钢木门框固定于复合板的木砖上，木砖
的间距为 500mm，可采用粘接和钉钉结合的固定方法。墙体与门框的固定如图 7-19～图 7-22
所示。石膏板复合墙体的隔声标准要按设计要求选定隔声方案。墙体中应尽量避免设电门、插
座、穿墙管等，如必须设置时，则应采取相应的隔声构造，如表 7-5 所示。

表 7-5 　石膏板复合墙体的隔声、防火和限制高度

类别	墙厚/mm	质量/(kg/m²)	隔声指数/dB	耐火极限/h	墙体限制高度/mm
非隔 声墙	50	26.6	—	—	
	92	27～30	35	0.25	3000
隔声墙	150	53～60	42	1.5	3000
	150	54～61	49	>1.5	3000

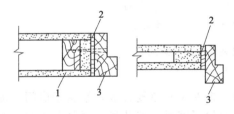

图 7-19 石膏板复合板墙与木门框的固定
1—固定门框用复合板；2—黏结料；3—木门框

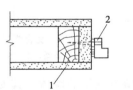

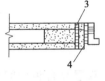

图 7-20 石膏板复合板墙与钢门框的固定
1—固定门框用复合板；2—钢门框；
3—黏结料；4—水泥刨花板

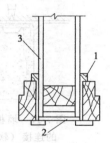

图 7-21　石膏板复合板墙端部与木门框固定

1—用 108 胶水泥砂浆粘贴木门口并用铁钉固牢；
2—用厚石膏板封边；3—固定门框用复合板

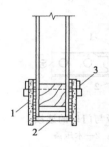

图 7-22　石膏板复合板墙端部与钢门框固定

1—粘贴 12mm×105mm 水泥刨花板，并用螺钉固定；
2—用厚石膏板封边；3—用木螺丝固定门框

石膏复合板隔墙的安装施工顺序为：墙体位置放线→墙基施工→安装定位架→复合板安装、并立门窗口→墙底缝隙填充干硬性细石混凝土。

在墙体放线以后，先将楼地面适度凿毛，将浮灰清扫干净，洒水湿润，然后现浇混凝土墙基；复合板安装应当从墙的一端开始排放，按排放顺序进行安装，最后剩余宽度不足整板时，

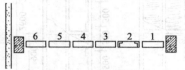

图 7-23　石膏板复合板
隔墙安装次序

1，3—整板（门口板）；2—门口；
3，4，5—整板；6—补板

必须按照所缺尺寸补板，补板的宽度大于 450mm 时，在板中应增设一根龙骨，补板时在四周粘贴石膏板条，再在板条上粘贴石膏板；隔墙上设有门窗口时，应先安装门窗口一侧较短的墙板，同时随即立口，再安装门窗口的另一侧墙板。

在一般情况下，门口两侧墙板宜使用边角比较方正的整板，在拐角两侧的墙板也应使用整板，如图 7-23 所示。

在复合板安装时，在板的顶面、侧面和门窗口外侧面，应清除浮土后均匀涂刷胶黏剂成"∧"状，安装时侧向面要严密，上下要顶紧，接缝内胶黏剂要饱满（要凹进板面 5mm 左右）。接缝宽度为 35mm，板底部的空隙不大于 25mm，板下所塞木楔上下接触面应涂抹胶黏剂。为保证位置和美观，木楔一般不撤除，但不得外露于墙面。

第一块复合板安装后，要认真检查垂直度，按照顺序进行安装时，必须将板上下靠紧，并用检查尺进行找平，如发现板面接缝不平，应及时用夹板校正（如图 7-24 所示）。

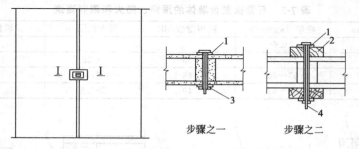

图 7-24　复合板墙板板面接缝夹板校正示意图

1—垫圈；2—木夹板；3—销子；4—M6 螺栓

双层复合板中间留空气层的墙体，其安装要求为：先安装一道复合板，暴露于房间一侧的墙面必须平整；在空气层一侧的墙板接缝，要用胶黏剂勾严密封。安装另一面复合板前，插入电气设备管线安装工作时，第二道复合板的板缝要与第一道墙板缝错开，并使暴露于房间一侧的墙面平整。

五、石棉水泥复合板隔墙的施工

石棉是指具有高抗张强度、高挠性、耐化学和热侵蚀、电绝缘和具有可纺性的矿物产品。石棉由纤维束组成，而纤维束又由很长很细的能相互分离的纤维组成。石棉具有高度耐火性、电绝缘性和绝热性，是重要的防火、绝缘和保温材料。目前，石棉制品或含有石棉的制品有近3000种，主要用于机械传动、制动以及保温、防火、隔热、防腐、隔声、绝缘等方面，其中较为重要的是汽车、化工、电器设备、建筑业等制造部门。

用于建筑隔墙的石棉水泥板的种类很多，按其表面形状不同有：平板、波形板、条纹板、花纹板和各种异形板；除普通的素色板外，还有彩色石棉水泥板和压出各种图案的装饰板。石棉水泥面板的复合板，有夹带芯材的夹层板、以波形石棉水泥板为芯材的空心板、带有骨架的空心板等。

石棉水泥板是以石棉纤维与水泥为主要原料，经制坯、压制、养护而制成的薄型建筑装饰板材。这种复合板具有防水、防潮、防腐、耐热、隔声、绝缘等性能，板面质地均匀，着色力强，并可进行锯割、钻孔和钉固加工，施工比较方便；主要适用于现场装配板墙、复合板隔墙及非承重复合隔墙。

用石棉水泥板制作复合隔墙板，一般采用石棉水泥板与石膏板复合的方式，主要用于居室与厨房、卫生间之间的隔墙。靠居室的一面用石膏板，靠厨房、卫生间的一面用经过防水处理的石棉水泥板，复合板用的龙骨可用石膏龙骨或石棉水泥龙骨，两面板材用胶黏剂粘接。石棉水泥板面层的复合墙板安装工艺，基本上与石膏复合板隔墙相同。

以波形石棉水泥板为芯材的复合板，是用合成树脂黏结料粘接起来的，采用石棉水泥小波板时，复合板的最小厚度一般为28mm。

图7-25为几种石棉水泥板作面层的复合板构造。图中所示复合板的面层是3mm厚的石棉水泥柔性板，其夹芯材料分别为泡沫塑料、加气混凝土、岩石棉板、石棉水泥波形板和木屑水泥板。

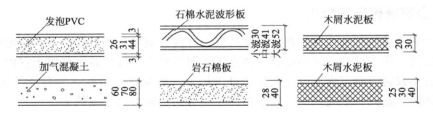

图 7-25　石棉水泥板作面层的复合板构造示意（单位：mm）

我国生产的石棉水泥面层复合板规格很多，其总厚度一般为26～80mm，其外形尺寸和质量差别很大，最大尺寸为1210mm×3000mm，单位面积最重为54.5kg/m²，单位面积最轻仅6.0kg/m²。

石棉水泥板在装运时，要用立架进行堆放，并用草垫塞紧，装饰时不得抛掷、碰撞，长距离运输需要钉箱包装，每箱不超过60张；堆放石棉水泥板的场地，应当坚实平坦，板应码垛堆放，堆放的高度不得超过1.2m，板的上面要用草垫或苫布进行覆盖，严禁在阳光下曝晒和雨淋。

第三节　玻璃隔墙施工工艺

玻璃是一种透明、强度及硬度颇高，不透气的物料。玻璃在日常环境中呈化学惰性，也不会与生物起作用，故玻璃的用途非常广泛。在建筑装饰工程中，玻璃常用于门窗、内外墙饰面、隔墙等部位，利用它作为围护结构，如门窗、屏风、隔墙及玻璃幕墙等。从装饰的角度来讲，大多数玻璃品种用于建筑工程，在满足使用要求的前提下，都具有一定的艺术装饰效果。

一、玻璃板隔墙施工

玻璃板隔墙主要用骨架来镶嵌玻璃。玻璃板隔墙按照骨架材料不同，一般可分为木骨架和金属骨架两种类型；隔墙按玻璃所占比例不同，一般可分为半玻型和全玻型。

玻璃板隔墙所用的玻璃应符合设计要求，一般有钢化玻璃、平板玻璃、磨砂玻璃、压花玻璃和彩色玻璃等。在施工中常用的机具有电焊机、冲击电钻、切割机、手枪钻、玻璃吸盘、直尺、水平尺、注胶枪等。

玻璃板隔墙的施工工艺流程：弹线放样→木龙骨或金属龙骨下料组装→固定框架→安装玻璃→嵌缝打胶→清理墙面。

（1）弹线放样。先按照图纸弹出玻璃板隔墙的地面位置线，再用垂直法弹出墙（柱）上的位置线、高度线和沿顶位置线。

（2）木龙骨或金属龙骨下料组装。按照施工图尺寸和实际情况，用专业工具对木龙骨或金属龙骨进行切割与组装。

（3）固定框架。木质框架与墙和地面的固定，可通过预埋木砖或安装木楔使框架与之固定。铝合金框架与墙和地面的固定，可通过铁脚件完成。

（4）安装玻璃。用玻璃吸盘把玻璃吸牢，并将玻璃插入框架的上框槽口内，然后轻轻地落下放入下框槽口内。如果为多块玻璃组装，玻璃之间接缝时应留 2～3mm 缝隙，或留出与玻璃肋厚度相同的缝。

（5）嵌缝打胶、清理墙面。玻璃就位后，应校正其平整度、垂直度，同时用聚苯乙烯泡沫条嵌入槽口内，使玻璃与金属沟槽结合平顺、紧密，然后在缝隙处打硅酮结构胶。当注入的结构胶具有一定强度后，应将玻璃表面上的杂物清除干净。

二、空心玻璃砖隔墙施工

目前，在装饰装修工程中，正在大力推广空心玻璃砖隔墙，这种隔墙具有强度很高、外观整洁、清洗方便、防火性好、光洁明亮、透光不透明等特点。玻璃砖主要用于室内隔墙或其他局部墙体，它不仅能分割室内空间，而且还可以作为一种采光的墙壁，具有较强的装饰效果。尤其是玻璃砖隔墙透光与散光现象，使装饰部位具有别具风格的视觉效果。

（一）隔墙施工材料与施工机具

玻璃砖有实心砖和空心砖之分，当前应用最广泛的是空心玻璃砖。空心玻璃砖是采用箱式模具压制而成的两块凹形玻璃熔接或胶结成整体的具有一个或两个空腔的玻璃制品，空腔中充以干燥空气或其他绝热材料，经退火后涂饰侧面而成。

空心玻璃砖的规格很多，装饰工程中常见的有 115mm×115mm×95mm、140mm×140mm×95mm、190mm×190mm×95mm、240mm×240mm×95mm 等，有白色、茶色、蓝色、绿色、灰色等色彩及各种精美条纹图案。在空心玻璃砖隔墙施工中，常用的施工机具有电钻、水平尺、靠尺、橡胶榔头、砌筑和勾缝用的工具等。

（二）空心玻璃砖隔墙施工要点

（1）固定金属型材框用的镀锌钢膨胀螺栓的直径不得小于 8mm，间距不得大于 500mm。用于 95mm 厚的空心玻璃砖的金属型材框，最小截面应为 100mm×50mm×3.0mm；用于

100mm 厚的空心玻璃砖的金属型材框，最小截面应为 108mm×50mm×3.0mm。

（2）空心玻璃砖隔墙的砌筑砂浆等级为 M5，一般宜采用 42.5 的白色硅酸盐水泥和粒径小于 3mm 洁净砂子拌制。

（3）室内空心玻璃砖隔墙的高度和长度均超过 1.5m 时，应在垂直方向上每 2 层空心玻璃砖水平设置 2 根直径为 6mm 的钢筋；当只有隔墙的高度超过 1.5m 时，水平设置 2 根钢筋。当不采用错缝砌筑方式时，在水平方向上每 3 个缝隙中至少垂直设置 1 根钢筋，钢筋每端伸入金属型材框的尺寸不得小于 35mm。最上层的空心玻璃砖应深入顶部的金属型材框中，深入尺寸不得小于 10mm，且不得大于 25mm。

（4）各空心玻璃砖之间应留有适宜的缝隙，许可的情况下要尽量均匀，接缝最小不得小于 10mm，同时也不得大于 30mm。

（5）空心玻璃砖与金属型材框两翼接触的部位应留有"滑缝"，缝隙宽度不得小于 4mm；腹面接触的部位应留有胀缝，缝隙宽度不得小于 10mm。"滑缝"和胀缝应用沥青油毡和硬质泡沫塑料填充。金属型材框与建筑墙体和屋顶的结合部，以及空心玻璃砖砌体与金属型材框端部的结合部位，应用弹性密封材料封闭。

（6）如果空心玻璃砖墙没有外框，应根据装饰效果要求设置饰边。饰边通常有木质饰边和不锈钢饰边。木质饰边可根据设计要求做成各种线型，常见的形式如图 7-26 所示。不锈钢饰边常用的有单柱饰边、双柱饰边、不锈钢板槽饰边等，常见的形式如图 7-27 所示。

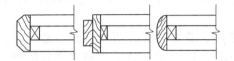

图 7-26 玻璃砖墙常见的木质饰边

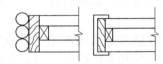

图 7-27 玻璃砖墙常见的不锈钢饰边

第四节 其他材料隔断施工工艺

室内隔断除了具有分割空间的功能外，还具有很强的装饰性。隔断不受隔声和遮透的限制，可高可低、可空可透、可虚可实、可静可动，选材多样，灵活机动，效果甚佳。与隔墙相比，隔断更具有可变的灵活性，更能增加室内空间的层次和深度，用隔断来划分室内空间，可以产生灵活而丰富的空间效果，显得室内空间更加活泼而典雅。

室内建筑隔断的类型很多，按照隔断的固定方式不同，可分为固定式隔断和活动式隔断；按照隔断的开启方式不同，可分为推拉式隔断、折叠式隔断、直滑式隔断和拼装式隔断；按照隔断所用材料不同，可分为木隔断、竹隔断、玻璃隔断等；按照隔断的装饰形式不同，有花格空透式隔断和金属花格透空式隔断等。

一、空透式隔断施工

所谓空透式隔断主要是指那些以限定空间为主，以隔声、隔视线为辅，甚至不隔声、不隔视线的隔断，其形式多呈花格状。空透式隔断能够创造一种似隔非隔、似断非断、虚虚实实的意境，因此，常用于住宅和旅馆、饭店、商店、展览馆、美术馆等公共建筑中。在室内设置的空透式隔断，主要包括花格、落地罩、隔扇和博古架等各种花格隔断。这类隔断可用不同材料制作，常见的有水泥制品花格空透式隔断、竹木花格空透式隔断和金属花格空透式隔断等。

应该指出，同是用来分隔和沟通室内空间的空透式隔断，其功能的侧重点可能是互不相同的。上述实例中的隔断，侧重于划分不同的功能分区，有的隔断，侧重于引导视线，即侧重于让门厅的人们能够注意到隔断后面的楼梯；有的隔断，侧重于遮挡后面的杂乱空间，是大厅的装饰重点；有的隔断博古架除分隔空间外，还具有实用价值，即陈列文具、书籍、陶瓷、器皿、玩具、盆景等。博古架在我国古代建筑中应用得很广泛，由于它把实用因素和装饰因素有机地结合为一体，至今仍为人们所乐见。

（一）水泥制品花格空透式隔断

水泥制品组成的花格空透式隔断可分为两大类：一类是由各种形状小型花格组成；另一类是由条板和小花格或其他花饰组成。在设计小型花格时，首先要明确隔断的用途和性质，并以此为据确定花格的封闭、空透、轻盈、厚重的程度。为此，基本型要具有可变性，辅助型要与基本的尺寸相协调。

在水泥制品花格空透式隔断施工中应特别注意：设置位置准确、符合功能要求、安装稳固安全、表面装饰美观。

（二）竹木花格空透式隔断

竹木花格空透式隔断是仿效中国传统室内装饰的一种隔断形式而进行的装饰性空间分隔。竹木花格空透式隔断具有自重较轻、制作容易、玲珑剔透、格调清新、装饰性好等显著特点，运用传统的图案可雕刻成各种花纹，并很容易与绿化、水体相配合，从而形成一种自然古朴的风格。

在竹木花格空透式隔断施工中应特别注意：花格制作精细、安装巧妙稳固、整体装饰性好、尽量与绿化和水体配合。木质花格空透式隔断如图 7-28 所示，竹质花格空透式隔断如图7-29 所示。

图 7-28　木质花格空透式隔断

图 7-29　竹质花格空透式隔断

（三）金属花格空透式隔断

金属花格空透式隔断是室内隔断常采用的一种形式，其花格的成型方法有两种：一种为浇铸成型，即利用设计好的模型浇铸出不同金属材料的花格；另一种是弯曲成型，即用扁钢、钢管、钢筋等金属材料弯曲成各种花格。花格与花格、花格与边框可以焊接、铆接或螺栓连接而组成空透式隔断。在隔断上可另加有机玻璃等装饰件，以增加隔断的功能和装饰性。由于金属花格的成型方法和金属材料多，其品种繁多、图案丰富、变化无穷、坚固耐久、造型美观，深受人们的喜爱，尤其是容易形成圆润、流畅的曲线，使隔断显得更加活泼。

在金属花格空透式隔断施工中应特别注意：花格加工一定要精细，焊接接头一定要美观，安装后一定要稳固，装饰性一定要典雅。

二、活动式隔断施工

活动式隔断又称为活动隔墙、活动隔断、活动展板、活动屏风、移动隔断、移动屏风、移动隔离墙等，源于德国技术。活动式隔断给人们的工作带来很大的方便，移动隔断是一种根据需要随时把大空间分割成小空间或把小空间连成大空间、具有一般墙体功能的活动墙，独立空间区域，能起一厅多能，一房多用的作用。根据使用和装配方法的不同，常见的有拼装式活动隔断、折叠式隔断和帷幕式隔断等，最常用的是前两者。

（一）拼装式活动隔断

拼装式活动隔断是用可装拆的壁板或隔扇拼装而成，结构非常简单，不需要设置滑轮和轨道。为了装卸方便，在隔断的上、下应设长槛。在施工中应注意隔断的整体性、美观性和安全性。

（二）折叠式隔断

折叠式隔断是将拼装式隔断独立扇用滑轮挂置在轨道上，是一种可沿着轨道推拉移动的隔断。其下部一般不宜安装导轨和滑轮，以防止垃圾堵塞导轨。隔断板的下部可用弹簧卡顶着地板，以防止隔断产生晃动。这种隔断质量轻、美观、容易安装，并可围成曲线形，使用灵活。还可在夹层中衬垫薄钢板和吸声材料，提高隔声能力。

活动式隔断具有稳定安全、隔声环保、隔热节能、高效防火、美观大方、收放灵活、收藏方便、应用广泛等优点，非常适合星级酒店宴会厅、高档酒楼的包间、高级写字楼会议室等场所进行空间分隔。目前，活动式隔断的系列产品种类越来越多，已经广泛用于酒店、宾馆、多功能厅、会议室、写字楼、展厅、金融机构、医院、学校、工厂等多种场合。

第八章

隔墙与隔断的质量
标准和检验方法

　　轻质隔墙按其组成结构不同，主要可分为骨架隔墙、板材隔墙、活动隔墙、玻璃隔墙等分项工程。为了确保轻质隔墙的质量符合设计要求，必须按照国家最新发布的《建筑装饰装修工程质量验收规范》（GB 50210—2001），中的规定进行质量控制和验收。

第一节　隔墙工程的一般规定

　　轻质隔墙工程的质量控制适用于板材隔墙、骨架隔墙、活动隔墙、玻璃隔墙等分项工程的质量验收。

　　(1) 轻质隔墙工程验收时应检查下列文件和记录：①轻质隔墙工程的施工图、设计说明及其他设计文件；②材料的产品合格证书、性能检验报告、进场验收记录和复验报告；③隐蔽工程验收记录；④施工记录。

　　(2) 轻质隔墙工程应对人造木板的甲醛释放量进行复验，必须符合《民用建筑工程室内环境污染控制规范》（GB 50325—2010，2013 年版）中的规定。

　　(3) 轻质隔墙工程应对下列隐蔽工程项目进行验收：①骨架隔墙中设备管线的安装及水管试压；②木龙骨防火、防腐处理；③预埋件或拉结筋；④龙骨安装；⑤填充材料的设置。

　　(4) 各分项工程的检验批应按下列规定划分：同一品种的轻质隔墙工程每 50 间（大面积房间和走廊按轻质隔墙的墙面 30m² 为一间）应划分为一个检验批，不足 50 间也应划分为一个检验批。

　　(5) 轻质隔墙与顶棚和其他墙体的交接处，应当采取有效的防止开裂的技术措施。

　　(6) 民用建筑轻质隔墙工程的隔声性能应符合现行国家标准《民用建筑隔声设计规范》（GB 50118—2010）的规定。

第二节　板材隔墙工程的质量要求

　　骨架隔墙工程质量控制适用于以轻钢龙骨、木龙骨等为骨架，以纸面石膏板、人造木板、金属板、铝塑板、水泥纤维板等为墙面板的隔墙工程的质量验收。

　　骨架隔墙工程的检查数量应符合下列规定：每个检验批应至少抽查 10%，并不得少于 3 间；不足 3 间时应全数检查。

一、骨架隔墙工程质量的主控项目

　　(1) 骨架隔墙所用龙骨、配件、墙面板、填充材料及嵌缝材料的品种、规格、性能和木材的含水率应符合设计要求。有隔声、隔热、阻燃、防潮等特殊要求的工程，材料应有相应性能等级的检验报告。检验方法：观察；检查产品合格证书、进场验收记录、性能检验报告和复验报告。

(2) 骨架隔墙地基梁所用材料、尺寸及位置等应符合设计要求。骨架隔墙的沿地、沿顶及边框龙骨必须与基体结构连接牢固。检验方法：手扳检查；尺量检查；检查隐蔽工程验收记录。

(3) 骨架隔墙中龙骨间距和构造连接方法应符合设计要求。骨架内设备管线的安装、门窗洞口等部位加强龙骨的安装应牢固、位置正确。填充材料的品种、厚度和设置，均应符合设计要求。检验方法：检查隐蔽工程验收记录。

(4) 木龙骨及木墙面板的防火和防腐处理必须符合设计要求。检验方法：检查隐蔽工程验收记录。

(5) 骨架隔墙的墙面板应安装牢固，无脱层、翘曲、折裂及缺损。检验方法：观察；手扳检查。

(6) 墙面板所用接缝材料的接缝方法应符合设计要求。检验方法：观察。

二、骨架隔墙工程质量的一般项目

(1) 骨架隔墙表面应平整光滑、色泽一致、洁净、无裂缝，接缝应均匀、顺直。检验方法：观察；手摸检查。

(2) 骨架隔墙上的孔洞、槽、盒，应当位置正确、套切割吻合、边缘整齐。检验方法：观察。

(3) 骨架隔墙内的填充材料应干燥，填充应密实、均匀、无下坠。检验方法：轻敲检查；检查隐蔽工程验收记录。

(4) 骨架隔墙安装的允许偏差和检验方法应符合表 8-1 的规定。

表 8-1 骨架隔墙安装的允许偏差和检验方法

项次	项目	允许偏差/mm		检验方法
		纸面石膏板	人造木板、水泥纤维板	
1	立面垂直度	3.0	4.0	用 2m 垂直检测尺检查
2	表面平整度	3.0	3.0	用 2m 靠尺和塞尺检查
3	阴阳角方正	3.0	3.0	用直角检测尺检查
4	接缝直线度	—	3.0	拉 5m 线，不足 5m 拉通线，用钢直尺检查
5	压条直线度	—	3.0	拉 5m 线，不足 5m 拉通线，用钢直尺检查
6	接缝高低差	1.0	1.0	用钢直尺和塞尺检查

第三节 骨架隔墙工程的质量要求

板材隔墙工程质量控制适用于复合轻质墙板、石膏空心板、预制或现制的钢丝网水泥板等板材隔墙工程的质量验收。

板材隔墙工程的检查数量应符合下列规定：每个检验批应至少抽查 10%，并不得少于 3 间；不足 3 间时应全数检查。

一、板材隔墙工程质量的主控项目

(1) 隔墙板材的品种、规格、性能、颜色应符合设计要求。有隔声、隔热、阻燃、防潮等特殊要求的工程，板材应有相应性能等级的检验报告。检验方法：观察；检查产品合格证书、进场验收记录和性能检验报告。

(2) 安装隔墙板材所需预埋件、连接件的位置、数量及连接方法应符合设计要求。检验方法：观察；尺量检查；检查隐蔽工程验收记录。

（3）隔墙板材安装必须牢固。现制钢丝网水泥隔墙与周边墙体的连接方法应符合设计要求，并应连接牢固。检验方法：观察；手扳检查。

（4）隔墙板材所用接缝材料的品种及接缝方法应符合设计要求。检验方法：观察；检查产品合格证书和施工记录。

（5）隔墙板材安装位置应正确，板材不应有裂缝或缺损。检验方法：观察；尺量检查。

二、板材隔墙工程质量的一般项目

（1）板材隔墙表面应光洁、平顺、色泽一致，接缝应均匀、顺直。检验方法：观察；手摸检查。

（2）隔墙上的孔洞、槽、盒，应当位置正确、套切割吻合、边缘整齐。检验方法：观察。

板材隔墙安装的允许偏差和检验方法应符合表 8-2 的规定。

表 8-2　板材隔墙安装的允许偏差和检验方法

项次	项目	允许偏差/mm				检验方法
		复合轻质墙板		石膏空心板	钢丝网水泥板	
		金属夹芯板	其他复合板			
1	立面垂直度	2.0	3.0	3.0	3.0	用 2m 垂直检测尺检查
2	表面平整度	2.0	3.0	3.0	3.0	用 2m 靠尺和塞尺检查
3	阴阳角方正	3.0	3.0	3.0	4.0	用直角检测尺检查
4	接缝高低差	1.0	2.0	2.0	3.0	用钢直尺和塞尺检查

第四节　活动隔墙工程的质量要求

活动隔墙工程质量控制适用于各种活动隔墙工程的质量验收。活动隔墙工程的检查数量应符合下列规定：每个检验批应至少抽查 20%，并不得少于 6 间；不足 6 间时应全数检查。

一、活动隔墙工程质量的主控项目

（1）活动隔墙所用墙板、轨道、配件等材料的品种、规格、性能和人造木板甲醛释放量、燃烧性能应符合设计要求。检验方法：观察；检查产品合格证书、进场验收记录、性能检验报告和复验报告。

（2）活动隔墙轨道必须与基体结构连接牢固，并且位置应正确。检验方法：尺量检查；手扳检查。

（3）活动隔墙用于组装、推拉和制动的构配件必须安装牢固、位置正确，推拉必须安全、平稳、灵活。检验方法：尺量检查；手扳检查；推拉检查。

（4）活动隔墙的组合方式、安装方法应符合设计要求。检验方法：观察。

二、活动隔墙工程质量的一般项目

（1）活动隔墙表面应色泽一致、平整光滑、洁净，线条应顺直、清晰。检验方法：观察；手摸检查。

（2）活动隔墙上的孔洞、槽、盒，应当位置正确、套切割吻合、边缘整齐。检验方法：观察；尺量检查。

（3）活动隔墙推拉时应无噪声。检验方法：推拉检查。

（4）活动隔墙安装的允许偏差和检验方法应符合表 8-3 的规定。

表 8-3　活动隔墙安装的允许偏差和检验方法

项次	项目	允许偏差/mm	检验方法
1	立面垂直度	3.0	用 2m 垂直检测尺检查
2	表面平整度	2.0	用 2m 靠尺和塞尺检查
3	接缝直线度	3.0	拉 5m 线,不足 5m 拉通线,用钢直尺检查
4	接缝高低差	2.0	用钢直尺和塞尺检查
5	接缝的宽度	2.0	用钢直尺检查

第五节　玻璃隔墙工程的质量要求

玻璃隔墙工程质量控制适用于玻璃板、玻璃砖隔墙工程的质量验收。玻璃隔墙工程的检查数量应符合下列规定：每个检验批应至少抽查 20%，并不得少于 6 间；不足 6 间时应全数检查。

一、玻璃隔墙工程质量的主控项目

（1）玻璃隔墙工程所用材料的品种、规格、性能、图案和颜色应符合设计要求。玻璃板隔墙应使用安全玻璃。检验方法：观察；检查产品合格证书、进场验收记录和性能检验报告。

（2）玻璃板安装及玻璃砖砌筑方法应符合设计要求。检验方法：观察。

（3）有框玻璃板隔墙的受力杆件应与基体结构连接牢固，玻璃板安装橡胶垫位置应正确。玻璃板安装应牢固，受力应均匀。检验方法：观察；手推检查；检查施工记录。

（4）无框玻璃板隔墙的受力"爪件"应与基体结构连接牢固，"爪件"的数量、位置应正确，"爪件"与玻璃板的连接应牢固。检验方法：观察；手推检查；检查施工记录。

（5）玻璃板隔墙的安装必须牢固，玻璃板隔墙胶垫的安装应正确。检验方法：观察；手推检查；检查施工记录。

（6）玻璃门与玻璃墙板的连接、地弹簧的安装位置应符合设计要求。检验方法：观察；开启检查；检查施工记录。

（7）玻璃砖隔墙砌筑中埋设的拉结筋，必须与基体结构连接牢固，数量、位置正确。检验方法：手扳检查；尺量检查；检查隐蔽工程验收记录。

二、玻璃隔墙工程质量的一般项目

（1）玻璃隔墙表面应色泽一致、平整洁净、清晰美观。检验方法：观察。

（2）玻璃隔墙接缝应横平竖直，玻璃应无裂痕、缺损和划痕。检验方法：观察。

（3）玻璃板隔墙嵌缝及玻璃砖隔墙勾缝应密实平整、均匀顺直、深浅一致。检验方法：观察。

（4）玻璃隔墙安装的允许偏差和检验方法应符合表 8-4 的规定。

表 8-4　玻璃隔墙安装的允许偏差和检验方法

项次	项目	允许偏差/mm		检验方法
		玻璃砖	玻璃板	
1	立面垂直度	2.0	3.0	用 2m 垂直检测尺检查
2	表面平整度	—	3.0	用 2m 靠尺和塞尺检查
3	阴阳角方正	2.0	—	用直角检测尺检查
4	接缝直线度	2.0	—	拉 5m 线,不足 5m 拉通线,用钢直尺检查
5	接缝高低差	2.0	3.0	用钢直尺和塞尺检查
5	接缝的宽度	1.0	—	用钢直尺检查

第九章

隔墙与隔断工程的
质量问题与防治

　　隔墙系指建筑房屋中分室、分户的非承重分隔墙。隔墙种类繁多，发展迅速，它们共同的特点是向轻质板材和轻质砌块方向发展。根据现行国家标准《建筑装饰装修工程质量验收规范》（GB 50310—2001）中的规定，将轻质隔墙归纳为板材隔墙、骨架隔墙、活动隔墙和玻璃隔墙四种类型。

　　这些轻质隔墙的最大优点是：自重较轻，刚度较大，墙体厚度薄，设计灵活，施工简单，安装方便，拆除容易，造价较低，节省能源。

　　目前，在建筑装饰工程中常用的轻质隔墙有：石膏空心条板隔墙、加气混凝土条板隔墙、炉渣混凝土空心板隔墙、陶粒大孔板隔墙、GRC空心混凝土隔墙、超轻混凝土板隔墙、TZH轻质板隔墙、石膏复合板隔墙、预制混凝土板隔墙、木龙骨板材隔墙、石膏龙骨石膏板隔墙、轻钢龙骨石膏板隔墙、轻质砌块隔墙等。

　　根据现行国家标准《住宅装饰装修工程施工规范》（GB 50327—2001）中的规定，轻质隔墙的构造和固定方法应符合设计要求，轻质隔墙与顶棚和其他墙体的交接处应采取防开裂措施。

　　工程实践证明，由于隔墙都是非承重墙，一般都是在主体结构完成后，在施工现场进行安装或砌筑，因此隔墙板与结构的连接是工程质量的关键，必须将上部、中部和下部三个部位与结构主体连接牢固，它不仅关系到使用功能的问题，而且还关系到安全问题。至于隔墙板与板之间的连接，装修后易出现的各种质量通病，应当采取有效措施予以防范和治理，以保证隔墙工程的质量。

第一节　加气混凝土条板隔墙质量问题与防治

　　加气混凝土板材是用钙质和硅质材料作为基本原料，用铝粉作为引（发）气剂，经过混合、成型、蒸压养护等工序制成的一种多孔轻质板材，为增强板材的强度和抗裂性，板内配有单层钢筋网片。这种板材可用于工业与民用建筑非承重分户隔墙。

一、隔墙板与结构连接不牢

（一）质量问题

　　在加气混凝土条板安装完毕后，发现黏结砂浆涂抹不均匀、不饱满，板与板、板与主体结构之间有缝隙，稍用力加以摇晃有松动感。

（二）原因分析

（1）黏结砂浆质量不符合要求。主要表现在：砂浆原材料质量不好，水泥强度等级不高或过期，砂中含泥量超过标准，砂浆配合比不当或计量不准确；搅拌不均匀，或一次搅拌量过多，使用时间超过 2h，严重降低了黏结强度。

（2）黏结面处理不符合要求。主要表现在：黏结面清理不干净，表面上有妨碍黏结的浮尘、油污等；黏结面表面过于光滑，与砂浆不能牢固黏结在一起；在黏结面上砂浆涂抹不均匀、不饱满。

（3）加气混凝土条板本身过于干燥，在安装前没有进行预先湿润，造成很快将砂浆中的水分吸入体内，黏结砂浆因严重快速失水而强度大幅度下降。

（4）在加气混凝土条板的安装中，没有严格按照施工规范中要求的工艺去施工。

（三）防治措施

（1）采用正确的连接方法，这是确保连接牢固的根本措施。根据工程实践，加气混凝土条板上部与结构连接，有的靠顺板面预留角铁，可用射钉钉入顶板进行连接；有的靠黏结砂浆与结构连接，条板的下端先用经过防腐处理、宽度小于板面厚度的木楔顶紧，然后再填入坍落度不大于 20mm 的细石混凝土。如果木楔未经防腐处理，待板下端的细石混凝土硬化 48h 以上时撤除，并用细石混凝土填塞木楔孔。加气混凝土隔墙条板的连接如图 9-1 所示。

（2）加气混凝土条板上端在安装前，应用钢丝刷认真对黏结面进行清刷，将油污、浮尘、碎渣清理干净，用毛刷蘸水稍加湿润，把黏结砂浆涂抹在黏结面上，砂浆的厚度一般为 3mm，然后将板按设计线立于预定位置，用撬棍将板撬起，使板顶与顶板底面贴紧挤严，粘接应严密平整，并将挤出的黏结砂浆刮平、刮净，再认真检查一下砂浆是否饱满。

（3）严格控制黏结砂浆原材料的质量及设计配合比，达到材料优良、配比科学、计量准确的基本要求；黏结砂浆要随用随配，使用时间在常温下不得超过 2h。黏结砂浆参考配合比见表 9-1。

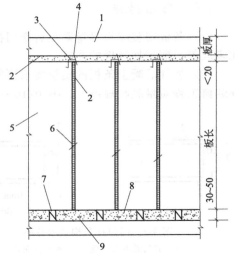

图 9-1　加气混凝土条板固定

1—顶板；2—黏结砂浆；3—预埋角铁；4—射钉；5—加气混凝土条板；6—斜向打入的铁销；7—对头木楔；8—细石混凝土；9—地面

表 9-1　黏结砂浆参考配合比

序号	配合比	序号	配合比
1	水泥∶细砂∶108 胶∶水＝1∶1∶0.2∶0.3	4	水泥∶108 胶∶珍珠岩粉∶水＝1∶0.15∶0.03∶0.35
2	水泥∶砂＝1∶3,加适量 108 胶水溶液	5	水玻璃∶磨细矿渣粉∶细砂＝1∶1∶2
3	磨细矿渣粉∶中沙＝1∶2 或 1∶3,加适量水玻璃		

（4）在加气混凝土板与板之间，在离缝上、下各 1/3 处，按 30°角打入铁销或铁钉，以加强隔墙的整体性和刚度。

（5）要做好成品保护工作。刚刚安装好的加气混凝土条板要用明显的标志加以提示，防止在进行其他作业时对其产生碰撞。尤其是用黏结砂浆固定的条板，在砂浆硬化之前，绝对不能对其产生扰动和振动。

二、抹灰面层出现裂缝

（一）质量问题

加气混凝土条板安装完毕并抹灰后，在门洞口上角及沿缝产生纵向裂缝，在管线和穿墙孔周围产生龟纹裂缝，在面层上产生干缩裂缝。这些裂缝均表现于饰面的表面，严重影响饰面的美观。

（二）原因分析

（1）门洞口上方的小块加气混凝土块，在两旁条板安装后才嵌入，条板两侧的黏结砂浆被加气混凝土块碰掉，使板缝间的黏结砂浆不饱满，抹灰后易在此处产生裂缝。

（2）由于抹灰基层处理不平整，使灰层厚薄不均匀，厚度差别较大时，在灰浆干燥硬化的过程中，则产生不等量的收缩，从而出现裂缝。

（3）由于计划不周或施工顺序安排错误，在抹灰完成后管线穿墙而需要凿洞，墙体由于受到剧烈冲击振动而产生不规则裂缝。

（4）在冬、春两季进行抹灰时，由于温度变化较大、风干收缩也较快，从而引起墙体出现裂缝。

（三）防治措施

（1）条板安装应当尽量避免后塞门框的做法，使门洞口上方小块板能顺墙面进行安装，以此来改善门框与加气板的连接。

（2）加气混凝土条板的质量要求要符合一般抹灰的标准，严格按照现行国家标准《建筑装饰装修工程质量验收规范》（GB50210—2001）中一般抹灰工程质量标准和检验方法进行施工。

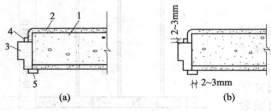

图 9-2　门口抹灰构造示意图
1—加气混凝土条板；2—板面抹灰；
3—门框；4—木压条；5—贴脸

（3）在挑选加气混凝土条板时，要注意选用厚薄一致、表面状况大致相同的板，并应控制抹灰的厚度，水泥珍珠岩砂浆不得超过5mm，水泥砂浆或混合砂浆不得超过10mm。

（4）要科学合理地安排施工综合进度计划，在墙面上需要进行凿洞、钻眼、穿管线工作，应当在抹灰之前全部完成，这样可避免对抹灰层产生过大的振动。

（5）为避免抹灰风干过快及减少对墙体的振动，在室内装修阶段应关闭门窗，加强养护和保护，减少碰撞和振动。

（6）改进门口的抹灰构造。图 9-2(a)的做法是门口抹灰与门框直接接触，门框在受到振动后，易造成抹灰层开裂脱落；如果使抹灰层与门框离开 2～3mm，如图 9-2(b)所示，门框受到振动不会撞击抹灰层，则抹灰层不易开裂脱落。

三、隔墙表面不平整

（一）质量问题

加气混凝土条板隔墙是由若干条板拼接而成，如果板材缺棱掉角，接缝处有错台，表面凹凸不平超过允许值，则出现隔墙表面不平整现象，影响隔墙的装饰效果。

（二）原因分析

（1）板材制作尺寸和形状不规矩，偏差比较大；或在吊运过程中吊具使用不当，损坏了板面和棱角。

（2）加气混凝土条板在安装时，因为位置不合适需要用撬棍进行撬动，由于未使用专用撬棍将条板棱角磕碰损伤。

（三）防治措施

（1）在加气混凝土条板装车、卸车和现场存放时，应采用专用吊具或用套胶管的钢丝绳轻吊轻放，运输和现场存放均应侧立堆放，不得叠层平放。

（2）在加气混凝土条板安装前，应当按照设计要求在顶板、墙面和地面上弹好墙板位置线，安装时以控制线为准，接缝要平顺，不得有错台。

（3）在条板进行加工的过程中，要选用加工质量合格的机具，条板的切割面应平整垂直，特别是门窗口边侧必须保持平直。

（4）在加气混凝土条板安装前，要认真进行选板，如有缺棱掉角的、表面凹凸不平的，应用与加气混凝土材性相同的材料进行修补，未经修补的条板或表面有酥松缺陷的板，一律不得用于隔墙工程。

（5）在加气混凝土条板安装中，如果位置不合适需要移动时，应当用带有横向角钢的专用撬棍，以防止对条板产生损坏。

四、门框固定不牢

（一）质量问题

在加气混凝土条板固定后，门框与加气混凝土条板间的塞灰，由于受到外力振动而出现裂缝或脱落，致使门框松动脱开，久而久之加气混凝土条板之间也会出现裂缝。

（二）原因分析

（1）由于采用后塞灰的方法安装门框，容易造成塞灰不能饱满密实，再加上抹完黏结砂浆后未及时钉钉子，已凝结的砂浆被振动开裂，从而失去其挤压固定作用，使门框出现松动现象。

（2）刚安装完毕的门框或条板，未能进行一定时间的养护和保护，在砂浆尚未达到强度前受到外力碰撞，使门框产生松动。

（三）防治措施

（1）在加气混凝土条板安装的同时，应按照设计安装顺序立好门框，门框和板材应采用粘钉结合的方法进行固定。即预先在条板上，门框上、中、下留木砖的位置，钻上深为100mm、直径为25～30mm的洞，将洞内渣沫吹干净，用水湿润后将相同尺寸的圆木蘸上108胶水泥浆钉入洞眼中，安装门窗框时将木螺丝拧入圆木内，也可以用扒钉、胀管螺栓等方法固定门框。

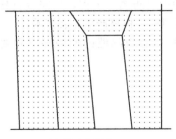 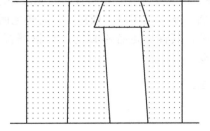 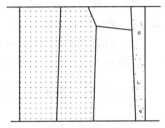

(a) 倒八字构造　　　　(b) 正八字构造　　　　(c) 一侧为钢筋混凝土柱构造

图 9-3　加气混凝土条板隔墙门窗洞口过梁处理方法

（2）隔墙门窗洞口处的过梁，可用加气混凝土板材按具体尺寸要求进行切割，加气混凝土隔墙门窗洞口过梁的处理，可分为倒八字构造、正八字构造和一侧为钢筋混凝土柱构造，如图9-3所示。

（3）如果门框采取后塞口方法进行固定，门框四周余量不超过10mm。

（4）在门框塞入灰浆和抹黏结砂浆后，要加强对其进行养护和保护，尽量避免或减少对墙体的振动，待达到设计强度后才可进行下一工序的施工。

（5）采用后塞口方法固定门框，所用的塞灰收缩量要小、稠度不得太稀，塞填一定要达到饱满密实。

第二节　石膏空心板隔墙质量问题与防治

石膏空心板隔墙在建筑装饰工程中常见的有四种，即石膏珍珠岩空心板、石膏硅酸盐空心板、磷石膏空心板和石膏空心板。这些石膏空心板具有质量轻、强度高、隔声、隔热、防火等优良性能，可以进行锯、刨、钻加工。这是在隔墙工程中提倡应用的一种板材。

一、板材受潮，强度下降

（一）质量问题

由于石膏空心板主要是以石膏为强度组分，构造上又都是空心的，所以这种板材吸水比较快，受潮后强度降低十分明显，如珍珠岩石膏空心板浸水2h，饱和含水率为32.4%，其抗折强度将下降47.4%。如果长期受潮，墙板很容易出现破坏。

（二）原因分析

（1）石膏空心板在厂家将产品露天堆放受潮，或在运输途中和施工现场未覆盖防潮用具而受潮。

（2）由于工序安排不当，使石膏空心板受潮；或受潮的板材没有干透就急于安装，并进行下一道工序，使板内水分不易蒸发，导致板材强度严重下降。

（三）处理方法

（1）当石膏空心板已安装完毕，安装又符合质量标准，且受潮的条板变形不大时，可以加强通风，保持环境干燥，使板内水分蒸发。如在干燥中有干缩变形时，应及时加以纠正，待水分基本蒸发后再做好抹灰工程。

（2）当石膏空心板已安装完毕，但因为受潮出现较大的变形、弯曲等现象，又无法进行纠正时，必须返工更换合格的条板重新安装。

（四）预防措施

（1）石膏空心板在制造、运输、贮存和现场堆放中，都必须将防止石膏空心板潮湿当作一项重要任务，必须采取切实可行的防雨和地面防潮措施。

（2）石膏空心板的安装工序要科学安排、合理布置，要先做好地面（防潮）工程，后安装石膏空心板，板材的底部要用对拔楔将其垫起，用踢脚板夹封，防止地面潮气对板材产生不良影响。

（3）石膏空心板材品种很多，其性质也各不相同，要根据石膏空心板隔墙的使用环境和要求，正确选择合适的石膏空心板。

二、条板与结构连接不牢

（一）质量问题

由于石膏空心板与楼底板、承重墙或柱、地面局部连接不牢固，从而出现裂缝或松动现象，不仅影响隔墙的美观，而且影响隔墙的使用。

（二）原因分析

（1）石膏空心板的板头不方正，或采用下楔法施工时，仅在板的一面用楔，而与楼板底面接缝不严。

（2）石膏空心板与外墙板（或柱子）粘接不牢，从而出现裂缝。

（3）在预制楼板或地面上，没有进行凿毛处理或清扫工作不彻底，致使不能牢固粘接。另外，板下填塞的细石混凝土坍落度过大、填塞不密实，也会造成墙板与地面连接不牢。

（三）处理方法

（1）石膏空心板与结构连接不牢，原因不止以上几条，另外还有很多。因此，出现条板与结构连接不牢后，应当查明原因，针对实际情况进行处理。

（2）在一般情况下，如果条板与承重墙之间出现缝隙，可以用1：1水泥砂浆将两侧裂缝处填嵌密实，经过一定时间（常温情况下一般不少于7d）的湿养护硬化后，再在缝隙中灌注水泥浆。

（3）当条板底面与地面接触不良时，要剔除板底酥松的细石混凝土，用两对对拔楔（如图9-4所示）楔紧后，再用干硬性细石混凝土填嵌密实。

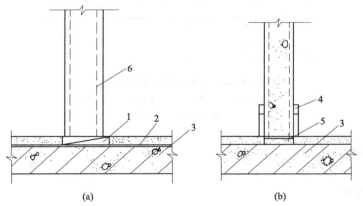

图9-4　条板与地面的连接
1—对拔楔；2—地面面层；3—地面结构层；4—踢脚板；
5—细石混凝土；6—空心条板

（四）预防措施

（1）在进行条板切割时，要按照规定划线找方正，确保底面与地面、顶面与楼板底面接触良好。

（2）在使用下楔法立条板时，要在板宽两边距50mm处各设一组木楔，使条板均匀垂直向上挤严粘实，如图9-5（a）所示。

（3）条板安装后要进行检查，对于不合格的应及时纠正，其垂直度应控制在小于5mm，平整度小于4mm。然后将板底和地面扫刷干净，洒水进行湿润，用配合比为水：水泥：中砂：细石＝0.4：1：2：2的细石混凝土填嵌密实，如图9-5（b）所示，稍收水后分两次压实，湿养护时间不少于7d。

（4）条板与承重墙的连接处，可以采取以下措施进行处理。划好条板隔墙的具体位置，用垂线弹于承重墙面上；弹线范围内的墙面用水泥砂浆（水泥：水＝1：2.5）粉抹平整，经湿养护硬化后再安装条板。墙面与板侧面接触处要涂刷一层胶黏剂，条板与墙面要挤密实（如图9-6所示）。

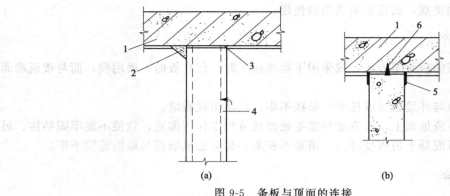

图 9-5　条板与顶面的连接

1—顶层；2—靠条；3—黏结剂；4—条板；

5—"∩"形钢板；6—射钉或膨胀螺栓

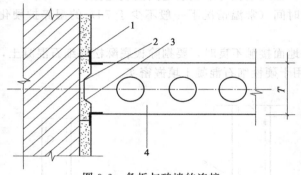

图 9-6　条板与砖墙的连接

1—用玻纤网格布增强；2—墙与板涂胶黏剂；

3—砖墙抹灰；4—条板

三、条板安装后出现板缝开裂

（一）质量问题

在相邻两块条板的接缝处，有时会出现两道纵向断续的发丝裂缝，不仅影响隔墙表面的美观，而且影响隔墙的整体性。

（二）原因分析

（1）条板制作完毕后，贮存期不足 28d，其收缩尚未完全结束，在安装后由于干缩而出现板缝开裂。

（2）由于勾缝材料选用不当，如石膏空心板使用混合砂浆勾缝，因两种材料的收缩性不同，而出现板缝开裂。

（3）条板拼板缝不紧密或嵌缝不密实，也会产生收缩裂缝。

（三）处理方法

（1）将条板裂缝处刨出宽 40mm、深度 4mm（如图 9-7 所示）的槽，并扫刷干净，然后刷 108 胶溶液（108 胶∶水＝1∶4）一遍，抹聚合物水泥浆（108 胶∶水∶水泥＝1∶4∶10）一遍，再贴上一条玻璃纤维网格布条，最后用聚合物水泥浆刮抹同板面平齐。

（2）也可将条板开裂处刨成深6mm的"V"形缝，在缝中填嵌与条板色泽相同的柔性密封胶。

（四）预防措施

（1）条板制作后要在厂家贮存28d以上，让其在充足的时间内变形，安装后再让其干燥收缩，然后再进行嵌缝。

（2）正确进行条板接缝的处理。将条板接缝的两侧扫刷干净，刷上一遍108胶水溶液，抹聚合物水泥浆进行拼接；板缝两侧刨出宽40mm、深4mm的槽（如图9-7所示）；在槽内刷一遍108胶水溶液，抹厚度为1mm的聚合物水泥浆；然后将裁好的玻璃纤维网格布条贴在槽中，再用聚合物水泥浆刮抹与板面平齐。

（3）在进行"T"形条板接缝时，在板面弹好单面安装控制线，将接缝的板面扫刷干净；在板面与板侧处刷一遍108胶水溶液，再抹聚合物水泥浆拼接密实。当条板产生收缩裂缝时，在两侧的阴角处抹一遍聚合物水泥浆，再贴玻璃纤维网格布（如图9-8所示。）

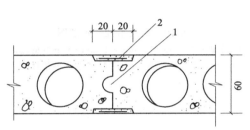

图9-7　条板板缝开裂的处理
1—用聚合物水泥浆接缝；2—用水泥
浆批刮，中间贴玻璃纤维网格布

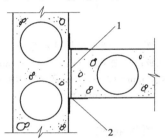

图9-8　"T"形条板接缝的处理
1—聚合物水泥浆；2—聚合物水
泥浆与玻璃纤维网格布

（4）采用嵌密封胶法也可以预防板缝开裂。即板缝在干燥后，沿垂直缝刨成深度为6mm的"V"形槽，扫刷干净后嵌入与条板相同颜色的柔性密封胶。

四、搁板承托件及挂件松动

（一）质量问题

条板隔墙上的搁板承托件及有关挂件出现松动或脱落质量问题。

（二）原因分析

（1）采用粘接方法固定的搁板承托件和挂件，因板材过于松软，抗拉和抗剪强度较低，负荷后易产生松动或脱落。

（2）安装承托件和挂件的方法不当，如有的所用螺钉规格偏小，有的打洞位置不合适，与孔板的孔壁接触面少，常造成受力后产生松动或脱落。

（三）处理方法

（1）将已产生松动和脱落的承托件及挂件拆除，选择在条板孔与孔之间的肋上打圆孔，其直径为50mm，深度为50～80mm。将干燥的红松木刨成直径45mm的圆木，长度与孔深相同，圆木涂上108胶液，再涂上一层聚合物水泥浆，轻轻打入孔中。孔的周围用水泥浆修补抹压密实。待凝固后，钻一小孔拧上木螺丝，在木螺丝上连接铁板或角钢等（如图9-9

所示）。

（2）除按以上方法处理外，也可在条板上打孔，在孔中埋设钢板吊挂件，再用配合比为 1∶2（水泥∶砂）水泥砂浆填嵌密实（如图 9-10 所示）。

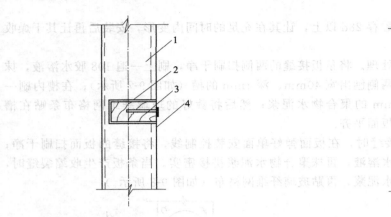

图 9-9　圆木吊挂件示意图

1—条板；2—圆孔[50mm×(50~80)mm]
和圆木[45mm×(50~80)mm]；3—木螺丝钉；
4—吊挂铁件

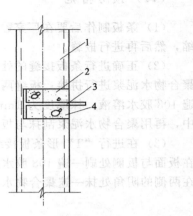

图 9-10　钢板吊挂件示意图

1—条板；2—(50~80)mm×40mm×90mm 的孔；
3—钢板水平吊挂件；4—用 1∶2 水泥砂浆封嵌

（四）预防措施

（1）采用粘接方法固定搁板承托件及挂件时，应当选用比较坚硬及抗拉和抗剪强度较高的板材，以防止负荷后产生松动现象。

（2）安装搁板承托件和挂件应采用正确的方法，一是打洞的位置要准确，二是固定所用的螺栓规格要适宜，千万不要偏小。

五、门侧条板面出现裂缝

（一）质量问题

在门扇开启的一侧出现弧形裂缝，但这种裂缝很不规则，长短不一，有的甚至使板材出现贯通裂缝而被破坏。

（二）原因分析

（1）石膏空心条板板侧强度与密实性均比较差，条板的厚度不够；或与门框连接节点达不到标准，受门的开闭频繁振动而产生裂缝。

（2）有的门扇开关的冲击力过大，特别是具有对流条件的居室门，在风压力和风吸力的作用下，其冲击力更大，强烈的振动引起门侧条板面出现裂缝。

（三）处理方法

（1）当门边条板裂缝比较严重时，用切割机将条板竖向割开，宽度在 250~300mm 之间，改成柱式边框，再配上 4 根直径大于 10mm 的钢筋，上、下都要进行锚固。将门框连接件嵌入钢筋中间，立好模板，灌注强度等级为 C20 的混凝土，并插捣密实，在湿润条件下养护 28d 以上。

（2）当木门边条板有裂缝时，用宽度大于 100mm 的方木，方木的长度应为层高，将条板裂缝按木材厚度切割，将方木紧靠门框外侧安装，上下进行固定，再将门框与方木钉牢。

（四）预防措施

（1）应认真研究门边加强的条件，从而改善门框与条板的连接件。

（2）针对隔墙的实际运用情况，选用抗冲击、韧性好的条板，特别应注意条板的强度和密实性一定要满足要求。

（3）在条板安装后，要加强对成品的保护，防止因较大的冲击力而产生变形和损坏。

六、门框与结构固定不牢

（一）质量问题

由于门框与结构固定不牢，门框出现松动和脱开，隔墙出现松动摇晃，有的呈现出倾斜，有的产生裂缝，严重者影响使用。

（二）原因分析

（1）隔墙边框与结构主体固定不牢固，立撑、横撑没有和边框很好连接。

（2）门框骨架的龙骨尺寸偏小，材料质量较差，不能满足与结构连接的需要。

（3）门框下槛被断开，固定门框的竖筋断面尺寸偏小，或者门框上部没有设置"人"字撑。

（4）安装工序安排不当，致使边框没有固定牢固。

（三）处理方法

（1）首先查明产生松动和脱开的原因，及时进行补强加固。如果边框（包括上下左右的边框）与主体固定不牢，可用补钻法增设膨胀螺钉或射钉法补强；或者更换、增设竖撑、横撑。

（2）当门框产生松动和脱开时，应当拆除门框，增设全长的竖撑，扩大连接的断面（上与顶板或顶梁、下与楼板面固定牢固），再与门框连接牢固，并在门框上梃用"人"字撑钉牢。

（四）预防措施

（1）上下横框要与顶面、地面固定牢固。如果两端为砖墙时，上下横框要伸入墙体不得少于 120mm，伸入的部分应当进行防腐处理，并确实固定牢固；如果两端为混凝土柱或墙时，应预埋木砖或预埋件固定。如无预埋件，可用射钉、钢钉、膨胀螺栓等方法进行连接，或用高分子胶黏剂粘牢。

（2）木龙骨规格不宜太小，一般不应小于 40mm×70mm，木龙骨的材质要符合设计要求。凡是有腐朽、劈裂、扭曲、多节疤的木材不得用于主龙骨；木材的含水率不得大于 12%。

（3）正确掌握木龙骨的安装顺序。一般应按照先下横楞、上横楞，再左右靠墙立竖楞的顺序安装木龙骨，竖楞要和预埋木砖钉牢，中间空隙要用木片垫平。无木砖时用膨胀螺栓固定，也可在砖缝中扎木楔钉牢。然后再立竖龙骨，划好间距，上下端顶紧横楞，校正好垂直度，用钉斜向钉牢。

（4）遇有门框因下横楞在门框外边断开的情况，门框两边要用优质木材加大截面，伸入地面以下 30mm，上面与梁、板底顶牢的竖楞，以及楞与门框钉牢，或用对销螺栓拧牢，门框上梃要用"人"字撑钉牢。

第三节　预制钢筋混凝土板隔墙质量问题与防治

预制钢筋混凝土板采用成组立模设备制作的钢筋混凝土薄板，在建筑工程隔墙中常用的有矩形、Ⅱ形、Γ形和回字形等。这种材料的板材具有强度较高、防水性好、耐蚀性强、施工方便等优点，是近几年迅速推广应用的墙体材料。

一、预制钢筋混凝土板出现板缝开裂

（一）质量问题

在隔墙板安装完毕后，隔墙板与顶板之间、隔墙板与隔墙板之间、隔墙板与侧面墙体连接处，因勾缝砂浆粘接不牢，出现板缝开裂，不仅影响隔墙表面美观，而且影响隔墙的整体性和使用。

（二）原因分析

（1）预制钢筋混凝土隔墙板设计的构造尺寸不当，由于施工中造成误差，墙体混凝土标高控制不准确，有的隔墙上口顶住楼板，需要进行剔凿；有的隔墙则上口不到楼板，造成上部缝隙过大；结构墙体位置偏差较大，造或隔墙板与墙体间缝隙过大等。以上均可能出现板缝开裂。

（2）在预制钢筋混凝土隔墙板的生产中，由于工艺较差、控制不严，出现尺寸误差过大，造成隔墙板与顶板、隔墙板与墙体间的缝隙过大或过小。

（3）勾缝砂浆配合比不当、计量不准确、搅拌不均匀、强度比较低，均可以产生板缝开裂；如果缝隙较大，没有分层将勾缝砂浆嵌入密实，或缝隙太小不容易将勾缝砂浆嵌入密实；勾缝砂浆与顶板或与结构墙体粘接不牢，均可以出现板缝开裂。

（三）防治措施

（1）准确设计和制作隔墙板，确保板的尺寸精确，这是避免或减少出现板缝开裂的基本措施。在一般情况下，隔墙板的高度以按房间高度净空尺寸预留 2.5cm 空隙，隔墙板与墙体间每边预留 1cm 空隙为宜。

（2）预先测量定线、校核隔墙板尺寸，努力提高施工精度，保证标高及墙体位置准确，使隔墙板形状无误、尺寸准确、位置正确、空隙适当、安装顺利。

（3）采用适宜的勾缝砂浆和正确的勾缝方法，确保勾缝的质量。勾缝砂浆宜采用配合比为 1:2（水泥:细砂）的水泥砂浆，采用的水泥强度等级不得小于 32.5MPa，并按用水量的 20% 掺入 108 胶。勾缝砂浆的流动性要好，但不宜太稀。勾缝砂浆应当分层嵌入捻实，勾严抹平。

（4）要加强对已完成隔墙成品的保护。在勾缝砂浆凝结硬化的期间，要满足其硬化时所需要的温度和湿度，要特别加强其初期的养护。在正式使用前，不能对隔墙产生较大的振动和碰撞。

二、预埋件移位或焊接不牢

（一）质量问题

由于种种原因结构墙体或隔墙板中的预埋件产生移位，焊件中的焊缝高度和厚度不足，而产生焊接不牢。

（二）原因分析

（1）预埋件没有按照规定的方法进行固定，仅用铅丝简单绑扎，在其他因素的影响下，则可产生移位；当墙体浇筑混凝土时，振捣不当，埋件也会产生移位。

（2）预埋件产生移位后，用钢筋头进行焊接，焊缝高度和厚度不符合要求，从而造成焊接不牢。

（3）预埋件构造设计或制作不合理，在浇筑混凝土时预埋件产生移位。

（三）处理方法

（1）当预埋件移位不太大时，可以另加钢板或钢筋头焊接，并要求焊接后不得凸出混凝土隔墙板的外皮。

（2）当预埋件移位较大时，可在墙体的相应位置进行打孔，用108胶水泥砂浆把预埋件埋入墙体内，再与隔墙板预埋件焊接牢固。

（四）预防措施

（1）预制钢筋混凝土隔墙板与结构墙体、隔墙板之间的预埋件位置必须准确，并按照设计或焊接规范要求焊接牢固。隔墙板与结构墙体的连接如图9-11所示，隔墙板与隔墙顶部的连接如图9-12所示。

（2）在浇筑完墙体混凝土后，在墙体的相应位置进行打眼，用108胶水泥砂浆把预埋件埋入墙体内，这是一种简单易行、能确保预埋件位置准确的好方法，但对于结构墙体有一定的损伤。

（3）隔墙板上的预埋件应制作成如图9-13所示的形状，预埋件的高度应为墙板的厚度减去保护厚度，这种形状的预埋件在浇筑混凝土时不会产生移位。

（4）精心设计，精心施工，每个环节都应加强责任心，特别是焊缝的高度、长度和宽度，一定要按照设计的要求去做。

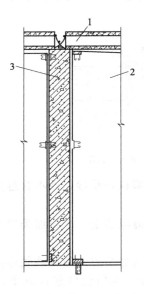

图9-11　隔墙板与结构墙体的连接

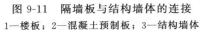

1—楼板；2—混凝土预制板；3—结构墙体

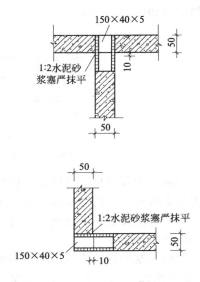

图9-12　隔墙板与隔墙顶部的连接

三、门框固定不牢靠

（一）质量问题

预制钢筋混凝土安装后，出现门框边勾缝砂浆有断裂、脱落现象，甚至因门的松动使整个墙面的连接处出现裂缝。

图 9-13 隔墙板预
埋件的形状

（二）原因分析

（1）预留木砖原来含水率较高，经过一段时间干燥产生收缩，从而造成松动；在安装门扇后，关闭碰撞造成门口松动。

（2）门口预留洞口的尺寸余量过大，自然形成门框两边缝隙过大，勾缝砂浆与混凝土墙粘接不好；或者黏结砂浆强度等级太低，配合比设计不当，砂浆原材料不良，当门扇碰撞振动时会造成勾缝砂浆的断裂、脱落。

（三）处理方法

当门口松动，门框两边勾缝砂浆断裂、脱落时，应当将门框两边的勾缝砂浆剔除干净，剔出墙体钢筋与门框上钉的钉子点焊处，用配合比为 1：2（水泥：砂，108 胶按用水量的 80%～90% 掺入）的水泥砂浆将门框缝分层捻实，勾严抹平。

（四）预防措施

（1）在一般情况下，门框与结构墙体应采用预埋件连接固定的方法，而不能单纯靠水泥砂浆进行固定。

（2）对于质量要求较高的隔墙工程，应当采用门框的改进固定方法。可在隔墙板门洞的上、中、下三处预埋铁件（预埋件外皮与混凝土板外皮平齐），木门框的相应位置用螺钉固定扁铁（扁铁卧进门框内，扁铁外皮与门框外皮平齐），安装门框后，将隔墙板预埋件与门框上的扁铁焊牢（如图 9-14 所示）。

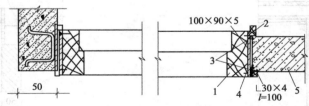

图 9-14 门框的改进固定方法
1—门框；2—压条；3—电焊；4—螺钉；5—混凝土预制板

（3）门洞口的预留尺寸要适宜，应使勾缝砂浆与混凝土墙良好粘接，既不要过大，也不能太小，工程实践证明，以门框两边各留 1cm 缝隙为宜。

（4）门框处应设置压条或贴脸，将门框与隔墙板相接的缝隙盖上，既增加美观性，又保护缝隙（如图 9-14 所示）。

（5）严格控制勾缝砂浆的质量，以确保勾缝砂浆与墙板的黏结力。勾缝砂浆应当采用配合比为 1：2 的水泥砂浆，并掺入用水量 80%～90% 的 108 胶。在勾缝砂浆拌制中，计量要准确，搅拌要均匀，配制后要在 2h 内用完。勾缝砂浆应当分层捻实，勾严抹平。

（6）如果原设计不理想，门框边缝隙在 3cm 以上，则需要在缝内加一根直径为 6mm 的立筋，并与预埋件点焊，用细石混凝土捻实，勾严抹平。细石混凝土中应掺加用水量20％的108胶，以增加其黏结强度。

四、隔墙板断裂、翘曲或尺寸不准确

（一）质量问题

预制钢筋混凝土隔墙板出现断裂，一般在5cm厚的隔墙板中发生较多；5cm厚隔墙板中的"刀把板"易在中部产生横向断裂；质量低劣的隔墙板在安装后出现表面不平整，或发生翘曲。这些质量问题，既影响美观，又影响使用，甚至造成破坏。

（二）原因分析

（1）在一般情况下，厚度为5cm的隔墙板常采用单层配筋，构造不合理，本身刚度差，当采用台座生产，在吊离台座时薄弱部位容易产生裂缝，尤其是"刀把板"中部易产生横向断裂。

（2）如果厚度为5cm的隔墙板采用双向$\phi4$圆钢间距120～150mm的配筋，由于墙的厚度较小，面积较大，刚度较差，也容易出现断裂现象。

（3）钢筋混凝土隔墙板在加工制作中不精心，结果造成尺寸不准确，板面发生翘曲，安装后墙面不平整。

（三）防治措施

（1）采用台座生产的预制钢筋混凝土隔墙板的厚度，至少应在7cm以上，只有在采用成组立模立式生产时，预制隔墙板的厚度才可采用5cm。

（2）钢筋混凝土隔墙板宜采用双向直径为4mm、间距为200mm双层点焊网片，这样虽然增加了钢筋的用量，但大大加强了板的刚度，避免在生产、运输和施工中出现折断。

（3）提高预制隔墙板加工质量，搞好混凝土配合比设计和配筋计算，保证构件的尺寸准确。采用台座法生产时，必须待构件达到规定强度后再吊离台座，避免构件产生裂缝和翘曲。

（4）预制钢筋混凝土隔墙板的强度等级一般不得低于C20，采用的水泥强度等级不宜低于32.5MPa，并应采用抗裂性良好的水泥品种。

（5）由于钢筋混凝土隔墙板是一种薄壁板，其抗折和抗剪强度较低，如果放置方式不当，很容易产生裂缝、翘曲和变形，所以应当采用架子进行立放。

第四节　陶粒无砂大孔板隔墙质量问题与防治

陶粒无砂大孔隔墙板是以陶粒、陶砂和水泥为主要原料，经过搅拌、成型、振捣、养护等工序制成的轻质隔墙板。这种隔墙板具有质量较轻、隔声性好、防火隔热等优良性能。由于其自重较轻，因此可制作多层和高层住宅的厨房、卫生间、阳台及居室隔断墙。

一、隔墙板与结构连接不牢

（一）质量问题

陶粒无砂大孔隔墙板与结构连接不牢，主要表现在隔墙板与顶板、隔墙板与地面、隔墙板之间粘接不牢，出现裂缝。

（二）原因分析

隔墙板的顶面不方正，或采用木背楔法安装时，没有使用对头楔子，使隔墙板与顶板间产生侧面缝隙；隔墙板侧面不平整或板面尺寸过小而使板间粘接不牢。

（三）防治措施

（1）严格控制隔墙板的形状和尺寸，做到四面方正、尺寸准确，尤其在制作过程中，一定要认真检查模板的形状和尺寸是否符合设计要求。

（2）严格控制黏结材料的质量及配合比，并做到随用随配，保证在 2h 内用完。黏结砂浆的配合比为：水泥∶108 胶∶砂＝1∶1∶3。

（3）在隔墙板安装时用毛刷蘸上清水稍加湿润，把黏结砂浆涂抹在拼接面上，厚度约3mm 左右，拼接应严密平整，并随即将挤出的胶黏剂刮平刮净。

（4）在隔墙板的下部，宜用 C15～C20 干硬性细石混凝土填塞密实；没经防腐处理的楔子应抽出。

（5）刚安装好的隔墙板要防止碰撞和振动，加强对成品的保护。对黏结砂浆和细石混凝土要进行湿养护，养护时间一般不得少于 7d。

二、门框固定不牢固

（一）质量问题

陶粒无砂大孔隔墙板安装完毕后，经过一定时间则出现门框松动、灰缝脱落等质量问题，严重影响隔墙的使用。

（二）原因分析

产生门框松动的主要原因，由于板材断面尺寸较小，本身刚度不足，再加上预留木砖收缩产生松动，在施工中又未采取有效的加固措施，从而造成门框固定不牢。

（三）防治措施

（1）预留木砖上的钉子应与板内钢筋焊接在一起，每侧不得少于 4 个。

（2）门框两侧每边的缝隙应适宜，一般为 0.8～1cm；如果缝隙大于 1cm 而小于 2cm 时，应附加一根直径 6mm 的立筋，并用高强度砂浆（掺入 10% 的 108 胶）填实；当缝的宽度超过2cm，除附加一根直径 6mm 的立筋外，还应用细石混凝土填实。

三、墙面不平整

（一）质量问题

陶粒无砂大孔隔墙板安装后，发现板材接缝处高低不平，缝隙宽度不一致，立缝倾斜；表面凹凸不平超过规范允许的偏差值，从而造成墙面不平整。

（二）原因分析

出现墙面不平整的原因，主要有以下两个方面：一是隔墙板本身形状和尺寸不规矩；二是安装方法不正确。

（三）防治措施

（1）合理选配板材，板材要方正平整，将厚度误差大、形状不规则、表面不平整的条板挑出，不用于大面积的安装，而用于门口上或窗口下作为短板使用。

（2）在进行隔墙板安装时采用简易支架，即按放线位置在墙的一侧支一个简单的木排架，其两根横杠应在一垂直平面内，作为放置隔墙板的靠架，以保证墙体的平整度，也可以防止墙板产生倾倒。

第五节　木龙骨木板材隔墙质量问题与防治

木龙骨木板材隔墙是以木方为骨架，两侧面用纤维板、刨花板、木丝板、胶合板等作为墙面材料组成的轻质隔墙，可以广泛用于工业与民用建筑非承重分隔墙。

一、墙面粗糙，接头不严

（一）质量问题

龙骨装订板的一面未刨光找平，板材厚薄不均匀，或者板材受潮后变形，或者木材松软产生边楞翘起，从而造成墙面显得粗糙、凹凸不平。

（二）原因分析

（1）木龙骨的含水率过大，超过规范规定的12％，在干燥后产生过大变形，或者在室内抹灰时龙骨受潮变形，或者施工中木龙骨被碰撞变形未经修理就铺钉面板，以上这些均会造成墙面粗糙、接头不严。

（2）施工工序发生颠倒，如先钉面板后进行室内抹灰，由于室内水分增大，使钉好的面板受潮，从而出现边楞翘起、脱层等质量问题。

（3）在选择面板时没有考虑防水防潮，表面比较粗糙又未再认真加工，板材厚薄不均匀，也未采取补救措施，铺钉到木龙骨上后则出现凹凸不平、表面粗糙现象。

（4）钉板的顺序颠倒，应当按先下后上进行铺钉，结果因先上后下压力变小，使板间拼接不严或组装不规格，从而造成表面不平整。

（5）在板材钉铺完毕修整时，由于铁冲子过粗，冲击时用力过大，结果造成因面板钉子过稀，钉眼冲得太大，造成表面凹凸不平。

（三）防治措施

（1）要选择优质的材料，这是保证木龙骨木板材隔墙质量的根本。龙骨一般宜选红白松木，含水率不得大于12％，并应做好防腐处理。板材应根据使用部位选择相应的面板，面板的质量应符合国家的有关规定，对于选用的纤维板需要进行除湿处理。面板的表面应当光滑，当表面过于粗糙时，应用刨子净一遍。

（2）所有木龙骨铺钉板材的一面均应刨光，龙骨应严格按照控制线进行组装，做到尺寸一致，找方找直，交接处要十分平整。

（3）安排工序时要科学合理，先钉龙骨后再进行室内抹灰，最后待室内湿度不大时再钉板材。在铺钉板材之前，应认真进行检查一遍，如果龙骨发生干燥变形或被碰撞变形，应修理后再铺钉面板。

（4）在铺钉面板时，如果发现面板厚薄不均匀，应以厚板为准，在薄板背面加以衬垫，但必须保证垫实、垫平、垫牢，面板的正面应当刮直刨平。

（5）面板铺钉应从下面一个角开始，逐块向上钉设，并以竖向铺钉为好。板与板的接头宜加工成坡愣，如为留缝做法，面板应当从中间向两边由下而上铺钉，接头缝隙以 5～8mm 为宜，板材分块大小要按照设计要求，拼缝应位于木龙骨的立筋或横撑上。

（6）修整钉子的铁冲子端头应磨成扁头，并与钉帽大小一样，在铺钉前钉帽预先砸扁（对纤维板不必砸扁），顺木纹钉入面梢内 1mm 左右，钉子的长度应为面板厚度的 3 倍。钉子的间距不宜过大或过小，纤维板一般为 100mm，其他板材为 150mm。钉木丝板时，在钉帽下应加镀锌垫圈。

二、隔墙与结构或骨架固定不牢

（一）质量问题

隔墙在安装完毕后，门框产生松动脱开，隔墙板产生松动倾斜，不仅严重影响表面美观，而且严重影响其使用。

（二）原因分析

（1）门框的上下槛和主体结构固定不牢靠，立筋横撑没有与上下槛形成一个整体，因此，只要稍有振动和碰撞，隔墙就会出现变形或松动。

（2）选用的木龙骨的断面尺寸太小，不能承受正常的设计荷载；或者木材材质太差，有斜纹、节疤、虫眼、腐朽等缺陷；或者木材含水率超过 12%，在干缩时很容易产生过大变形。

（3）安装顺序和方法不对，先安装了竖向龙骨，并将上下槛断开，不能使木龙骨成为一个整体。

（4）门口处的下槛被断开，两侧立筋的断面尺寸未适当加大，门窗框上部未加钉人字撑，均能造成隔墙与骨架固定不牢。

（三）防治措施

（1）上下槛一定要与主体结构连接牢固。如果两端为砖墙时，上下槛插入砖墙内的长度不得少于 12cm，伸入部分应当进行防腐处理；如果两端为混凝土墙柱，应预留木砖，并应加强上下槛和顶板、底板的连接，可采取预留铅丝、螺栓或后打胀管螺栓等方法，使隔墙与结构紧密连接，形成一个整体。

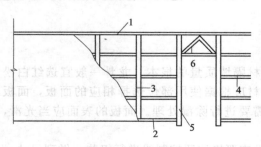

图 9-15　板材隔墙构造图

1—上槛；2—下槛；3—立筋；4—横撑；
5—通天立筋；6—人字撑

（2）对于木龙骨的选材要严格把关，这是确保质量的根本。对于凡有腐朽、劈裂、扭曲、节疤、虫眼等疵病的木材不得使用，作为木板材隔墙木龙骨的用料尺寸，应不小于 40mm×70mm。

（3）合理的龙骨安装顺序，一般应先下槛、后上槛、再立筋，最后钉水平横撑。立筋的间距一般掌握在 40～60cm 之间，安装一定要垂直，两端顶紧上下槛，用钉子斜向钉牢。靠墙立筋与预留木砖的空隙应用木垫垫实并钉牢，以加强隔墙的整体性。

（4）如果遇到有门口时，因下槛在门口处被断开，其两侧应用通天立筋，下端应卧入楼板内嵌实，并应加大其断面尺寸至 80mm×70mm，或将 2 根 40mm×70mm 的方术并用。在门窗框的上部加设人字撑，如图 9-15 所示。

三、木板材隔墙细部做法不规矩

（一）质量问题

隔墙板与墙体、顶板交接处不直不顺，门框与面板不交圈，接头不严密不顺直，踢脚板出墙不一致，接缝处有翘起现象。

（二）原因分析

（1）出现细部做法不规矩的原因，主要是因为在隔墙安装施工前对于细部的做法和要求交待不清楚，操作人员不了解质量标准。

（2）虽然在安装前对细部做法有明确交代，但因操作人员工艺水平较低，或者责任心较差，也会产生隔墙细做法不规矩。

（三）防治措施

（1）在隔墙安装前应认真熟悉图纸，多与设计人员进行协商，了解每一个细部构造的组成和特点，制订细部构造处理的具体方案。

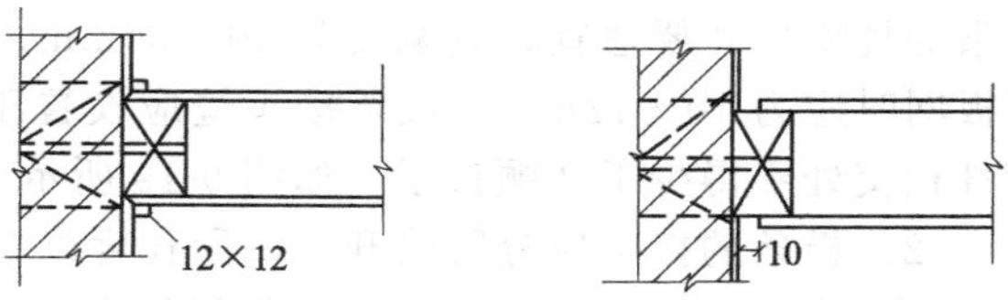

（2）为了防止潮湿空气由边部侵入墙内引起边沿翘起，应在板材四周接缝处加钉盖

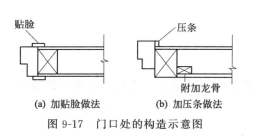

图 9-16　板材四周接缝的做法
（a）四周加盖缝条　（b）四周留缝做法

缝条，将其缝盖严实，如图 9-16（a）所示。根据板材不同，也可以采用四周留缝的做法，缝宽一般为 10mm 左右，如图 9-16（b）所示。

（3）门口处的构造应根据墙的厚度而确定，当墙厚度等于门框厚度时，可以加贴脸；当墙厚度小于门框厚度时，应当加压条，如图 9-17 所示。

（4）在进行隔墙设计和施工时，对于分格的接头位置应特别注意，应尽量避开视线敏感范围，以免影响隔墙的美观。

（5）当采用胶接法施工时，所用胶不能太稠过多，要涂刷均匀，接缝时要用力挤出多余的胶，否则易产生黑纹。

（6）踢脚板如果为水泥砂浆制成，其下边应砌筑二层砖，在砖上固定下槛；上口抹平，面板直接压到踢脚板上口，如图 9-18 所示；踢脚板如果为木质材料，应在钉面板后再安装踢脚板。

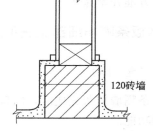

图 9-17　门口处的构造示意图
（a）加贴脸做法　（b）加压条做法

图 9-18　水泥砂浆踢脚板的做法

四、抹灰面层开裂、空鼓、脱落

（一）质量问题

木板条隔墙在抹灰后，随着时间的推移抹灰层出现开裂、空鼓、脱落等质量缺陷，不仅影响隔墙

的装饰效果，而且影响隔墙的使用功能。时间一长，再加上经常振动，还会出现抹灰层成片下落。

（二）原因分析

（1）采用的板条规格过大或过小，或板条的材质不好，或铺钉的方法不对（如板条间隔、错头位置、对头缝隙大小等）。

（2）采用的钢板网过薄或搭接过厚，网孔过小，钉得不牢、不平，搭接长度不够，不严密，均可以造成抹灰面层开裂、空鼓和脱落。

（3）抹灰层砂浆配合比不当，操作方法不正确，各抹灰层之间间隔时间控制不好，抹灰后如果养护条件较差，不能与木板条很好地粘接，也很容易形成抹灰面层开裂、空鼓和脱落。

（三）防治措施

（1）用于木板条隔墙的板条最好采用红松、白松木材，不得用腐朽、劈裂、节疤的材料。板条的规格尺寸要适宜，其宽度为 20～30mm、厚度为 3～5mm，间距以 7～10mm 为宜，钉钢板网时应为 10～12mm。板条接头缝应设置于龙骨之上，对头缝隙不得小于 5mm，板条与龙骨相交处不得少于 2 颗钉子，如图 9-19 所示。

（2）板条的接头应分段错开，每段长度以 50cm 左右为宜，以保证墙面的完整性，如图 9-20 所示。板条表面应平整，用 2m 靠尺检查，表面凹凸度不超过 3mm，以避免或减少因抹灰层厚薄不均而产生裂缝。

如果加钉钢板网，除板条间隔稍加大一些外，钢板网厚度应不超出 0.5mm，网孔一般为 20mm×20mm，并要求钉平钉牢，不得有鼓肚现象。钢板网的接头应错开，搭接长度一般不得少于 200mm，在其搭接头上面应加钉一排钉子，严防钢板网产生边角翘起。

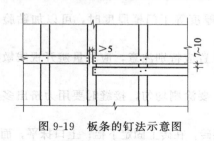

图 9-19　板条的钉法示意图　　　　　图 9-20　板条的接头示意图

（3）在板条铺钉完成后、正式抹灰开始前，板条铺钉质量应经有关质检部门和抹灰班组检验，合格后方准开始抹灰。

五、木板条隔墙细部做法不规矩

（一）质量问题

在木板条隔墙抹灰完成后，门口墙边或顶棚处产生裂缝或翘边，不仅影响隔墙的美观，而且影响使用功能。

（二）原因分析

（1）在木板条隔墙施工之前，有关技术人员未向操作人员进行具体的技术交底，致使操作人员对细部的做法不明白，施工中无法达到设计要求。

（2）在木板条隔墙的施工中，操作人员未按照施工图纸施工，对一些细部未采取相应的技术措施。

（3）具体操作人员工艺水平不高，或者责任心不强，对施工不认真去做，细部不能按设计要求去做。

（三）防治措施

（1）首先应当认真地熟悉施工图纸，搞清楚各细部节点的具体做法，针对薄弱环节采取相应的技术措施。

（2）与需要抹灰的墙面（如砖墙或加气混凝土墙）相接处，应加设钢板网，每边卷进应不小于150mm，如图 9-21 所示。

（3）与不需要抹灰的墙面相接处，可采取加钉小压条的方法，以防止出现裂缝和翘边，如图 9-22 所示。

（4）与门口交接处，也可加贴脸或钉小压条，这样不仅可以提高隔墙的整体性，也可增加隔墙的美观。

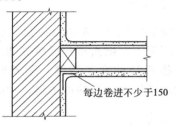

图 9-21　加设钢板网示意图

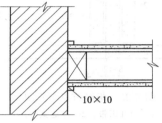

图 9-22　加钉小压条示意图

第六节　石膏龙骨石膏板隔墙质量问题与防治

石膏龙骨石膏板隔墙是以石膏龙骨为骨架，以纸面石膏板或纤维石膏板作墙面材料而组成的轻质隔墙。石膏材料的隔墙，具有质量轻、防火、隔声，可锯、可粘、可钻，易于施工的特点，可以广泛用于工业与民用建筑分隔用的非承重墙。

一、隔墙板与结构连接不牢

（一）质量问题

在隔墙板安装完毕后，隔墙板与楼顶板、外墙板（或柱）、地面连接不牢，出现较大的缝隙，不仅影响隔墙的美观，而且影响隔墙的完整性。

（二）原因分析

（1）石膏龙骨涂抹胶黏剂时未涂满，另外有的龙骨受潮或堆放不当而产生变形，从而造成墙板与龙骨连接不牢。

（2）石膏龙骨及石膏板粘接后，在尚未达到终凝前受到碰撞，从而造成墙板与结构连接不牢。

（三）防治措施

（1）石膏龙骨及石膏板露天堆放时，应搭设相应平台，平台距地面应大于 30cm，其上面应满铺一层油毡，堆放材料后应加以覆盖。在室内堆放应垫方木与地面隔离，垫木间距不大于 60cm，端头在 20～30cm 之间，并应保证石膏龙骨及石膏板不受潮。

（2）在隔墙正式安装前，应在楼地面上放出墙体位置线，并将线引测至侧墙（柱）和顶板上。踢脚如采用湿作业做法，隔墙下端可做砖砌墙垫或混凝土墙垫。

（3）沿墙身粘贴的石膏板条辅助龙骨要均匀涂抹胶黏剂，与基层粘贴牢固，并要找直，多余的胶黏剂应及时刮净。龙骨安装时要先立两端龙骨，并吊垂直后拉线一道或二道，再按照顺序立中间龙骨，并与垂直线找齐。

（4）石膏板的粘贴必须在安装龙骨的胶黏剂终凝后（不早于4h）进行。石膏板面粘贴时，应先将胶黏剂均匀涂抹在石膏龙骨上，然后再粘贴石膏板。也可以在石膏板背面四周边3cm宽度范围及中间龙骨位置均匀涂抹胶黏剂，然后再与石膏龙骨粘贴。胶黏剂涂抹厚度一般为3～5mm。

（5）石膏板的粘贴要采用正确的方法。即粘贴时一定要推压挤紧，并用橡皮锤按照一定顺序进行锤打，使石膏龙骨与石膏板结合紧密。石膏板的两侧应错缝粘贴，以加强墙体的整体性。

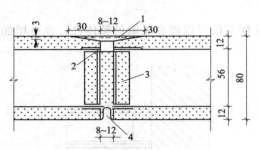

图 9-23　板缝节点示意图
1—穿孔纸带；2—嵌缝腻子；
3—石膏龙骨；4—明缝做法

二、隔墙板缝开裂

（一）质量问题

在石膏板安装完成5～6个月以后，特别是隔墙处于干燥的环境下，纸面石膏板接缝陆续出现开裂，开始是不很明显的发丝裂缝，随着时间的延续，裂缝宽度逐渐增大，有的可达到1～2mm。

（二）原因分析

石膏板缝节点构造不合理，板出现胀缩变形，刚度不足；或者嵌缝材料选择不当，施工操作及工序安排不合理等，都会引起板缝的开裂。

（三）防治措施

（1）防止隔墙板缝出现开裂，首先应选择合理的节点构造。图9-23中节点上部的做法是：清除缝内的杂物，嵌缝腻子填至图中所示位置，待腻子初凝时（大约30～40min），再刮一层较稀的腻子，厚度掌握在1mm左右，随即贴穿孔纸带，纸带贴好后放置一段时间，待水分蒸发后，在纸带上再刮一层腻将纸带压住，同时把接缝板面找平。

图9-23中节点下部的做法是：在对头缝中勾嵌缝腻子，用特制工具把主缝勾成明缝，安装时应将多余的胶黏剂及时刮干净，以保持明缝顺直清晰。

（2）为了防止施工水分过多而引起石膏板变形裂缝，墙面应尽量采用贴墙纸或刷涂料的做法。

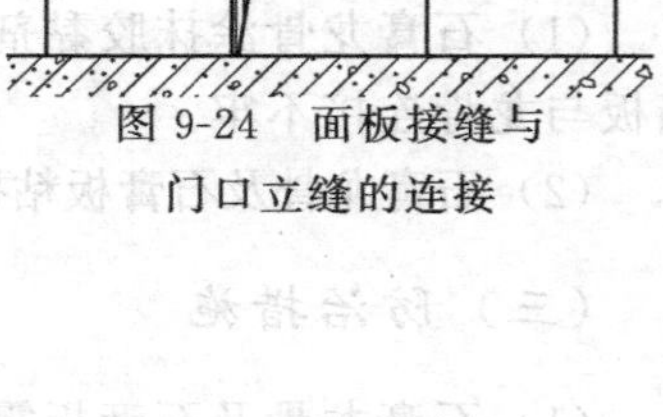

三、门口上角墙面裂缝

（一）质量问题

复合石膏板在安装完毕，发现在门口两个上角出现垂直裂缝，裂缝的长度、宽度和出现的早晚有所不同。

图 9-24　面板接缝与
门口立缝的连接

（二）原因分析

（1）当采用复合石膏板时，由于预留缝隙较大，后填入的108胶水泥砂浆不严不实，且收缩量较大，再加上门扇振动，在使用阶段门口上角出现垂直裂缝。

（2）在龙骨接缝处嵌入以石膏为主的脆性材料，在门扇撞击力的作用下，嵌缝材料与墙体不能协同工作，也容易出现这种裂缝。

（三）防治措施

要特别注意板的分块，把面板接缝与门口立缝错开半块板的尺寸（如图9-24所示），这样可避免门口上角墙面出现裂缝。

第七节　轻钢龙骨石膏板隔墙质量问题与防治

轻钢龙骨石膏板隔墙是以薄壁镀锌钢带或薄壁冷轧退火卷带为原材料，经过冲压、冲弯而成的轻质型钢为骨架，两侧面用纸面石膏板或纤维石膏板作为墙面材料，在施工现场组装而成轻质隔墙。这种材料的隔墙具有自重较轻、厚度较薄、装配化程度高、全为干作业、易于施工等特点，可以广泛用于工业与民用建筑的非承重分隔墙。

一、隔墙板与结构连接处有裂缝

（一）质量问题

轻钢龙骨石膏板隔墙安装后，隔墙板与墙体、顶板、地面连接处有裂缝，不仅影响隔墙表面的装饰效果，而且影响隔墙的整体性。

（二）原因分析

（1）由于轻钢龙骨是以薄壁镀锌钢带制成，其强度虽高，但刚度较差，容易产生变形；有的通贯横撑龙骨、支撑卡装得不够，致使整片隔墙骨架没有足够的刚度，当受到外力碰撞时出现裂缝。

（2）隔墙板与侧面墙体及顶部相接处，由于没有粘接50mm宽玻璃纤维带，只用接缝腻子进行找平，致使在这些部位出现裂缝。

（三）防治措施

（1）根据设计图纸测量放出隔墙位置线，作为施工的控制线，并引测到主体结构侧面墙体及顶板上。

（2）将边框龙骨（包括沿地龙骨、沿顶龙骨、沿墙龙骨、沿柱龙骨）与主体结构固定，固定前先铺一层橡胶条或沥青泡沫塑料条。边框龙骨与墙体、顶部和地面固定做法如图9-25所示。边框龙骨与主体结构连接，采用射钉或电钻打眼安装膨胀螺栓。其固定点间距，水平方向不大于80cm，垂直方向不大于100cm。

（3）根据设置要求，在沿顶龙骨和沿地龙骨上分档画线，按分档位置准确安装竖龙骨，竖龙骨的上端、下端要插入沿顶和沿地龙骨的凹槽内，翼缘朝向拟安装罩面板的方向。调整竖向龙骨的垂直度，定位后用铆钉或射钉进行固定。竖龙骨与沿地龙骨连接固定如图9-26所示。

（4）安装门窗洞口的加强龙骨后，再安装通贯横撑龙骨和支撑卡。通贯横撑龙骨必须与竖向龙骨的冲孔保持在同一水平面上，并卡紧牢固，不得出现松动，这样可将竖向龙骨撑牢，使整片隔墙骨架有足够的强度和刚度。

（5）石膏板的安装，两侧面的石膏板应错位排列，石膏板与龙骨采用十字头自攻螺钉进行固定，螺钉长度一层石膏板用25mm，两层石膏板用35mm。

（6）与墙体、顶板接缝处粘接50mm宽玻璃纤维，再分层刮腻子，以避免出现裂缝，其具体做法如图9-27所示。

（7）隔墙下端的石膏板不应直接与地面接触，应当留有10～15mm的缝隙，用密封膏嵌严，要严格按照施工工艺进行操作，才能确保隔墙的施工质量。

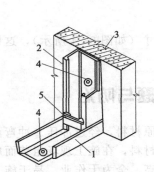

图 9-25　边框龙骨与
墙体、顶部、地面连接固定
1—沿地龙骨；2—竖向龙骨；
3—墙体；4—射钉；5—支撑卡

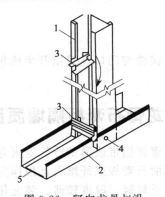

图 9-26　竖向龙骨与沿
地龙骨连接固定
1—竖向龙骨；2—沿地龙骨；3—支撑卡；
4—铆孔；5—橡胶条

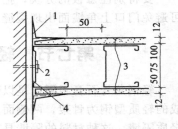

图 9-27　轻钢龙骨石膏板隔
墙与主体结构墙连接做法
1—粘贴 50mm 宽玻纤带；2—射钉固
定中距 90mm；3—25mm 长自攻螺
丝；4—结构面或抹灰面

二、口上角墙面易出现裂缝

（一）质量问题

在轻钢龙骨石膏板隔墙安装完毕后，门口两个上角出现垂直裂缝，裂缝的长度、宽度和出现的早晚有所不同，严重影响隔墙的外表美观。

（二）原因分析

（1）当采用复合石膏板时，由于预留缝隙较大，后填入的 108 胶水泥砂浆不严不实，且收缩量较大，再加上门扇振动，在使用阶段门口上角出现垂直裂缝。

（2）在龙骨接缝处嵌入以石膏为主的脆性材料，在门扇撞击力的作用下，嵌缝材料与墙体不能协同工作，也容易出现这种裂缝。

（三）防治措施

要特别注意对石膏板的分块，把石膏板面板接缝与门口立缝错开半块板的尺寸，这样可避免门口上角墙面出现裂缝。

第八节　GRC 空心混凝土板隔墙质量问题与防治

GRC 空心混凝土隔墙板，也称为玻璃纤维增强水泥轻质多孔隔墙板，它是以水泥砂浆作为基材，玻璃纤维作为增强材料，经过一系列工艺流程制成的一种综合效能优良的轻质隔墙板。

根据工程实践证明，这种隔墙板具有以下六大优势：①因墙体内结构为几何图形，水电安装、穿管布线施工方便；②因产品性能刚柔兼顾，钻孔挖洞简便易行；③因墙体为定型结构板块，安装组合施工快捷；④因墙体质量轻、厚度薄，减轻了建筑负载，扩大了使用面积，可有效降低工程造价；⑤把传统墙体的土建、水电安装、装潢施工工艺简化为三位一体、一步到位的新工艺，省时、省工，降低了劳动强度，提高了安全系数；⑥环保化生产，利废节能，不损耕地；工厂化施工减少建筑垃圾，消除环境污染。

GRC 空心混凝土隔墙板适用于各类房屋，特别是防火要求较高的饭店、宾馆、影剧院、档案馆、高层商住楼的建造。

一、GRC 隔墙板之间出现裂缝

（一）质量问题

在 GRC 空心混凝土隔墙板安装完毕后，隔墙板之间出现竖向裂缝，既影响隔墙的装饰效果，又影响隔墙的整体性。

（二）原因分析

隔墙板之间出现竖向裂缝的主要原因是粘接隔墙板的材料随着时间的推移产生收缩裂缝而形成。另外，如果 GRC 隔墙板含水率大于 10%，在干燥收缩的过程中也会使隔墙板产生裂缝。

（三）防治措施

在 GRC 隔墙板之间贴玻璃纤维网格条，第一层采用 60mm 宽的玻璃纤维网格条贴缝，贴缝的胶黏剂，要求与隔墙板之间拼装时的胶黏剂相同；待胶黏剂稍微干燥后，再贴第二层玻璃纤维网格条，第二层玻璃纤维网格条宽度为 150mm，隔墙板贴缝完成后，应当将缝内的胶黏剂刮平整、刮干净。在操作时应弹上控制线，以确保位置准确。

二、隔墙板与结构连接不牢

（一）质量问题

GRC 隔墙板顶部与顶板连接处有裂缝，稍加外力后就出现松动现象，直接影响隔墙的整体性和使用性能。

（二）原因分析

（1）隔墙板的顶部未进行认真清理，有灰尘、杂物等影响粘接的东西；或者黏结材料涂抹不均匀、不饱满，在隔墙板顶部与顶板之间有缝隙。

（2）黏结材料配合比不当，称量不准确，搅拌不均匀；或者一次搅拌量过多，使用时间超过 2h，严重降低了砂浆的黏结强度。

（3）在进行隔墙板安装施工中，未按工艺要求去施工，结果造成安装质量不合格。

（三）防治措施

（1）GRC 轻质隔墙板板面及板的两侧企口、板上下端头上的灰尘和杂物，一定要认真清理干净，消除影响粘接的不利因素。

（2）根据工程成功的实践经验，GRC 轻质隔墙板安装的黏结材料可用 791 胶泥和 792 胶泥；也可以用 108 胶与水泥自行配制，其配合比为：水泥∶108 胶∶水＝1∶0.2∶0.3。

另外，也可以采用在顶棚上和墙侧面安设Ⅱ形扣件，Ⅱ形扣件采用镀锌薄铁板加工而成，板厚 1mm，高 25mm，长和宽为 60mm。在 GRC 板与板相拼处的顶棚上安装一个Ⅱ形扣件，用射钉枪将Ⅱ形扣件固定，板安装时卡进Ⅱ形扣件内，与顶板和墙侧面顶紧、挤严。

三、板下端混凝土填塞不密实

（一）质量问题

GRC 隔墙板固定下部采用对头楔子和细石混凝土，如果细石混凝土填塞不密实，就会出现蜂窝、麻面等质量缺陷，一是影响隔墙的表面美观，二是对隔墙板固定不牢靠，三是不能起到有效防水防潮的作用。

（二）原因分析

造成板下端混凝土填塞不密实的主要原因有：隔墙板和楼地面未进行认真清理，有灰尘、杂物、垃圾等；配制的细石混凝土坍落度过大，浇筑后不能填满下端的缝隙，不容易捣固密实，从而使填料比较松散，或板下有一定的缝隙。

（三）防治措施

（1）配制合格的细石混凝土进行填缝。隔墙板下应采用 C20 细石混凝土，混凝土拌合物的坍落度应控制在 0～20mm 范围内，并在一侧支模板以便向板下捻塞，对于填入的混凝土要插捣密实。

（2）待细石混凝土达到一定强度后才能拆除模板，对于表面的孔洞、蜂窝和麻面，应用细石混凝土或水泥砂浆将其堵塞抹实。

四、门框固定不牢

（一）质量问题

门框与 GRC 隔墙板的缝隙中黏结砂浆受到外力的碰撞而脱落或开裂，从而造成门框的松动。

（二）原因分析

（1）刚安装完的门框或隔墙板，由于黏结砂浆尚未凝固，抵抗外力碰撞的能力还较低，当受到一定碰撞外力作用时，门框与隔墙板产生分离，致使门框产生松动。

（2）门框安装只采用粘接或铁钉固定的方法，而未采用粘接和钉固相结合的方法固定，不能满足门框固定牢靠的要求，在振动力的作用下，门框产生松动现象。

（3）门框采用黏结材料固定后，既没有按要求进行成品保护，也没有按规定进行养护，致使黏结材料凝固不良。

（三）防治措施

（1）门框与隔墙板应采用粘接和钉固相结合的方法固定，即在安装门框的隔墙板上埋入一定数量的木砖，在安装木门框时，用木螺丝钉将门框固定在木砖上。

（2）在门框四周涂抹黏结材料安装门框后，要加强对已安装好部位的保护，防止产生对墙体和门框的振动，必须待黏结材料达到设计强度后，方可进行下一道工序。

（3）在门框用黏结材料进行固定后，要按照有关规定进行养护，使黏结材料强度正常增长，在一定时间内达到规定的强度。

第十章

隔墙与隔断工程的维修

隔墙与隔断是用来分割房间和建筑物内部空间的分室、分户非承重分隔墙。根据国家标准《建筑装饰装修工程质量验收规范》（GB 50210—2001，2013 年版）中的规定，可分为板材隔墙、骨架隔墙、活动隔墙和玻璃隔墙等。

隔墙与隔断工程一般都是在主体结构完成后进行安装或砌筑施工的，隔墙的板与主体结构上部、下部和侧面墙体的连接非常重要，它不仅关系到隔墙的使用功能，也关系到隔墙的安全问题。因此，对于隔墙与隔断的构造、选用材料、固定方法和施工质量等，都必须符合设计要求，当出现质量缺陷时，要进行必要的维修和处理。

第一节　板材隔墙工程的维修

板材隔墙是指不需设置隔墙骨架，由隔墙板材自身承担荷载，将预制或现制的隔墙板材直接固定在主体结构上的隔墙工程。

目前，板材隔墙的应用范围很广，使用的隔墙板材通常分为：单一材料板材、复合材料板材和空心结构板材，常见的有石膏夹心板、石膏空心板、石膏水泥板、水泥陶粒板、增强水泥聚苯板、加气混凝土板等。

板材隔墙由于所用材料不同、结构不同和技术性能不同等，在施工和使用的过程中会出现许多缺陷，需要根据工程实际情况进行维修。

一、石膏板材出现损坏现象

（一）存在质量现象

板材是隔墙的主要组成材料，对于隔墙的美观、功能和安全起着重要的作用。石膏板材是一种装饰性较好、强度较低的材料，由于各种因素的影响，会使石膏板材出现缺棱掉角、局部破损，严重影响其装饰效果。

（二）产生原因分析

（1）石膏板材在运输途中或现场堆放时，如果受到潮湿水分增加，其强度将降低较大。如珍珠岩石膏板浸水 2h，饱和含水率为 32.4%，其抗折强度下降 47.4%。当板材内水分没有完全蒸发时，就进行石膏板的装卸、吊装和安装，很可能出现板材的损坏。

（2）石膏板材在运输、装卸、堆放、吊装和安装的过程中，如果不采取相应的保护措施，则会出现缺棱掉角、局部破损等现象。

（三）防治维修方法

（1）石膏板在进行场外运输时，宜采用车厢宽度大于2.0m，长度大于板材长的车辆，板材装车后必须捆绑结实、牢固；遇雨雪天气运输时，应用油布或塑料布覆盖严密，并注意板底部不要浸水；运输道路应选择平坦、短距的线路，以防止颠簸损伤板材。

（2）石膏板在进行装车时，应将两块板正面朝向，成对垂直码堆，板间不得夹有夹物，板下要加垫方木，方木距两端为500～700mm。人工装卸要轻抬轻放，不得使板材出现碰撞。

（3）石膏板材最好堆放在仓库内，如果必须露天堆放，应选择地势较高、平坦的场地搭设平台，平台应高出地面300mm以上，其上面要满铺一层防潮油毡，堆垛周围要用苦布遮盖。

（4）应根据隔墙的施工进度计划，确定石膏板材的进场时间，尽量减少板材露天堆放时间；板材在室内堆放时，其下面也应垫方木，单板两端露明处应涂刷防潮剂。

（5）石膏板材在运输及现场堆放过程中，堆置高度不得大于1.0m，堆垛之间要有一定空隙，方木的间距不应大于600mm。

（6）对于有严重缺棱掉角和局部损伤的石膏板，由于对隔墙的装饰效果有很大影响，必须将其剔除，不得用于隔墙工程；对于轻微的局部损伤，经维修和修补后不明显者，可以用于不太显露的部位。

二、条板没有认真进行选择

（一）存在质量现象

在板材隔墙正式施工前，如果不认真进行选板和配板，将会影响隔墙的施工，造成较大的浪费，也易造成墙面不直、翘曲、变形和不平等质量问题，严重影响隔墙的装饰效果和使用功能。

（二）产生原因分析

（1）隔墙所用的板材品种很多，各种条板（如水泥、石膏、陶粒等）的技术性能差异很大，有的很容易出现破损，有的规格大不相同。

（2）隔墙是用来分割房间和建筑内部空间的分隔墙，不同建筑具有不同的尺寸和不同的分隔要求，如果对板材不认真选板和配板，则会造成进场板材不符合工程的实际需要，使工程无法正常进行施工，从而会因退货更换而造成浪费。

（3）在隔墙正式安装前，未对安装处进行实地测量，也未根据所采用板材尺寸进行预排，或根据工程实际尺寸进行选板和配板，从而造成在板材安装时非常困难，严重影响板材的施工进度。

（三）防治维修方法

（1）按照设计要求选用合格的板材。隔墙工程常用的板材主要有：石膏隔墙板、水泥隔墙板、加气混凝土隔墙板、陶粒隔墙板等，它们的品种、规格、性能、颜色和图案等各不相同，必须应按设计要求进行选用。常用隔墙条板的主要技术性能，如表10-1所示。

表 10-1　常用隔墙条板的主要技术性能

项目	加气混凝土板	石膏隔墙条板	水泥隔墙条板	陶粒隔墙条板
抗压强度/MPa	3.5	7.0	10.0	7.5
干密度/(kg/m³)	500～700	1150	1350	1110
板重/(kg/m²)	—	60mm 厚≤55 90mm 厚≤65	60mm 厚≤60 90mm 厚≤70	60mm 厚≤70 90mm 厚≤80
抗弯荷载	—	≥1.8G	≥2.0G	≥2.0G
抗冲击 （30kg 砂袋、落差 500mm）	3 次板面不裂			
软化系数	—	≥0.5	≥0.8	≥0.8
收缩率/%	—	≤0.08	≤0.08	≤0.08
隔声量/dB	30～40	≥30.0	≥30.0	≥30.0
含水率/%	—	≤3.5	≤15.0	≤15.0
吊挂力/N	≥800	≥800	≥800	≥800

注：1. 技术性能的检验方法见《轻隔墙条板质量检验评定标准》（DBJ01-29—2000）。

2. G 为一块条板的自重。

（2）隔墙条板进场后，要进行严格的检查验收，核查条板是否符合设计要求，并要做好验收记录。对于不符合设计要求的条板，必须进行退货处理。

（3）在进行隔墙条板正式安装前，要认真进行隔墙条板的预排工作。条板的预排（配板）主要包括：条板的长度、厚度和门窗洞口尺寸等方面。在配板中应注意以下事项。

① 条板长度的选用

a. 建筑物层高。隔墙的高度，一般是室内的净高，即为建筑物层高。因此，测量准建筑物层高，对于确定条板的长度非常重要。

b. 建筑物的结构类型和构配件厚度。如剪力墙结构体系，隔墙都是安装在楼（顶）板的下部；框架结构体系，隔墙常常设置在板下、主梁下和边梁下，则长度有所不同。

c. 与节点构造有关。条板与主体结构的连接，分为刚性连接和柔性连接两种。刚性连接是用黏结砂浆将板材顶端与主体结构粘接在一起，柔性连接是用弹性材料将板材顶端与主体结构连接在一起，两者所用的隔墙条板长度约差 15mm。

d. 与施工顺序有关。目前，隔墙的施工顺序分为：先做地面后立隔墙板和先立隔墙板后做地面两种，两者相差一个地面厚度；另外，还有固定木楔的方法，有的在隔墙板的下部，留出 30～50mm 的空隙，有的在隔墙板的顶部，留出不大于 20mm 的空隙。由以上可以看出，隔墙条板长度的选用，要根据具体情况而确定。

② 条板厚度的选用。条板的厚度一般应考虑便于安装门窗，其最小厚度不应小于 75mm。另外，条板的厚度还应考虑隔声的要求，分户墙的厚度原则上应选用双层墙板。

③ 在隔墙条板安装前，应测量并计算门窗洞口上部及窗口下部的隔板尺寸，并按照此尺寸进行配板。当条板的宽度与隔墙的长度不相适应时，应将部分隔墙板预先拼接加宽或切割成为合适的宽度，并放置在阴角处。

④ 在进行隔墙板安装时，要注意对条板的选择，将硬损及尺寸不适合的板剔出，根据情况进行处理；严重断裂或严重缺棱掉角的板不能使用，有轻微缺陷的板进行修补后才能使用。

⑤ 用于厕所、厨房、洗漱间等空气相对湿度大于 70％的潮湿环境时，应当选用防水石膏板，或者采取其他防水措施。

⑥ 对于已安装到墙体的条板，缺陷比较严重的必须拆除，重新安装合格的，缺陷比较轻微的应进行修补。

三、隔墙条板安装质量不合格

（一）存在质量现象

隔墙条板的安装质量如何，是评价隔墙工程质量的主要指标。不仅会造成板面不平整、不垂直，影响隔墙装饰效果，而且给管线安装带来困难，甚至会引起隔墙变形、裂缝，存在不安全因素和质量隐患。

（二）产生原因分析

（1）由于在安装隔墙条板前，未按规定进行弹线或弹线位置不准确，从而造成隔墙条板安装位置不准，影响相邻房间使用面积不同，甚至不方正，给墙面装饰带来困难。

（2）在隔墙条板安装过程中，由于未按照弹线进行安装或操作不认真，造成隔墙的位置偏移，也会影响各种管线位置，给管线安装带来困难。

（3）由于隔墙条板的板头不方正，或采用下楔法施工时仅在板的一面加楔，从而造成条板垂直度不符合要求，也使楼顶接缝出现一侧不严。

（4）在隔墙条板安装前，对楼地面没有做好凿毛清洁工作，再加上填塞的细石混凝土坍落度过大，或者填塞不密实，从而造成隔墙条板与楼地面连接不牢固。

（5）隔墙条板与两侧墙面、隔墙条板之间用胶黏剂粘接时，事先未进行相容性试验，从而造成胶黏剂与板材不配套，无法牢固地粘接在一起，条板之间出现缝隙，引起隔墙变形、裂缝，存在不安全因素。

（6）由于在隔墙条板安装前未进行认真挑选，所用的条板厚薄不一致，在安装中又未用靠尺和托线板进行检查，从而造成板面不平整、不垂直。

（三）防治维修方法

（1）在隔墙正式施工前，应按照设计图纸的尺寸要求，在楼地面上弹出隔墙断面和门窗洞口位置线，并引测到顶棚或墙、柱上，作为隔墙安装的依据。

（2）按照所采用的石膏（水泥）空心板尺寸，弹出各块条板分块线，对于出现的非整块条板，应设置在阴角处。

（3）隔墙的位置线和条板分块线是隔墙施工的依据和标准，在弹线完成后应进行认真检验复核，对有误差的应进行纠正，完全合格后签上技术复核单。

（4）严格按照所弹的位置线从门口通天框旁开始进行安装，门口通天框应当在隔墙条板安装前先立好固定。

（5）在隔墙条板安装前，应按照工程实际尺寸进行加工，需要切割的条板，一定要做到：尺寸准确、形状方正，不准出现尺寸过大或过小和形状出现歪斜。

（6）在隔墙条板安装前，要认真清理隔墙条板与结构顶面、楼地面和两侧墙面的结合部，凡是突出的砂浆、混凝土等必须剔除并打扫干净，过于光滑的楼地面必须进行凿毛处理，所有的结合部位尽量找平，以增大粘接的接触面。

（7）对于有抗震要求的隔墙，应按照设计要求用 U 形钢板卡固定条板的顶端，在两块条板的顶端拼缝处用射钉将 U 形钢板卡固定在梁或板上，施工中随着安装条板，随着固定 U 形钢板卡。

（8）隔墙条板的安装常用下楔法，即在墙板的顶面和侧面刷涂相应配套的胶黏剂或 108 胶水泥砂浆，先挤紧两侧，再顶牢顶面。在顶面顶牢后，在条板下两侧各 1/3 处嵌入两组木楔，将条板垂直向上挤严、粘接密实。经检查条板的垂直度符合要求后，随即在条板下用干硬性细石混凝土填塞严实，混凝土达到一定强度时，将木楔取出并在孔隙内填入相同的干硬性细石混凝土。

（9）在隔墙条板安装前，要合理选择和预排板材，将厚薄差别较大或因受潮变形的条板剔出，用在门的上口或窗下作为短板使用，将厚薄一样的条板安装在同一面墙上。

（10）在隔墙条板安装时，为确保条板的垂直度，可采用简易的墙板靠放架。即按照放线位置在隔墙的一侧支一简单的木排架，其两根横杠应在同一垂直平面内，作为立墙板时的靠架，既能保证墙体的垂直度和平整度，也可防止墙板产生倾倒。简易墙板靠放架，一般设置在主要使用房间墙的一面。

（11）对于隔墙条板的安装应引起足够重视，隔墙安装后应进行检查验收。安装中出现的质量缺陷，应根据实际情况采取相应的维修和处理措施。如较轻的垂直度偏差，应在浇筑底部混凝土前进行纠正；如果已浇筑混凝土，应在混凝土初凝前纠正。对于出现的条板变形、裂缝和严重影响美观等质量缺陷，必须将不合格条板拆除重新安装。

四、石膏板选用接缝材料不当

（一）存在质量现象

石膏空心条板隔墙，由于选用的勾缝材料不当，使得条板与勾缝材料的收缩性不同，从而导致在相邻两块条板的接缝处出现细裂缝，不仅影响隔墙的装饰效果，而且影响隔墙的整体性。

（二）产生原因分析

（1）在进行石膏空心条板隔墙设计时，没有考虑到相邻条板接缝所用的材料，使隔墙施工中不能正确地选择接缝材料，由于选用了不合适的材料，所以造成接缝处出现裂缝。

（2）在进行石膏空心条板隔墙施工前，对所选用的勾缝材料未进行相容性试验，从而造成勾缝材料与条板的收缩性不同，致使两块条板的接缝处出现较明显的裂缝。

（3）在进行石膏空心条板隔墙施工时，由于施工方法和施工工艺不满足要求，或者进行接缝材料配制不认真仔细，从而造成相邻两块条板的接缝处出现细裂缝。

（三）防治维修方法

（1）石膏空心条板间接缝处的勾缝材料，应当选用适宜的品种和配比，并且要认真进行配制。石膏空心板间安装拼接常用的黏结材料有1号石膏型胶黏剂，也可以用108胶水砂浆，其配合比为：108胶水∶水泥∶砂子＝1∶1∶3或1∶2∶4。

（2）所选用的勾缝材料与板材本身的成分相同。板缝中挤出的胶结材料刮净后，再用2号石膏型胶黏剂将接缝处刮平，并粘贴宽度为100mm的网状防裂胶带，然后用掺108胶的水泥砂浆在胶带上刷一遍，水泥砂浆晾干后，用2号石膏型胶黏剂粘贴宽度为50～60mm的玻璃纤维布，用力将玻璃纤维布刮平、压实，将胶黏剂与玻璃纤维布之间的气泡赶出，最后用石膏腻子分两遍刮平，使玻璃纤维布埋入腻子中。

（3）在隔墙的阴阳转角和门窗框边缝处，用2号石膏型胶黏剂粘贴宽度为200mm的玻璃纤维布，然后再用石膏腻子分两遍刮平，总厚度控制在3mm左右。

（4）对于所用勾缝材料相容性不良，接缝处是最容易出现裂缝的，必须将已勾缝材料铲除，更换经试验相容性良好的材料。对于相同成分勾缝材料所出现的裂缝，可以在腻子未干燥前用力再刮压，使腻子更加密实而将裂缝修补。

五、板材安装其他工种配合不密切

（一）存在质量现象

隔墙板材安装于主体结构上，在安装中不可避免地存在着与其他工种交叉、配合，如果各专业工种的施工顺序不合理，配合不密切，容易造成板材安装后需要再剔槽凿洞，不仅浪费人力、物力和财力，而且隔墙条板容易被损坏，严重影响隔墙板材的安装质量。

（二）产生原因分析

（1）由于隔墙是在建筑主体结构设计和施工后才进行的，往往两者的设计和施工是单独的，没有将密切相关的工种和部位统一考虑，使得隔墙板材安装后需要进行大的改动，造成隔墙条板的损坏，严重影响隔墙板材的安装质量。

（2）在进行各专业工种施工前，没有进行认真施工与设计，没有统一考虑合理的施工顺序，更没有全面考虑相关工种的配合，有时甚至出现矛盾，造成板材安装后再剔凿，有的甚至将板材打成大洞，严重影响隔墙板材的施工质量。

（3）在进行隔墙板材安装之前，未认真进行施工图纸会审，未协调各专业工种的施工顺序，造成各自为政、只顾自己，施工过程中各工种根本谈不上配合。

（4）在建筑装饰工程的施工中，缺乏一个统一和协调的机构，不能将同一个工程的建设和装饰成为一个整体，所以无法在隔墙施工中与其他工种密切配合。

（三）防治维修方法

（1）在隔墙板材安装前，应由总包方召集各专业工种进行图纸会审，明确各工种的施工任务、具体内容和先后顺序，特别强调各工种相互之间密切配合的重要性，必要时也可以书面的形式进行规定。

（2）按电气安装图找准位置，划出定位线，铺设电线管，装上接线盒。所有的电线管必须顺着石膏（或水泥）板的孔铺设，严禁出现横向或斜向铺设。在装接线盒时，应先在板面钻孔后，再用扁铲进行扩大，不允许用大锤敲击。

（3）在安装水、暖、煤气管卡时，应按图纸找准标高和竖向位置，找出各种管卡的定位线，在隔墙条板上钻孔扩孔后再安装，严禁采用剔凿的方法。

（4）当需要在条板上安装吊挂件时，每一块条板上可以设置两个吊点，但每个吊点的吊挂力不应大于800N。安装吊挂件应先在隔墙条板上钻孔扩孔后再安装，严禁采用大锤敲击的方法。

（5）在安装门窗时，按门窗的位置线，先立好门窗的通天框，将框与板预埋件电焊焊牢，如图10-1所示。

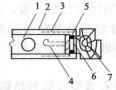
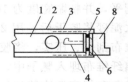

(a) 隔墙条板与木门框连接　　　　(b) 隔墙条板与钢门框连接

图 10-1　石膏圆孔条板与门框连接示意

1—单层门框板；2—石膏腻子；3—接缝处200mm宽玻璃纤维布加强；
4—预埋件；5—点焊；6—连接件；7—木门框；8—钢门框

六、加气混凝土隔墙板安装不牢固

（一）存在质量现象

加气混凝土隔墙板是一种多孔、轻质的板材，在安装中最容易出现的质量缺陷，是与主体结构连接不牢固，或在接缝处出现干缩裂缝，或在外力作用下易出现松动摇晃，严重影响隔墙的施工质量和安全性。

（二）产生原因分析

（1）在进行加气混凝土隔墙板安装时，未按有关要求对黏结面进行认真清理，表面有浮尘、油污和其他杂物；或者黏结砂浆涂抹不均匀、不饱满。

（2）安装加气混凝土隔墙板所用的砂浆，未进行严格的配合比设计，或配制中计量不准确，或原材料质量不合格，从而使黏结砂浆达不到设计要求。

（3）配制的黏结砂浆数量过多，或者由于其他原因的影响，使砂浆的使用时间超过 2h，从而大大降低了砂浆的黏结强度，无法将隔墙板安装牢固。

（4）加气混凝土隔墙条板比较干燥，吸水率大，很容易造成黏结砂浆失水，使砂浆的黏结强度严重下降，甚至出现干缩裂缝，导致加气混凝土隔墙安装不牢固。

（三）防治维修方法

（1）认真清理加气混凝土隔墙条板的上下两端面与结构顶面、地面、墙面（或柱面）结合部，将其表面上的灰尘、油污和杂物彻底清扫干净，凡是突出表面的砂浆、混凝土渣等必须剔除干净，并用毛刷蘸水稍加湿润。

（2）加气混凝土隔墙条板的安装，一般应采用 108 胶水泥砂浆，要严格按规定进行黏结砂浆的配合比设计，其配合比一般为：水泥：细砂：108 胶：水＝1：1：0.2：0.3。配制中要材料合格、计量准确、搅拌均匀。对于比较重要的隔墙工程，所用黏结砂浆最好要进行试验确定其配合比，配制的砂浆要在初凝前用完。

（3）在进行加气混凝土隔墙条板安装时，在条板的上端涂抹一层 108 胶水泥砂浆，厚度为 3mm，然后将板按线立于预定位置上，用撬棍将条板撬起，使板的顶部与上部结构（楼板或梁）底面粘紧挤严，板的一侧与主体结构（或已安装好的条板）贴紧，并在板下用木楔楔紧，撤出撬棍，板即临时固定。

（4）安装并临时固定的条板下部，用细石混凝土填实，混凝土的坍落度不宜大于 20mm。木楔如果进行防腐处理可不撤出，未进行防腐处理的木楔要待混凝土凝固具有一定强度后撤出，常温下一般为 48h，木楔孔处要用细石混凝土填实。

（5）条板与条板之间用 108 胶水泥砂浆进行粘接，拼缝处一定要挤紧，以挤出适量的砂浆为宜，缝隙宽度不得大于 5mm，挤出的砂浆应及时清理干净，并沿板缝上下各 1/3 处，按 30°角斜向打入铁销或铁钉。

（6）在丁字和转角处的墙板，要用 108 胶水泥砂浆进行粘接，并沿板缝 700～800mm 距离斜向钉入长度不小于 150mm 的铁销或铁钉，所用的铁销或铁钉应经防腐处理。

（7）加气混凝土隔墙板与主体结构连接不牢固，是隔墙施工中的最大质量缺陷，必须根据实际情况加以认真纠正。如果表面清理不合格，必须重新进行清理；如果黏结砂浆不符合要求，应对砂浆进行试验确定其配合比；如果条板之间不牢固，应检查嵌缝砂浆的密实度和铁销（或铁钉）的钉入情况。总之，必须使隔墙条板的安装达到牢固、可靠。

七、舒尔板安装中的质量问题

（一）存在质量现象

舒尔板（又称泰柏板、钢丝网架夹心板）是一种新型、轻质的墙板，在安装过程中经常出现各种管线安装配合不好、安装位置不准确、抹灰质量不符合要求、连接不牢固等质量问题，不仅严重影响隔墙的装饰效果和工程质量，而且会引起条板的开裂、变形，带来不安全因素。

（二）产生原因分析

（1）在舒尔板安装前，未按工程实际尺寸和条板尺寸进行预排，也未按要求进行弹线，致使舒尔板安装位置不准确，造成隔墙偏离设计位置，相邻房间大小不一，甚至造成房间不方正，严重影响隔墙的观感质量。

（2）在舒尔板安装前，由于没有进行各专业工种之间的相互协调，造成不能密切配合，导致舒尔板安装后再进行板上剔凿，有的用大锤将板损伤，有的因剔凿振动而使板变形和开裂，严重影响隔墙的施工质量。

（3）没有按照施工工艺要求进行操作，没有按规定的间距做好与主体结构地面、顶面和墙面的连接，将会出现墙面有颤动现象，存在着安全和质量隐患。

（4）由于舒尔板具有一定的弹性，如果两侧面同时抹灰或两侧抹灰间隔时间太短，必将因抹灰晃动钢丝网架而相互影响，造成灰层裂缝。

（5）如果每遍的抹灰过厚，灰层自重过大，容易产生下坠，将灰层拉裂；如果上层与下层的抹灰时间间隔太短，第一遍抹灰还没有强度，第二遍抹灰又跟上，很容易使灰层下坠严重、干缩较大，从而形成空鼓和开裂，严重影响隔墙质量。

（三）防治维修方法

（1）按照设计要求在楼地面上弹出隔墙位置线，并将位置线引测到侧墙及顶板上。隔墙位置线弹好后，要进行认真复测和检验，并办理技术复核手续。然后按设计要求确定连接件的位置，当设计中无明确要求时，按 400mm 间距划出连接件位置。

（2）在弹出的位置线上每隔 500mm 用直径 5mm 冲击钻钻孔，钻孔中心应位于弹线上，孔的深度为 50~70mm。将直径为 6mm 的钢筋打入一侧钻好的孔内，然后将隔墙板靠在一侧的钢筋上，再把另一侧的钢筋打入孔内，使隔墙条板夹紧，这样可保证隔墙位置正确。

（3）隔墙条板与主体结构的地面、顶面和墙面的连接，一定要按照设计要求的工艺去做，按规定的距离用膨胀螺栓或射钉固定 U 形连接件，用 22 号铁丝将钢丝网架与 U 形连接件绑扎牢固，如图 10-2 所示。

（4）隔墙条板与条板的纵横向拼缝处，应当用"之"字条加固，用 22 号铁丝与钢丝网架进行连接，并保证连接可靠牢固。

（5）隔墙的转角处、条板与混凝土墙、柱、砖墙的连接处、门窗洞口等部位，都应进行加固补强处理。阳角处必须用宽度不小于 300mm 的网片进行补强，阴角处必须用蝴蝶网进行补强，门窗洞口处必须用之字条进行补强。

（6）安装好的隔墙条板应成为一个稳固的整体，并做到横平竖直、表面平整、接缝严密，达不到要求时要校正、维修。经检查合格后填写隐蔽工程验收记录。

（7）为确保隔墙条板的顺利安装，在正式墙板安装前，总包方应召开各专业工种协调会，强调各种管线安装必须与钢丝网架的安装同步进行，不得在隔墙条板安装后再进行剔凿作业。

（8）在进行水电设备安装时，应按线管及开关盒的位置将板内的局部钢丝剪断，将线管及

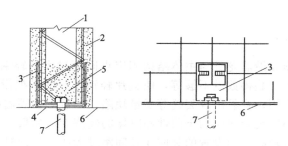

图 10-2　舒尔板与顶板或地面连接示意图

1—舒尔板；2—板两侧为 20mm 的 1：3 水泥砂浆；3—标准的 U 连接件与板连接；4—3mm×48mm×64mm 压片；

5—外墙 U 形连接件处泡沫塑料除去，回填水泥砂浆（地面用）；6—混凝土地面或顶板；7—膨胀螺栓

开关盒埋入墙内。线管处用之字条将网补齐，开关盒上下各增设一根直径 6mm 的钢筋与网架固定。

（9）在进行给排水设备安装时，上水管线一般设置为明线；洗漱设备应预先做好铁支架，端头套上螺纹，条板打通后将铁支架穿过，一侧用铁板加以固定，另一侧垫钢板用螺母固定。

（10）因工种配合需要打的孔洞，在工程完成后采用补网加强，并用 C25 的素混凝土将孔洞堵实。

（11）墙板的抹灰一般应分两层进行。第一层用 1：2.5 的水泥砂浆打底，其厚度为 10mm 左右，要求一定抹压密实，抹灰面应与钢丝网齐平。在常温下湿养护 48h 后，再用 1：3.0 水泥砂浆罩面，其厚度为 8～12mm，要求一定抹压光滑。

（12）在进行抹灰时，要防止隔墙产生晃动。在抹一侧面的灰前，要在另一侧进行适当支顶。一侧的底层抹灰完成 48h 后，可以撤去支顶，再进行另一侧的底层抹灰；两侧底层抹灰完成湿养护 48h 后，才能抹罩面灰。抹灰完成后要加强养护和保护，在 3d 内严禁出现对隔墙的碰撞。

（13）为增加底层与罩面层的黏结力，在底层抹灰抹平后，用带齿的抹灰板沿平行网格方向在表面拉出小槽，以利于罩面砂浆的粘接。

第二节　骨架隔墙工程的维修

骨架隔墙是指在隔墙龙骨的两侧安装墙面饰板，从而形成墙体的一种轻质隔墙。这类隔墙主要是由龙骨作为受力的骨架，将骨架固定于建筑主体结构上。

骨架隔墙中所用的龙骨，常见的有轻钢龙骨系列、其他金属龙骨及木龙骨等；骨架隔墙中所用的墙面板，常见的有纸面石膏板、人造木板、金属装饰板、塑料装饰板、水泥纤维板及防火板等。

骨架隔墙的构造组成、所用材料和施工方法等，与板材隔墙相比更加复杂、困难，在施工和使用过程中更易出现质量缺陷，需要采取相应措施进行维修。

一、轻钢龙骨安装的质量问题

（一）存在质量现象

骨架隔墙的施工质量，在很大程度上取决于龙骨的安装，如果轻钢龙骨与主体结构地面、顶面和墙面连接不牢，轻钢龙骨的安装间距不均匀，门窗口及水电管线设备处没设置附加龙骨，轻钢龙骨安装后未进行隐蔽工程验收等，不仅会影响罩面的安装和龙骨的质量，甚至影响

隔墙的安全使用。

（二）产生原因分析

（1）由于沿地、沿顶和沿墙龙骨与主体结构固定点间距过大，轻钢龙骨产生一定的变形，有的通贯横撑龙骨、支撑卡装得数量不够等，使整片轻钢龙骨的骨架没有足够的刚度和强度，罩面板安装后受到外力作用，容易出现裂缝等质量缺陷，严重影响隔墙的安全使用。

（2）龙骨的间距大小决定着罩面的牢固性和隔墙的经济性，如果龙骨的间距过小，则会浪费材料和人工，工程造价较高。当设置的竖向龙骨间距过大或不均匀时，罩面板的牢固性比较差，隔墙上的板材易产生裂缝。

（3）隔墙龙骨与门窗口、水电管线设备等处的特殊节点，也是隔墙中比较薄弱的部位，应当根据工程实际情况设置附加龙骨。如果没有设置适当的附加龙骨，会影响节点安装的牢固性。

（4）隔墙龙骨安装完毕后，由于龙骨和水电、暖气设备等未通过自检、互检和专业检查，没有办理隐蔽工程验收手续，其安装质量不能得到可靠的保证，往往造成罩面板安装后再拆除，进行必要的修整和维修，不仅浪费工时和材料，而且影响安装质量。

（5）在轻钢龙骨安装前，未按设计图纸在安装位置进行弹线，使龙骨的安装无依据，造成间距不均匀或有些构件安装数量不足，从而造成骨架的强度和刚度不满足要求，罩面板会随着骨架发生较大变形或损坏。

（三）防治维修方法

（1）在轻钢龙骨正式安装前，首先按工程实际尺寸、对照设计图纸在安装位置进行弹线，使龙骨安装有可靠的依据和标准，使龙骨的间距均匀、合适，使隔墙的其他构件安装数量满足要求。

（2）当设计采用陶瓷、水磨石、大理石等踢脚板时，在墙的下端应浇筑 C20 混凝土墙垫；当设计采用木板或塑料板等踢脚板时，墙的下端可以直接搁置在地面上。安装时先在地面或墙垫层及顶面上，按位置线铺设橡胶条或沥青泡沫塑料，再按规定的间距用射钉或膨胀螺栓，将沿地、沿顶和沿墙的龙骨固定在主体结构上。

（3）龙骨一定要固定牢固。射钉的中间距离按 0.6～1.0m 布置，水平方向不大于 0.8m，垂直方向不大于 1.0m。射钉射入基体的最佳深度：混凝土基体为 22～32mm，砖砌体基体为 30～50mm。龙骨接头要对齐顺直，接头两端的 50～100mm 处要设固定点。

（4）将预先切好长度的竖向龙骨对准上下墨线，依次插入沿地、沿顶龙骨的凹槽内，其翼缘朝向拟安装的板材方向，调整好垂直度及间距后，用铆钉或自攻螺钉进行固定。竖向龙骨的间距应符合设计要求，一般宜采用 300～600mm 左右。

（5）在安装完毕门窗洞口的加强龙骨后，再安装通贯横撑龙骨和支撑卡。通贯横撑龙骨必须与竖向龙骨的冲孔保持在同一水平上，并要卡紧牢固，不得有松动现象，这样可将竖向龙骨撑牢，使整片轻钢龙骨骨架有足够的强度和刚度。

（6）在安装罩面板之前，应当检查轻钢龙骨安装的牢固程度、门窗洞口、各种附墙设备、管线安装和固定是否符合设计要求。如果有不牢固的地方，应采取措施进行加固，经检查验收合格后填写隐蔽工程验收记录。

（7）在安装竖向龙骨时，龙骨间距和垂直度应符合设计要求，原则上潮湿房间和钢丝网抹灰墙，龙骨的间距不宜大于 400mm。当设计无明确要求时，其间距可按板的宽度确定，如为石膏板隔墙，龙骨间距为 403mm、603mm。

（8）在安装支撑龙骨时，应先将支撑卡安装在竖向龙骨的开口上，支撑卡的间距一般为

400～600mm，距龙骨两端的距离宜为 20～25mm。

（9）在安装通贯龙骨时，其设置的道数应根据隔墙高度而确定。高度低于 3m 的隔墙安装一道，高度 3～5m 的隔墙安装两道。

（10）当罩面板的横向（水平）接缝处不在沿地、沿顶龙骨上时，应设置横撑龙骨固定板缝。

（11）门窗洞口或特殊节点处，安装附加龙骨应符合设计要求。水电管线设备处，应根据实际情况适当增加龙骨加强。

（12）龙骨安装完毕后应进行自检和互检，检查龙骨的安装是否牢固，间距是否合理，特殊节点处附加龙骨是否需要等，检查合格后办理隐蔽工程验收记录。

（13）水电暖管线及设备安装后，按有关规定经过自检合格后，也应办理隐蔽工程验收记录。

（14）在各个专业工种自检合格，并办理隐蔽工程验收记录的基础上，由总包方组织土建与水电设备安装专业办理交接检查并签字认可后，方可进行罩面板施工。

二、木质龙骨安装的质量问题

（一）存在质量现象

木龙骨隔墙所用的龙骨材质、规格、含水率不符合设计要求，导致龙骨产生劈裂、扭曲、变形，与主体结构固定不牢，隔墙出现松动倾斜，既严重影响隔墙的美观和使用，又不符合耐久性的要求。

（二）产生原因分析

（1）在进行木质隔墙设计时，对于所用的木龙骨未提出明确规定，或者施工中未严格按设计要求进行选材，导致木龙骨树种不当、材质太差、规格过小。

（2）木龙骨用于木质隔墙后，经常经受温度、湿度和其他介质的作用，如果不按要求进行防腐、防火处理，也会导致木龙骨出现劈裂、扭曲、变形，甚至使隔墙变形。

（3）在进行木龙骨安装时，未按规定的顺序施工，先安装竖向龙骨，并将上、下槛断开，竖向龙骨横撑没有与上下槛形成整体骨架，从而造成木龙骨出现松动。

（4）在进行木龙骨安装时，上、下槛与主体结构固定不牢靠，致使隔墙牢固性和整体性都不符合要求，严重影响隔墙的使用。

（三）防治维修方法

（1）木质隔墙的木龙骨应采用质地坚韧、不易腐朽、无节疤、斜纹少、无翘曲的红松或白松制作，容易变形和开裂的黄花松、桦木、柞木等硬质树种不得使用。

（2）木龙骨的用料尺寸，一般应不小于 40mm×70mm；其含水率应符合设计要求，一般不宜大于 12%，如果含水率过高，应采取措施进行烘干处理。

（3）木龙骨必须进行防腐和防火处理，其处理的质量应符合设计要求和《木结构工程施工质量验收规范》（GB 50206—2002）中的有关规定。

（4）接触砖石或混凝土的木龙骨架和预埋木砖，必须进行防腐处理，所用的铁钉等必须进行镀锌，并办理相关的隐蔽工程验收手续。

（5）木质隔墙木龙骨所用的木材，应当严格按设计的要求进行选材，凡有腐朽、劈裂、扭曲、疤节等疵病的木料不得使用。在制作木龙骨时，必须严格按设计尺寸加工，不得任意降低标准。

（6）在木龙骨安装前，应当先在地面上弹出位置线，并引测到两端墙、平顶、梁底或柱子上。然后根据弹线位置，检查墙或柱子上预埋的木砖、平顶或梁底预留的钢丝位置和数量，如有偏差和遗漏应进行修整、补充。

（7）在安装木龙骨骨架时，首先钉牢固靠墙的立筋，将立筋靠墙直立并钉牢于墙内的防腐木砖上，然后安装上、下槛。将上槛托到平顶或梁的底部，用预埋钢丝绑牢，两端顶住靠墙立筋钉牢；将下槛对准地面上的弹线，两端撑架靠墙立筋的底部。

（8）在下槛上划出中间立筋的位置，将立筋按位置顶紧上、下槛，并分别用铁钉斜向钉牢。立筋的间距一般为：钉板条时为 400~500mm；钉板材时应符合板材的宽度，一般为 400~600mm。

（9）为将立筋连成一个整体，在立筋之间应设置横撑，横撑可以不与立筋垂直，将其两端按相反方向锯成斜面，以便楔紧和钉牢，横撑的垂直间距为 1.2~1.5m。

（10）木质隔墙的木龙骨安装完毕后，应经过严格的自检和互检，合格后办理隐蔽工程验收手续。

（11）对于因选用的木龙骨树种不当、规格过小和材质太差而出现的质量问题，应当采取果断的重新更换措施，决不能迁就和放松。对于其他不影响耐久性和美观的质量缺陷，可根据实际情况采取措施进行维修。

三、纸面石膏板安装的质量问题

（一）存在质量现象

纸面石膏板是一种脆性材料，在安装中其纸面容易被切断破碎，石膏板的胀缩变形易造成板缝开裂，甚至产生变形、折裂、损伤等缺陷，不仅影响石膏板与龙骨连接的可靠性、装饰效果，而且影响隔墙的强度、整体性和隔声性能。

（二）产生原因分析

（1）纸面石膏板在固定时，用普通螺钉或木螺钉进行固定，由于这种板材具有脆性，从而造成石膏板的纸面被切断破碎，严重影响石膏板与龙骨连接的牢固性。

（2）如果纸面石膏板隔墙的暗缝作为接缝处理，或者虽然留缝而未用配套接缝腻子嵌填找平，使隔墙石膏板胀缩变形，从而造成板缝开裂，裂缝可达 1~2mm，影响装饰质量。

（3）纸面石膏板与墙体的表面接缝、与龙骨的固定、板之间的接缝等，如果不符合设计与规范的要求，石膏板易产生变形、损伤等缺陷，影响隔墙的工程质量。

（4）由于施工人员缺乏技术培训以及责任心欠佳，把石膏板与基层板的接缝不但没有错开，而且落在同一根龙骨上，结果造成接缝过于集中，从而影响隔墙的强度、整体性和隔声性能。

（5）由于预留门洞尺寸较大，后塞口后缝隙较大，填入的 108 胶水泥砂浆不严不实，且收缩较大，同时门扇开闭的振动作用，使门口两个上角出现垂直裂缝，在龙骨接缝处嵌入以石膏为主的脆性材料，在门扇的撞击下，嵌缝材料与墙体不能协同工作，从而出现这种裂缝，影响观感质量。

（三）防治维修方法

（1）纸面石膏板与龙骨的连接螺钉，不要选用普通螺钉或木螺钉，应选用相应于各种面板的喇叭形钉帽的十字头自攻螺钉。

（2）在进行纸面石膏板安装时，应选用有倒角楞边外形的纸面石膏板，板与板的接缝处应留 5mm 左右的缝隙，并要做到宽窄一致、缝隙均匀。

（3）在缝隙中嵌入腻子前，应当将缝内的浮灰和杂物清除干净，用小刮刀将接缝腻子嵌入板缝，并与板面填实刮平。

（4）待接缝腻子终凝时（大约 30～40min），再刮一层较稀的底层腻子，厚度 1mm，宽度 60mm 左右，随即用贴纸器粘贴接缝玻璃纤维带，用刮刀由上而下一个方向用力刮平刮压，赶出腻子与玻璃纤维带间的气泡。紧接着在玻璃纤维布上刮一层宽 80mm、厚 1mm 的中层腻子，将玻璃纤维埋入腻子层中，最后再用腻子填满楔形槽与板面齐平，这样可避免产生玻璃纤维带粘接不牢和翘曲现象。

（5）纸面石膏板应在无应力状态下进行安装，不得将板强压就位。板与周围墙或柱子应松散地吻合在一起，应留有不大于 3mm 的槽口，先将 6mm 左右的嵌缝膏注入，然后铺板并挤压嵌缝膏，使石膏板与邻近表层紧密接触，阴角处用腻子嵌满，并粘贴上玻璃纤维带，阳角处应做护角。

（6）隔离纸面石膏板的下端如用木质或塑料踢脚板时，石膏板应当离地面有 10～15mm 的距离；用水泥、水磨石、大理石等踢脚板时，石膏板的下端应与踢脚板上口齐平，缝隙应用 YJ4 型密封膏填充密实。

（7）纸面石膏板一般应竖向铺设，长边的接缝必须落在竖向龙骨上。石膏板的对接缝应当错开，隔墙两面的板横向接缝也应当错开；墙两面的接缝不能落在同一根龙骨上。板与吊顶进行连接时，只与竖向龙骨固定；板与墙（柱）进行连接时，只与连接处的第 2 根竖向龙骨固定。

（8）纸面石膏板一般宜采用整板，铺钉时应从板的中部向四周固定，钉帽略埋入板内，但不得破坏纸面，固定螺钉必须使用配套的自攻螺钉。钉子的长度：单层 12mm 厚的板，不得小于 25mm；双层 12mm 厚的板，不得小于 35mm。钉子的间距：四周为 250mm，中间为 300mm，周边的钉子距离板边缘为 10～15mm。

（9）在进行纸面石膏板安装前，应根据工程技术的难易程度和操作要点，对施工人员进行技术培训，熟悉施工规范和操作规程中的有关要求，严格具体操作、确保工程质量。

（10）在进行双层纸面石膏板安装前，由现场技术人员向操作工人进行技术交底，严格按工艺标准规定操作，龙骨两侧的石膏板及龙骨一侧的内外两层石膏板，均应当错缝进行安装，接缝不得落在同一根龙骨上。

（11）双层纸面石膏板面板与基层板的连接，既可以采用自攻螺钉进行固定，也可以采 SG791 胶黏剂进行粘贴，黏结厚度 2～3mm 为宜。

（12）为避免门口上角的石膏板在接缝处出现开缝，其两侧的面板应当采用刀把形的石膏板。

（13）当出现接缝落在同一根龙骨上时，可以通过调整局部板的宽度，使两侧或上下层板的接缝错开。当玻璃纤维带出现翘曲和粘接不牢时，必须将翘曲和粘接不牢处重新进行施工，以确保工程质量。

四、纸面石膏板运输与堆放不当

（一）存在质量现象

由于纸面石膏板是一种脆性材料，如果在运输、装卸和堆放过程中不当，很容易造成石膏板的损坏和强度降低，严重者甚至成为废品。

（二）产生原因分析

（1）纸面石膏板在运输和装卸过程中，不仔细、小心地进行操作，而且野蛮装卸和运输，很容易造成石膏板纸面破损、缺棱掉角，甚至出现折断和裂缝。

（2）在运输的过程中遇到雨天，石膏板又未采取遮盖保护，或者在现场堆放中未将其支垫，也未采取用苫布遮盖，使石膏板严重受潮，板材的强度大大下降，在吊装和安装的施工中，很容易使板材纸面出现破损和折断。

（三）防治维修方法

（1）在进行纸面石膏板的场外运输时，应采用适宜的运输工具，车厢的宽度应大于 2m、长度应大于板长。运输时车厢内的堆置高度不大于 1m。板与车帮、堆垛之间应留有空隙。各堆垛板材必须捆绑牢固。

（2）在运输过程中，应选择平坦的道路，以避免产生颠簸损坏。在雨天和雪天运输时，应用油布加以遮盖，防止雨雪水使板材受潮，而使石膏板强度受到损失。

（3）纸面石膏板最好在仓库（室内）存放，当在露天堆放时，应选择地势较高而平坦的场地搭设平台，平台应高出地面 300mm 以上，在平台上满铺一层油毡，堆垛的周围应用苫布进行遮盖。

（4）纸面石膏板采用室内存放时，在板的下方应垫上方木，与潮湿的地面进行隔离。对于湿度比较大的地区，堆垛的表面及周围还应涂刷防潮剂。

（5）纸面石膏板的堆放高度应当适宜，一般不允许大于 1.0m；板底下面所垫的方木间距应当符合要求，一般不大于 600mm；为便于检查和管理，石膏板的堆垛之间应留有一定的空隙，一般不小于 300mm。

五、胶合板、纤维板安装的质量问题

（一）存在质量现象

胶合板和纤维板都是厚度较薄、容易变形的人造板材，在安装过程中很容易出现板面起鼓、翘曲、表面不平、节点做法不符合要求等质量缺陷，不仅严重影响隔墙饰面的装饰效果，而且还可能造成安装不牢等质量问题。

（二）产生原因分析

（1）胶合板和纤维板采用钉子固定时，由于所用的钉子尺寸过小，钉子固定面板的力不满足要求，或者钉子的间距过大，或者板的边角处钉子有遗漏等，都会造成板面起鼓、翘曲，严重影响隔墙外观装饰质量。

（2）采用的木龙骨含水率过大，安装前又未进行干燥处理，安装后干燥易发生变形，或者室内抹灰时龙骨因受潮而变形，从而造成安装胶合板和纤维板的骨架不平；如果龙骨安装板材的一面未进行刨光找平，也会造成板材安装后表面凹凸不平。

（3）在选择面板时没有考虑到防潮防水，使板材受潮后出现松软变形和边部翘起，或者选用的板材厚薄不一，也没有采取相应的补救措施，将面板安装后造成墙面不平、接缝不同、接头不严，严重影响隔墙外观。

（4）由于安装面板所用的钉子尺寸过小、间距过大，或者钉板的顺序不当（如先上后下），造成面板表面凹凸不平。

（5）在进行面板安装前，由于对设计图纸交代不清，或技术人员向施工人员交底不详，造成面板与墙、顶交接处不顺直，与门框不交圈，接头不严、不直，接缝处出现翘曲，踢脚板出墙尺寸不一致，也严重影响隔墙的装饰观感质量。

（6）由于采用硬质纤维板材料，其具有明显的湿胀干缩性能，如果安装前未进行浸水湿处理，安装后会因吸收空气中的水分而产生膨胀；若四周已有钉子将其固定，面板无法伸胀，必然会造成起鼓、翘曲等质量缺陷，也影响面板的装饰质量。

（三）防治维修方法

（1）当胶合板采用钉子装订时，应当采用长度不小于 25～35mm 的钉子，钉子的间距不大于 80～150mm；当纤维板采用钉子装订时，应当采用长度不小于 20～30mm 的钉子，钉子的间距不大于 80～120mm。钉子的钉帽应当砸扁，钉帽钉进板面表面的深度为 0.5～1.0mm，钉眼要用油性腻子抹平，干燥后打磨平整。

（2）当胶合板和纤维板采用木压条固定时，木压条应选用干燥无裂纹的材料制作。钉子的间距不应大于 200mm，钉帽也应当砸扁，并钉入木压条面 0.5～1.0mm，钉眼要用油性腻子抹平，干燥后打磨平整。

（3）隔墙木龙骨所用的木料，应按照设计要求进行选用，一般应选用红松、白松等不易变形的木材，其含水率一般不应大于 15％，并要做好防腐、防火处理。所有龙骨钉板的一面应刨光找直，龙骨骨架应严格按照弹线进行组装，并要做到尺寸一致、找方找直，尤其是交接处要平整。

（4）隔墙板材应根据所用部位选择相应的面板品种，如湿度较大的环境不得使用未经防水处理的胶合板和纤维板，硬质纤维板在安装前应进行浸水湿处理。在进行面板装钉时，如果所用的板材厚薄不均，应当以厚板为标准，对薄的面板的背面进行支垫，并达到垫实、垫平的要求。

（5）隔墙的面板应在室内抹灰完成后，干燥一段时间再进行铺钉，以防止面板因受潮而变形。铺钉面板应当按照一定的顺序，一般应从下面角上逐块进行，并以竖向装钉比较好，板与板的接头处宜做成有坡度的楞。如果采用留缝的做法，面板应从中间向两边由下而上铺钉，接头缝隙以 5～8mm 为宜。板材的分块大小应按设计要求，拼缝应设置于竖向龙骨和横撑龙骨上。

（6）在进行纸面石膏板隔墙施工前，首先应进行图纸会审，对细部节点构造必须交待清楚，必要时绘制节点构造大样图，以便于施工人员照图操作。

（7）为防止潮湿的气体从边部侵入隔墙内部而引起边缘的翘曲，应在板材的四周接缝处设置盖口条，将缝隙封盖严密，如图 10-3 所示。

（8）板材罩面的下端，如果采用木踢脚板覆盖，板材应离地面 20～30mm，如果采用大理石、水磨石踢脚板，下边应砌上二层砖，在砖上固定下槛，上口应将其抹平，面板直接压在踢脚板的上口，接缝一定要严密。

（9）门口处的节点构造应根据墙厚而定。当墙厚等于门框厚度时，可以设置贴脸；当墙厚小于门框厚度时，应当设置压条。

（10）面板在阳角处应做护角，以防止在使用中损坏墙角。

（11）当采用硬质纤维板时，在安装前应进行浸水湿处理。具体做法是：将板放入冷水池中浸泡 12h 以上，掺有树脂的纤维板应放入 45°左右的温水中浸泡 15～20min。板从水池中取出后，毛面向上堆放在一起，约 24h 后再打开堆垛，使整个板面处在室温 10℃以上的大气中，与大气温度保持平衡，一般放置 5～7d 后可使用。

（12）在隔墙的面板安装中，如果出现钉子的间距过大，可在两个钉子之间补加一个钉子；如果出现钉子长度不满足要求，相差较多时必须拔出重新再钉，相差较少时可在钉子之间补加较长的钉子。

（13）如果采用的木龙骨未进行防腐、防火处理，必须按规定重新进行处理；如果拼缝不位于竖向龙骨和横撑龙骨上，应将板材进行调整使其符合要求。

（14）隔墙的细部节点如果不符合要求，应重新进行施工，使其达到设计要求；如果硬质

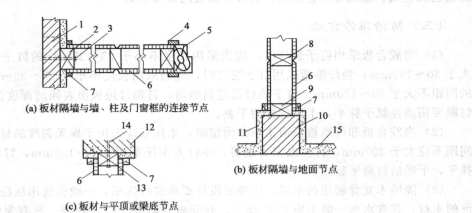

(a) 板材隔墙与墙、柱及门窗框的连接节点

(b) 板材隔墙与地面节点

(c) 板材与平顶或梁底节点

图 10-3 板材隔墙节点构造示意图

1—防腐木砖；2—靠墙立筋 40mm×70mm；3—铁钉；4—木贴脸板 15mm×40mm；

5—门窗框；6—板材；7—木角线；8—横撑木 40mm×70mm；9—下槛 40mm×70mm；

10—120mm 厚砖墙；11—踢脚板；12—平顶或梁底；13—上槛 40mm×70mm；

14—预埋直径 6mm、间距 1000mm 钢筋固定；15—地面

纤维板未进行浸水湿处理，必须按要求进行湿处理，并对其边角进行修整。

六、纸面石膏板接缝的质量问题

（一）存在质量现象

由于各方面原因，纸面石膏板的接缝处出现裂缝，不仅严重影响饰面的美观，而且容易使水在裂缝处浸入，对隔墙的使用功能和耐久性有很大影响。

（二）产生原因分析

（1）隔墙所用的纸面石膏板，板与板之间的接缝，没有根据不同的使用部位选用不同的接缝方法，从而导致接缝处出现裂缝。

（2）由于温度、湿度发生较大的变化，造成板材随着发生胀缩，如此反复进行使接缝处出现开裂。

（3）由于骨架和基层结构的刚度、强度的变化，引起板材接缝处发生变化，也可导致接缝出现裂缝。

（三）防治维修方法

（1）轻钢龙骨纸面石膏板隔墙板与板接缝的做法，一般可分为：无缝（暗缝）、压缝、明缝三种，如图 10-4 所示。这三种接缝方法，各有不同的工艺和不同的使用部位。

（2）无缝（暗缝）做法是在石膏板的拼缝处，用专用胶液调配的石膏腻子嵌入刮平，同时粘贴上 60mm 宽的玻璃纤维带，然后再用石膏腻子刮上一层。对于无缝做法应选用有倒角的石膏板，如图 10-4(a) 所示。这种做法由于限制了板的胀缩，板缝处有时还会出现裂缝，适用于一般的住宅居室。

（3）压缝做法是采用木压条、金属压条或塑料压条，压在板与板之间的缝隙处。对于压缝做法应选用无倒角石膏板，如图 10-4(b) 所示。这种做法可适应板的胀缩，适用于会议室、

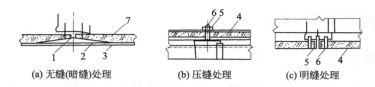

图 10-4　板接缝的不同做法

1—石膏腻子填缝；2—接缝玻璃纤维带；3—石膏腻子；4—矩形棱角石膏板；

5—铝合金压条；6—平圆头自攻螺钉；7—倒角棱边石膏板

办公室等较大房间，以及石膏板墙体与其他墙体材料交接处的节点处理。

（4）明缝做法是用特殊工具（如针锉和针锯）将板缝制成明缝，然后压进金属压条或塑料压条。对于无缝做法应选用有倒角的石膏板，如图 10-4（c）所示。这种做法板可以自由胀缩、滑动，对板缝处的开裂可起到掩饰作用。但是，明缝施工难度很大，很难做得比较挺拔。适用于公共建筑的大房间以及有振动的部位。

七、隔墙内的填充材料不合格

（一）存在质量现象

隔墙内填充的材料，一般应能起到保温、隔热和隔声的作用，如果填充的材料不合格，不仅会影响隔墙的使用功能，而且导致材料发霉变质、污染空气。

（二）产生原因分析

（1）所用的填充材料不合格，或者填充材料受潮，导致填充材料保温、隔热和隔声效果明显下降，同时会使填充材料变质。

（2）由于没有按设计要求进行填充材料施工，将填充材料铺设过薄，起不到保温、隔热和隔声的作用，从而影响隔墙的使用功能。

（三）防治维修方法

（1）隔墙内所用填充材料的品种、规格和性能，应符合设计要求，不允许使用不合格的填充材料。

（2）填充材料应保持干燥，填充应当密实、均匀，不得出现松散、漏填、局部下坠等质量缺陷。

（3）填充材料的铺设厚度必须符合设计要求，保持厚度均匀、整体一致，在铺设后应经过质量检查，合格后填写隐蔽工程验收记录。

第三节　活动隔墙工程的维修

活动隔墙是指推拉式活动隔墙、可拆装的活动隔墙等。这一类隔墙大多使用成品板材及其金属框架、附件在现场组装而成，金属框架及饰面板一般不需再做饰面层。也有一些活动隔墙不需要金属框架，完全是使用半成品板材现场加工制作成活动隔墙。

活动隔墙在大空间多功能厅室中经常使用，由于这类内隔墙是重复及动态使用，必须保证使用的安全性和灵活性。活动隔墙最大的特点是可以移动，其使用要求很高，在施工和使用过程中很容易出现质量问题，需要采取相应措施进行处理和维修。

一、墙板和配件不符合要求

（一）存在质量现象

活动隔墙所用的墙板和配件质量如何，对于隔墙的装饰效果和使用功能影响很大，有的甚至在使用中发生损坏等质量问题。

（二）产生原因分析

（1）在进行活动隔墙设计时，没有根据隔墙的使用场合，选用适宜的墙板和配件，结果造成在设计阶段选择的材料不符合工程实际。

（2）在材料进场时未进行严格的验收，墙板和配件等材料既没有产品合格证书，也没有性能检测报告，从而造成品种、规格和性能不符合设计要求。

（3）活动隔墙所用的木材含水率过高（大于15%），未按规定进行防腐、防火和防潮处理，也没有相应性能等级的检测报告。

（三）防治维修方法

（1）在进行活动隔墙设计时，首先应了解隔墙的使用场合、建筑主体等级和装饰标准，根据工程实际选用适宜的墙板和配件。

（2）在墙板和配件等进场时，必须根据设计要求和供货合同进行验收，严格检查产品合格证书和性能检测报告，有必要时也要进行复验。对于不合格的墙板和配件等材料，不能用于隔墙工程。

（3）活动隔墙所用的木材必须符合设计要求，一般应采用材质较好的白松或红松。要严格控制木材的含水率，一般不得大于15%。对于含水率过大的木材，应当先进行干燥处理，后制作所需要的木构件。

（4）活动隔墙所用的木龙骨和板材，应当按照有关规定进行防潮、防水、防腐和防火处理，并应有相应性能等级的检测报告。对于有以上"四防"要求的活动隔墙，如果未按要求进行处理，必须重新按规定再处理。

二、隔墙轨道安装不合格

（一）存在质量现象

活动隔墙最大的特点是具有活动性，可以在轨道上（也可无轨道）灵活滑动。如果轨道安装不合格，隔墙的滑动则很费力，也容易出现对隔墙和轨道的损坏。

（二）产生原因分析

（1）活动隔墙的墙体与轨道不配套，不能在轨道上灵活地进行滑动，这样就可以造成隔墙使用功能较差，甚至出现脱轨现象。

（2）在进行活动隔墙轨道的安装中，未对轨道的安装位置进行仔细测定，造成轨道位置偏移，或轨道不顺直，隔墙不能在轨道上自由滑动。

（3）在进行活动隔墙轨道的安装中，由于安装人员技术不熟练，或者轨道与基体结构连接不牢固，不仅会造成安装不合格，也会使隔墙在使用中轨道偏移更加严重。

（三）防治维修方法

（1）在活动隔墙所用的轨道进场时，必须进行严格的质量验收，检查轨道的品种、规格和性能是否符合设计要求，是否与隔墙相配套，不合格和不配套的轨道要做退货处理，不能用于活动隔墙工程。

（2）为确保轨道的使用功能和安装顺利，在比较大的活动隔墙工程施工中，首先要进行局部隔墙与轨道配套试验，以便检查轨道的适应性，并积累安装的经验。

（3）在轨道正式安装前，应根据设计图纸的要求，用比较精密的仪器对轨道安装位置进行放线，防止出现轨道位置不准确、铺设不顺直等质量问题，确保隔墙在轨道上自由滑动。

（4）在进行活动隔墙轨道的安装前，对轨道的安装要进行技术交底，使施工人员掌握安装要点，必要时应进行技术培训。

（5）活动隔墙的轨道要确保安装牢固，这是衡量轨道安装质量的重要方面。安装完毕后一定要进行自检、互检和质量检查验收。安装不牢固的轨道，必须采取措施确保牢固。

三、隔墙表面装饰效果较差

（一）存在质量现象

活动隔墙的表面装饰效果如何，代表着整个隔墙的装饰效果。如果活动隔墙表面色泽不一致、花纹不协调、线条不顺直、面层较粗糙、出现局部污染等缺陷，将会严重影响隔墙的美观。

（二）产生原因分析

（1）在隔墙面层施工时，对所用的板材未进行严格挑选和排列，使色泽、花纹不一致的饰面材料混在一起，安装时又不再进行搭配，使隔墙表面的色泽不一致、花纹不协调，严重影响活动隔墙的装饰效果。

（2）在隔墙面层施工过程中，由于操作人员不认真或技术水平较低，对面层的加工达不到设计要求，从而造成线条不顺直、面层不平整、表面不光滑。

（3）在隔墙面层施工中和完成后，由于对面层未采取相应的保护措施，使面层受到一些物质的污染，从而影响活动隔墙的面层美观。

（三）防治维修方法

（1）在隔墙面层的板材进场后，应按照供货合同和设计要求进行检验，使板材的品种、规格、色泽和花纹相同，对于品种不对、色差较大、花纹不同、规格不符的板材，坚决作为退货进行处理。

（2）在隔墙面层正式安装前，对所用的板材必须进行严格挑选和排列，使同一墙面的板材品种一样、规格相同、色泽一致、花纹协调。对于安装后发现色泽有差异、花纹不协调等质量缺陷，应当将有缺陷的板材拆除，重新换上合格的板材。

（3）在进行隔墙面层板材安装前，应由技术人员向操作人员进行技术交底，讲明隔墙表面对装饰的要求，交待在操作中的注意事项，教育施工工人要认真对待。对于某些技术难点，可通过岗位培训解决。

（4）在隔墙面层安装完成后，应当对面层的安装进行质量检查，不合格之处应进行修整，合格的应采取相应的保护措施，不使面层受到污染和破坏。

四、隔墙面层板材安装不合格

（一）存在质量现象

活动隔墙面层板材安装质量对于隔墙的美观影响很大，但在安装中往往出现表面不平整、立面不垂直、接缝不平顺等质量缺陷，严重影响其装饰效果，发现此类问题必须采取相应措施，加以维修。

（二）产生原因分析

（1）在进行隔墙面层板材安装前，对主体结构楼地面的施工质量未进行检查验收，由于主体结构楼地面不平整，又未按照要求进行维修，必然导致隔墙安装不垂直。

（2）隔墙的面层板材安装，未严格按照施工规范进行操作，或者具体操作人员技术水平不高，或者施工人员责任心不强，也会造成活动隔墙面层板材安装不平整、接缝不平顺、立面不垂直。

（3）在活动隔墙的面层板材安装后，在使用过程中由于使用方法不当，从而造成活动隔墙变形，也会使隔墙上的面层板材发生变化，出现安装不平整、接缝不平顺等质量缺陷。

（三）防治维修措施

（1）在进行隔墙面层板材安装前，对主体结构楼地面的施工质量要进行检查验收，对于不平整的楼地面，要采取浇筑砂浆或细石混凝土的措施进行修补，使安装活动隔墙处的楼地面达到平整，以便使隔墙安装后的垂直度符合要求。

（2）在进行隔墙面层板材安装前，应对具体操作人员进行质量意识教育和技术交底工作，必要时还应进行岗位培训，使操作人员严格按照施工规范进行操作。

（3）在活动隔墙的面层板材安装后，要加强对隔墙成品的保护，要采用正确的使用方法，确保隔墙在使用中不产生变形；在使用中出现的一些轻微质量缺陷，应及时进行维修。

第十一章

门窗、隔墙与隔断工程实例

第一节　装饰门窗工程实例

一、某超高层建筑平开铝合金窗扇（固定扇）反向安装施工技术

超高层建筑投入使用后，窗扇玻璃的更换和防水是一个比较难以解决的问题，经过工程实践证明，平开铝合金窗扇（固定扇）采用反向安装的施工方法，可以圆满解决此问题。采用反向安装施工技术措施，可以使超高层建筑窗扇玻璃的更换和防水变得简便易行。

（一）铝合金窗的安装工艺

1. 下料及加工

根据平开铝合金窗的设计图纸，审阅各节点的构造及组成，进行备料并制作下料单，然后按下料单进行拼装。在整个加工过程中，要做好成品的保护工作，防止出现损伤或造成永久性缺陷。

2. 铝合金窗安装

根据施工人员提供的测量基准点，校对窗洞口的位置、垂直线及水平标高线，确定平开铝合金窗的安装位置。安装前先在铝窗框与水泥砂浆接触面的坑槽处刷一道防腐涂料，再用防水水泥砂浆填满框槽。待砂浆初凝后，用木条在表面压上"凹"型槽，以防止窗框槽内出现空隙而造成雨水渗漏。窗框安装后核对窗框的标高、垂直度和对角线是否符合要求。

3. 窗框防水处理

铝合金窗的窗框防水处理，一般有刚性防水和柔性防水两种。这两种不同的处理方法，施工方法是不同的。有时柔性防水也是刚性防水的补充。

（1）窗框的刚性防水。窗框安装完毕经检验合格后，先用1∶2防水干硬性水泥砂浆沿窗框周边填满并捣压密实，隔天后在窗框周边钉上钢丝网，再用1∶2防水水泥砂浆刮平收边。

（2）窗框的柔性防水。在基层刚性防水层干硬后，用水溶性防水胶沿着洞口的周边100mm范围涂刷2遍，从而形成柔性防水膜，以防因刚性水泥砂浆收缩造成雨水渗漏。

4. 饰面砖的施工

饰面砖施工过程中，应注意面砖与铝合金窗框留出一道8mm宽的缝，缝中的水泥浆应清理干净。

5. 窗扇防水处理

饰面砖完成后，将保护铝框的胶纸撕干净，安装玻璃。玻璃安装后，进行窗扇的节点细部防水处理，窗框拼条间用耐候胶填缝，玻璃与铝合金窗框间用玻璃胶填缝，铝合金窗框与墙体接触面用建筑防水胶填缝。

6. 进行防水试验

铝合金窗全部安装完毕后，要进行防水试验，检查和评价其防水效果。防水试验比较简单，即将合金窗扇全部关闭，用高压消防水枪进行射水试验，室内墙面应无出现任何水迹，方可确认窗的防水性合格。

（二）铝合金窗的施工要点

为确保铝合金窗的安装工程质量，在安装过程中应注意以下施工要点。

（1）由于铝合金型材拼装的榫口普遍存在接头不密封问题，所以在安装时需要在榫口上涂胶，以杜绝雨水产生渗漏。

（2）固定玻璃窗首先用空心胶条分段填塞，然后再用玻璃胶进行密封。开启活动窗扇的空心胶条断口应改为焊接。

（3）为防止出现雨水渗漏，应认真处理窗顶的滴水和窗台室内高差的构造。由于目前正反向组合平开窗的铝材尚无特型材料供应，所以该施工工艺采用将铝材止口正点反向拼装，从而形成同一立面，这样可使窗的固定部位与活动部分窗框止口存在结构性高差。在确定饰面砖模数时，滴水线收口和窗台泄水坡要特别注意。

本工程采用铝合金平开窗固定窗扇反向安装的施工工艺，经广东省建筑科研部门进行风洞检测及现场高压射水试验，防渗效果良好。

二、聚氨酯发泡填缝材料在铝、塑门窗安装中的应用

聚氨酯填缝材料无论其防渗漏效果，还是其保温、隔声、防腐、绝缘性能均比较突出。工程实践证明，聚氨酯填缝材料在施工中，不仅需注意渗漏防治和低温不发泡的防治，同时施工人员还需注意采取安全生产措施。

聚氨酯发泡填缝材料（以下简称 PU 填缝料），具有超低热传导率、低吸水性、不易收缩干裂、防腐、绝缘、隔声、自熄等性能，可用于各种建筑材料的填空补缝、密封堵漏、隔声、保温和黏结固定，近年来在铝合金及塑料门窗安装中得到了广泛使用。

（一）铝、塑门窗安装中填缝方法的比较

1. 安装规程中的要求

关于铝、塑门窗窗框与洞口之间的缝隙填充方法，行业标准《塑料门窗工程技术规程》（JGJ 103—2008）中规定："窗框与洞口之间的伸缩缝内腔应采用闭孔泡沫塑料、发泡聚苯乙烯等弹性材料分层填塞，填塞不宜过紧。填塞后，撤掉临时固定用木楔或垫块，其空隙也应采用闭孔弹性材料填塞"。

2. 几种不同做法的对比

（1）从满足规定角度比较。我国目前最常见的铝、塑门窗填缝材料有 PU 填缝料、矿棉毡、玻璃棉毡、沥青麻丝和水泥砂浆等，其中水泥砂浆在铝门窗的安装中应用比较普遍，但其效果不能满足规定要求，在多年的使用中已暴露出种种缺陷，如防腐措施不当造成框料的腐蚀、填塞不密实造成渗漏、保护不当造成框料的污染和限制框料的自由胀缩等。

（2）从防渗漏效果比较。目前，门窗防渗的具体做法是：在缝隙的表面填嵌缝油膏，但由于某些嵌缝油膏自身质量不过关、易老化或由于施工前清理不净造成嵌缝膏粘接不牢、施工马虎造成嵌缝膏厚度不足等原因而引起渗漏，因此紧靠这一条防水屏障是不够的，若在填缝层内再设一道防水屏障，效果将大为改观。

PU 填缝料由于填缝料本身发泡膨胀保证了填缝密实，且其具有较强的黏性，使框与填缝料粘接处不会产生裂缝。从防治渗漏的角度看，PU 填缝料比用水泥砂浆更为有效。

(3) 从保温、隔声性能比较。PU 填缝料热导性相对较低，热导率仅为 $0.03 \sim 0.04 \mathrm{W}/(\mathrm{m} \cdot \mathrm{K})$，且密度仅为 $20\mathrm{kg/m^3}$，有很好的保温和隔声效果；矿棉毡、玻璃棉毡的保温、隔声性能也较好，但随时间的推移会逐渐降低；而水泥砂浆则根本不具备保温性能。

(4) 从防腐、绝缘性能比较。PU 填缝料及矿棉毡、玻璃棉毡等，均具有良好的防腐蚀和绝缘性能，水泥砂浆则不具备绝缘性能，且对铝合金有腐蚀作用，因此采用水泥砂浆填缝时，必须对铝合金框与水泥砂浆接触面采取防腐措施。

（二）PU 填料的施工方法

1. PU 填料的施工准备工作

(1) 对 PU 填缝料的验收。PU 填缝材料对填缝的效果如何，关键在于这种材料的质量好坏。因此，在施工前应检查是否有出厂合格证，出场时间是否在规定期限内（一般规定不得超过 18 个月）。

(2) 刮底粗糙处理。对门窗口四周进行刮底粗糙处理时，洞口与窗框间隙视墙体饰面层材料不同而定，一般控制填缝宽度为 $15 \sim 20\mathrm{mm}$（如图 11-1 所示），其原因是：一般墙体饰面均有刮底粗糙程序，先刮底，粗糙对饰面层施工没有影响；刮底粗糙处理与填缝不同，一般都可以保证密实，不会因此而产生渗漏；缝隙宽度控制为 $15 \sim 20\mathrm{mm}$，既保证灌缝的操作，也满足了规范所考虑的门窗材料的自由胀缩，并可减少 PU 填缝料的用量，降低工程成本。

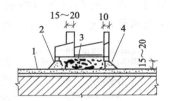

图 11-1 门窗口下部节点

（单位：mm）

1—刮底粗糙；2—外侧嵌填嵌缝膏；
3—PU 填缝料；4—内侧水泥砂浆勾缝

(3) 对前道工序进行验收。根据设计要求和现行有关铝、塑门窗安装及验收规范的规定，应对门窗的原材料质量、制作安装质量进行验收，还应对门窗框安装与建筑物连接方法以及连接件的规格、质量、间距、位置进行隐蔽验收。

(4) 外侧嵌填嵌缝膏。按照《塑料门窗工程技术规程》（JGJ 103—2008）的规定，外侧应采用嵌缝膏进行密封处理。

(5) 清理缝隙。带外侧勾缝的水泥砂浆终凝后，先用钢筋钩清除缝内砖屑、石子等杂物，再用毛刷、吹鼓起（俗称皮老虎）清除里面的浮尘。

2. PU 填缝料的施工操作

(1) 基层湿润。填注 PU 填缝料前先在基层用喷水壶喷洒一层清水，为保证喷洒均匀，要使其形成水雾（可用小型加压喷雾器）。其原因是基层湿润有利于 PU 填缝料充分膨化，且有利于 PU 填缝料与周围充分粘接。

(2) 填缝操作。将罐内 PU 填缝料摇匀 1min 后装入喷枪，填注时按垂直方向自下而上，水平方向自一端向另一端的顺序均匀慢速喷射。由于 PU 填缝料具有膨化作用，在施工时喷射量可控制在需填充体积的 2/3，如需填入的深度为 90mm，则喷射深度控制在 60mm 左右，槽表面应预留 10mm 深凹槽。喷射后立即在表面再次用喷雾器喷洒水雾，以利于充分膨化。

(3) 修理及勾缝。PU 填缝料大约在施工后 10min 开始表面固化。1h 后即可进行下道工序。在充分固化后，应先对其进行修整，可用美工刀修理成 10mm 深的凹槽，然后用水泥砂浆勾缝加以保护。

3. 填缝的质量验收项目

(1) PU 填料验收。PU 填缝料本身的质量如何，对缝隙的防渗性能起着决定性作用，在填缝质量验收中，对 PU 填缝料的验收是非常重要的方面，在一般情况下可检查其出厂合格证，必要时再对其性能进行检验。

（2）隐蔽工程验收。隐蔽工程验收是极其重要的验收，主要包括以下两个方面：一是喷射PU 填缝料前的隐蔽验收，主要检查缝内是否清理干净，水泥砂浆勾缝深度是否恰当；二是最后勾缝前的验收，主要检查 PU 填缝料是否饱满，留槽深度是否恰当。

（3）抽样检查验收。在施工单位自检合格的基础上，按规范规定的数量（按不同门窗品种、类型的樘数各抽查 5%，并均不应少于 3 樘）进行抽查验收，主要是检查 PU 填缝料填嵌深度是否符合要求。

4. 常见质量问题防治

（1）渗漏防治。采用 PU 填缝料作为填嵌材料，只要严格按照要求施工一般不会出现渗漏。一旦发生渗漏其主要原因有：PU 填嵌料自身因素，现在市场上存在不闭孔发泡材料，由于其发泡后与孔相通，有可能渗漏；填缝时速度过快，造成 PU 填缝料不连续，有端口情况，留下渗漏隐患；门窗框固定方法不妥，因外力造成扭动引起 PU 填缝料与框料接触面开裂而形成渗水通道。

针对以上三种原因，采取的对策是：选用闭孔的聚氨酯 PU 发泡填缝材料；填缝操作时注意均匀慢速；将门窗框（特别是容易产生扭动的铝合金窗下框）与主体结构固定方法由一侧固定改为两侧固定（如图 11-2 所示）。

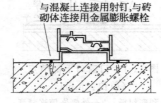

与混凝土连接用射钉，与砖砌体连接用金属膨胀螺栓

图 11-2　门窗框的固定方法

（2）低温不发泡的防治。PU 填缝料具有随温度升高发泡量增大的特性，如果温度太低则不能充分膨化，因此其施工温度不宜低于 5℃。如确需低温施工，可对料罐采取保温措施，如将料罐放在保温水桶内、料罐用泡沫塑料包裹等。

5. 安全生产措施

PU 填缝料中无致敏性物质，对人体基本是无危害性，并且不含氟利昂，这样有利于环境保护。但由于使用时会产生混合气体，对人体有一定的刺激，且其固化前有较强的黏性，因此使用时应按产品说明书要求并注意以下事项。

（1）PU 填缝料中虽然没有致敏性物质，但对人体有一定的刺激，所以施工人员在操作中应戴工作手套和护目镜。

（2）为防止有刺激气味的混合气体对人体健康有危害，在施工现场需要具有良好的通风条件，及时将不良气体排出。

（3）材料试验证明，PU 填缝料在较高温度下会产生一定的分解，影响其耐久性和其他性能。料罐所处环境温度应不高于 50℃。

第二节　隔墙与隔断工程实例

隔墙（断）的使用功能和使用寿命，在很大程度上取决于施工质量。不同构造和不同材料的隔墙（断），其施工方法和施工方案也有所不同。为便于进行常用隔墙（断）的施工，现介绍增强石膏空心条板隔墙施工方案、轻钢龙骨玻镁板隔墙施工方案和铝塑板墙面隔墙施工方案，供同类工程施工参考。

一、增强石膏空心板隔墙施工方案

增强石膏空心条板是一种轻质、环保型隔墙用板材，其具有质量比较轻、使用面积大、抗弯强度高、防火性能好、隔热保温、隔声调湿、装饰性优良、可加工性好、抗撞击性强等特点。增强石膏空心条板有标准板、门框板、窗框板、门上板、窗上板、空下板及异形板。标准板用于一般隔墙。其他板按工程设计确定的规格进行加工。山东省泰安市某建筑物室内的普通隔墙工程，采用增强石膏空心条板，取得较好的技术经济效益。

（一）增强石膏空心条板隔墙施工准备

增强石膏空心条板隔墙的施工准备，主要包括施工材料准备、施工机具准备和作业条件准备三个方面。

1. 施工材料准备

（1）对增强石膏空心条板的要求。

① 规格要求。根据本隔墙工程的实际情况，计划采用普通住宅用增强石膏空心条板，其规格为：3000mm×600mm×60mm 和 3000mm×600mm×90mm 两种。

② 性能要求。对增强石膏空心条板的性能要求为：单位面积质量小于或等于 55kg/m²；抗弯荷载大于或等于 1.8G（G 为板材的重量，单位为 N）；单点吊挂拉力大于或等于 800N；料浆的抗压强度大于或等于 7.0MPa。

（2）对所用胶黏剂的要求。增强石膏空心条板隔墙施工所用的胶黏剂，可采用 SG791 建筑胶黏剂，也可以采用专用石膏胶黏剂。无论采用何种胶黏剂，在隔墙正式施工前应经试验确认可靠后才能使用。

（3）对所用建筑石膏粉的要求。增强石膏空心条板隔墙施工所用的石膏粉，一般宜采用符合三级以上标准的建筑石膏粉，其技术指标应符合国家标准《建筑石膏》（GB/T 9766—2008）中的要求，其物理性能应符合国家标准《建筑石膏粉料物理性能的测定》（GB/T 17669.5—1999）中的有关规定。

（4）对所用接缝布（带）的要求。增强石膏空心条板隔墙施工所用的接缝布（带），应选用专用的纤维接缝布（带），或者采用的确良布裁剪成接缝带。接缝布（带）分为宽 50mm 和宽 200mm 两种。宽度为 50mm 的接缝布（带）用于平缝，宽度为 200mm 的接缝布（带）用于阴阳角处。

（5）对所用石膏腻子的要求。增强石膏空心条板隔墙施工所用的腻子，应当是用石膏粉配制而成的。石膏腻子的抗压强度应大于 2.5MPa，抗折强度应大于 1.0MPa，黏结强度应大于 2.0MPa，终凝时间在常温下为 3h。

2. 施工机具准备

增强石膏空心条板隔墙施工所用的机具很多，主要包括：木工手锯、钢丝刷子、开刀、专用撬棍、射钉枪、橡皮锤、小灰槽、电钻、扁铲、2m 靠尺、2m 托线板、钢卷尺、线坠、电焊机、扫帚、木楔等。所用的施工机具要求：品种齐全、规格适宜、供应及时、使用方便、运转正常、安全可靠。

3. 作业条件准备

（1）结构及屋面防水层已分别施工完毕并经检查验收，室内墙面上已弹出＋50cm 标高线和墙轴线。

（2）操作地点环境温度不低于 5℃。

（3）在正式安装条板前，应先试安装样板墙一道，经鉴定验收合格后再正式安装。

（二）增强石膏空心条板隔墙施工工艺

1. 增强石膏空心条板隔墙的工艺流程

结构墙面、顶面地面清理和找平→放线、分档→安 U 形卡（有抗震要求时）→配板、修补→铺设电线管、稳接线盒、安装管卡、埋件→配制胶黏剂→安装隔墙板→安门窗框→板缝处理→板面装修。

2. 增强石膏空心条板隔墙的施工工艺

（1）放线分档及配板

① 在进行放线分档前，先清理隔墙板与顶面、地面、墙面的结合部，凡凸出墙面的砂浆、混凝土块等必须剔除并扫净，结合部尽力找平。然后在地面、墙面及顶面根据设计位置，弹好隔墙边线及门窗洞边线，并按板宽分档。

② 在进行石膏空心条板的配板时，板的长度应按楼面结构层净高尺寸减 20～30mm。计算并量测门窗洞口上部及窗口下部的隔板尺寸，并按此尺寸配板。当板的宽度与隔墙的长度不相适应时，应将部分隔墙板预先拼接加宽（或锯窄）成合适的宽度，并放置在阴角处。有缺陷的板应修补。

（2）安装石膏空心条板

① 有抗震要求时，应按设计要求用 U 形钢板卡固定条板的顶端，即在两块条板顶端拼缝之间用射钉将 U 形钢板卡固定在梁或板上，随安装、随固定 U 形钢板卡。

② 在进行石膏空心条板安装前，先配制石膏条板所用的胶黏剂，即将 SG791 胶与建筑石膏粉配制成胶泥，其配合比为：石膏粉：SG791＝1：（0.6～0.7）（质量比）。胶黏剂的配制量以一次不超过 20min 使用时间为宜。配制的胶黏剂超过 30min 并出现凝固的，不得再加水、加胶重新调制使用，以避免板缝因粘接不牢而出现裂缝。

③ 隔墙板的安装顺序应从与墙的结合处或门洞边开始，依次顺序安装。先将板侧面的浮灰清刷干净，然后在墙面、顶面、板的顶面及侧面（拼合面）先刷 SG791 胶液一道，再满刮 SG791 胶泥，并按照弹出的墙体位置线安装就位。随后用木楔顶在板底，再用手平推隔板，使之板缝处出现冒浆，同时一个人用特制的撬棍在板底部向上顶，另一人在一侧打入木楔，使隔墙板挤紧顶实，用开刀（腻子刀）将挤出来的胶黏剂抹平、刮实，其他隔墙条板的安装方法以此类推。

④ 在安装隔墙板的过程中，一定要注意让条板对准预先在顶板和地板上弹出的位置线，并在安装过程中随时用 2m 靠尺及塞尺测量墙面的平整度，用 2m 托线板检查板的垂直度，发现误差超标应及时进行纠正。

粘接完毕的石膏空心条板墙体，应在 24h 以后用 C20 干硬性细石混凝土将板下口堵严。当混凝土强度达到 10MPa 以上，方可撤除板下木楔，木楔孔洞处用同等强度的干硬性砂浆灌实。

（3）管线敷设及吊杆安装

① 在敷设管线时，首先应按设计要求找准位置、画出定位线，将电线管穿在板的孔内，再按设计要求开孔安装线盒。在隔墙板上进行开孔时，应先用电钻钻孔，然后用扁铲扩孔，孔的大小应适中、方正，将其四周的灰渣清理干净后，涂刷 SG791 胶液一道，再用 SG791 胶泥将管子固定牢固。

② 在安装水暖、煤气管道的卡子时，先按设计要求找准标高和竖向位置，并画出各种管道管卡的定位线，然后在隔墙板上用电钻钻孔，再用扁铲进行扩孔，将孔内灰渣清理干净后，涂刷 SG791 胶液一道，再用 SG791 胶泥将以上管道的管卡固定牢。

③ 在安装吊杆时，先在隔墙板上用电钻钻孔，再用扁铲进行扩孔，将孔内灰渣清理干净后，涂刷 SG791 胶液一道，再用 SG791 胶泥固定吊杆埋件。待 SG791 胶泥干透后再吊挂设备，每块板上可设 2 个吊杆，每个吊杆的吊重不得大于 80kg。

（4）安装门、窗框架

① 在安装门窗框时，一般采用先预留门窗洞口、后安装门窗框的方法。门窗框周边应选用专用板材，专用板材的边缘应设置固定埋件。木门窗框宜用 L 形连接件进行连接，一端用木螺丝与木框连接，另一端与门窗口板中的预埋件焊接。

② 当门窗框与门窗口板之间的缝隙超过 3mm 时，应采取加木垫片进行过渡的方法，即将缝隙中的浮灰清理干净，先涂刷 SG791 胶液一道，然后再用 SG791 胶泥嵌缝。

（5）进行板缝处理。在隔墙的板材安装完毕 10d 后，开始检查所有缝隙是否粘接良好、有无产生裂缝。如果出现裂缝，应查明原因妥善进行修补，先将已粘接良好的板缝上的浮灰清理干净，然后涂刷 SG791 胶液一道，再粘贴宽度为 50mm 的接缝带；在隔墙的阴阳角处粘贴一层接缝带，带宽 200mm，每边各粘贴 100mm。干燥后在板缝处刮 SG791 胶泥，高度略低于隔墙板面。

（6）进行板面装修。

① 一般居室的增强石膏空心条板隔墙墙面，可以直接用石膏腻子刮平、打磨光滑后做饰面层。

② 当隔墙底部设计为水泥砂浆或水磨石踢脚板时，应当先涂刷一道胶液，然后再做踢脚线；当隔墙底部设计为塑料板或木踢脚板时，可不涂刷胶液，直接钻孔打入木楔，再用铁钉将其固定在隔墙板上。

③ 当在隔墙表面上粘贴瓷砖时，应提前将隔墙板的表面打磨平整。为了增加隔墙表面与瓷砖的黏结力，应先涂刷浓度 50% 的 SG791 胶水一道，再用 SG791 胶与水泥调制成胶泥粘贴瓷砖。

（三）增强石膏空心条板隔墙质量控制

1. 增强石膏空心条板隔墙质量控制的主控项目

（1）隔墙板材的品种、规格、性能、颜色应符合设计要求。有隔声、隔热、阻燃、防潮等特殊要求的工程，板材应有相应性能等级的检测报告。检验方法：观察；检查产品合格证书、进场验收记录和性能检测报告。

（2）安装隔墙板材所需预埋件和连接件的位置、数量及连接方法应符合设计要求。检验方法：观察；尺量检查；检查隐蔽工程验收记录。

（3）隔墙板材安装必须牢固，现制钢丝网水泥隔墙与周边墙体的连接方法应符合设计要求，并应连接牢固。检验方法：观察；手扳检查。

（4）隔墙板材所用接缝材料的品种及接缝方法应符合设计要求。检验方法：观察；检查产品合格证书和施工记录。

（5）门窗洞口与门窗口条板之间用电焊连接时，焊缝的高度和长度应符合设计要求。焊缝的表面应平整，无烧伤、凹陷、焊瘤、裂纹、咬边、气孔和夹渣等质量缺陷，其焊点表面应低于板面 3mm。

2. 增强石膏空心条板隔墙质量控制的一般项目

（1）隔墙板材的安装，应当做到垂直、平整、位置正确，板材不应有裂缝或缺损。检验方法：观察；尺量检查。

（2）板材隔墙的表面应平整、光滑、色泽一致、洁净，接缝应均匀、顺直。检验方法：观察；手摸检查。

（3）增强石膏空心条板隔墙上的孔洞、槽、盒，应当做到位置正确、套割方正、边缘整齐。检验方法：观察；手摸检查。

（4）增强石膏空心条板隔墙安装的允许偏差，应符合表 11-1 中的规定。

表 11-1　增强石膏空心条板隔墙安装的允许偏差

项　目	允许偏差/mm	项　目	允许偏差/mm
立面垂直度	3	阴阳角方正	3
表面平整度	3	接缝高低差	2

（四）增强石膏空心条板隔墙成品保护

增强石膏空心条板隔墙所用的石膏空心条板，是一种质轻而脆、遇水易损、撞击易坏的材料，因此，对安装完毕的隔墙成品应加强保护。

（1）工程施工中的各专业工种应紧密配合，合理安排工序，严禁颠倒工序作业。隔墙板粘结后12h内不得碰撞敲打，不得进行下道工序施工。

（2）在需要安装埋件的地方，宜用电钻钻孔扩孔，用扁铲扩方孔，不得对隔墙用力敲击。对刮完腻子的隔墙，不应进行任何剔凿。

（3）在施工楼地面时，应采取可靠的遮挡措施，防止砂浆溅污隔墙板。

（4）严格防止运输小车等碰撞隔墙板及门口。

（5）增强石膏空心条板在装卸、运输和吊装的过程中，应当做到轻拿轻放、不可野蛮装卸，并要采取侧抬侧立、互相绑牢的方法进行保护，不得平抬、平放。条板堆放处应平整，下部应垫上100mm×100mm方木，所垫方木应距条板两端各为50cm的距离；露天堆放时应有防雨、防晒的设施。

（五）增强石膏空心条板隔墙注意事项

1. 应注意的质量问题

（1）增强石膏空心条板必须是烘干、已基本完成收缩变形的产品。未经烘干的湿板不得使用，以防止板裂缝和变形。

（2）隔墙所用的增强石膏空心条板及其配件、辅助材料均应分类存放，并挂牌标明材料名称、规格和数量，以便查找和不出现混淆。胶黏剂及粉末材料要储存于干燥的地方，不得出现受潮现象。

（3）隔墙所用的增强石膏空心条板，如果有明显变形、无法修补的过大孔洞，断裂或严重裂缝及破损，不得使用。

（4）目前，在建筑装饰工程中使用的胶黏剂，应选用聚醋酸乙烯酯类环保型胶黏剂，不得再使用107胶作为胶黏剂。

（5）所有的管线必须顺着石膏板的孔道方向铺设，严禁横向铺设和斜向铺设。

2. 应注意的安全问题

（1）施工中所用的各种电气设备，均应安装可靠的防漏电保护装置，并要做到一机一闸一保护，由专人负责使用保管。

（2）在使用电锯时，必须设置防护罩，并应当由两人相互配合操作。严格禁止一个人单独进行操作。

（3）当使用高凳子时，应在其下脚处钉上防滑的橡皮垫，两腿之间应设置拉绳。在靠近外窗附近操作时，应戴好安全帽、系好安全带。

（4）在夜间或在阴暗房间作业时，应当选用36V的安全照明灯，照明的线路应架空。

二、轻钢龙骨石膏板隔墙施工方案

轻钢龙骨石膏板隔墙是指以轻钢龙骨为骨架，以纸面石膏板为墙面材料，在施工现场组装的分室或分户的非承重隔墙。

轻钢龙骨是以镀锌钢带或薄壁冷轧退火钢带为原料，经冷弯或冲压而成的轻质隔墙骨架支撑材料，具有自重轻、刚度大、防火性好、抗震性强、适应性广、加工容易、安装方便等优点。

纸面石膏板是以建筑石膏和面纸为主要原料，掺入适量纤维、胶黏剂、促凝剂、缓凝剂等，经配制、成型、切割和烘干而制成的一种轻质板材，具有质轻、高强、抗震、防火、隔声、收缩率小、加工性能好等特点。

轻钢龙骨石膏板隔墙的施工，是一项要求细致、标准较高的工作。做好隔墙的施工方案，在施工中严格按施工方案操作，是确保轻钢龙骨石膏板隔墙质量的关键。现以山东省泰安市某建筑物室内的轻钢龙骨石膏板隔墙工程施工方案为例，讲述此类隔墙在施工中的具体事项。

（一）轻钢龙骨石膏板隔墙施工准备

轻钢龙骨石膏板隔墙的施工准备，主要包括施工材料准备、施工机具准备和作业条件准备三个方面。

1. 施工材料准备

轻钢龙骨石膏板隔墙的施工材料准备，主要包括轻钢龙骨、罩面石膏板、紧固材料、填充材料、接缝材料等。

（1）对轻钢龙骨的要求。我国生产的轻钢龙骨主要有 75 系列和 100 系列。轻钢龙骨材料包括主件和配件。轻钢龙骨主件有：沿顶龙骨、沿地龙骨、加强龙骨、竖向龙骨和横撑龙骨，其规格、型号和表面处理等应符合设计要求和相关标准中的规定。

轻钢龙骨配件有：支撑卡、卡托、角托、连接件、固定件、护墙龙骨和压条等，其规格和质量要求应符合设计要求和相关标准中的规定。

（2）对罩面石膏板的要求。根据本工程的实际情况，选用耐火纸面石膏板。耐火纸面石膏板是一种难燃性建筑装饰板材，具有质轻、呼吸、节能、防火、保温、隔热、降低噪声、施工速度快、简单易行、不受温度影响、劳动强度小、装饰效果好等优点。

耐火纸面石膏板具有较高的遇火稳定性，其遇火稳定时间大于 20～30min。《建筑内部装修设计防火规范》（GB 50222—1995）（2001 年修订版）中规定，当耐火纸面石膏板安装在轻钢龙骨上时，可作为 A 级装饰材料使用，其他性能应符合《纸面石膏板》（GB/T 9775—2008）中的规定。

（3）对紧固材料的要求。轻钢龙骨石膏板隔墙所用的紧固材料，主要包括射钉、膨胀螺栓、镀锌自攻螺钉、木螺钉和粘贴、嵌缝料，以上所用紧固材料应符合设计要求和相关标准的规定。

（4）对填充材料的要求。轻钢龙骨石膏板隔墙所用的填充材料，主要包括玻璃棉、矿棉板、岩棉板等，应按照设计要求进行选用，并要符合环保的要求。

（5）对接缝材料的要求。轻钢龙骨石膏板隔墙所用的接缝材料，主要包括接缝腻子、胶黏剂和接缝布（带）等。

① 接缝腻子。接缝腻子的抗压强度应大于 3.0MPa，抗折强度应大于 1.5MPa，终凝时间应大于 0.5h。

② 胶黏剂。胶黏剂一般宜选用水溶性成品，使用前应进行试验确定掺入量，其总挥发性有机化合物（TVOC）的含量不应大于 50g/L，游离甲醛的含量不应大于 1g/kg。

③ 接缝布（带）。接缝布（带）宜采用专用纤维接缝布（带），或采用的确良布裁成接缝带。宽度为 50mm 的用于平缝，宽度为 200mm 的用于阴阳角处。

2. 施工机具准备

轻钢龙骨石膏板隔墙所用的施工机具，主要包括机具、工具和计量用具三类。

（1）机具。主要包括直流电焊机、砂轮切割机、手电钻、电锤、射钉枪等。

（2）工具。主要包括刮刀、壁纸刀、电动螺丝刀、螺丝刀、拉铆枪、钢锯、墨斗、靠尺等。

（3）计量用具。主要包括钢尺、水平尺、方尺、线坠、托线板等。

3. 作业条件准备

（1）结构及屋面防水层已分别施工完毕并经检查验收，室内墙面上已弹出＋50cm标高线和墙轴线。

（2）操作地点环境温度不低于5℃。

（3）整体面层的地面已施工完毕并验收合格，板块面层的地面垫层已完成，管道试水、试压检验合格。

（4）在正式安装条板前，应先试安装样板墙一道，经鉴定验收合格后再正式安装。

（5）设计要求隔墙有地震带时，应先将C20细石混凝土地震带施工完毕，强度达到10MPa以上，方可进行轻钢龙骨的安装。

（6）熟悉图纸，并向作业班组作详细的技术交底。根据设计图和提出的备料计划，查实隔墙全部材料，使其配套齐全。

（二）轻钢龙骨石膏板隔墙施工工艺

轻钢龙骨石膏板隔墙属于骨架式隔墙，这种隔墙的施工要比板材隔墙复杂，其施工工艺流程为：弹线分档→做踢脚座→安装顶龙骨与地龙骨→安装门窗框→分档安装竖龙骨→安装横向龙骨→安装管线与设备→安装石膏板→接缝及面层处理→进行细部处理。

1. 弹线分档

根据设计施工图的要求，先在隔墙与基体的上下及两边相接处，按照龙骨的宽度进行弹线，然后按设计要求结合石膏板的长度和宽度分档，以确定竖向龙骨、横撑龙骨和附加龙骨的具体位置。

2. 做踢脚座

由于纸面石膏板的耐火性较差，应在隔墙的下部设置踢脚座。踢脚座一般可用细石混凝土制作，其高度为120～150mm。

3. 安装顶龙骨与地龙骨

按照弹出的墙顶龙骨位置边线，安装顶龙骨和地龙骨。安装时一般用射钉或金属膨胀螺栓固定于主体结构上，其固定间距应不大于600mm。

4. 安装门窗框

在顶龙骨和地龙骨安装完毕后，进行隔墙的门窗框安装并临时固定，在门窗框边缘安装加强龙骨，加强龙骨通常采用对扣式轻钢竖向龙骨。

5. 分档安装竖龙骨

（1）按照门窗的位置进行竖向龙骨分档。根据所采用石膏板的宽度，本工程竖向龙骨中心距尺寸为453mm。当分档存在不足整块板块时，应避开门窗框边处的第一块石膏板，使锯割的石膏板不在靠近门窗边框的部位。

（2）在进行竖向龙骨安装时，按照分档位置将竖向龙骨上下两端，分别插入顶龙骨和地龙骨内，并调整竖向龙骨的垂直度，然后用抽芯铆钉进行固定。竖向龙骨与顶龙骨和地龙骨固定时，抽芯铆钉每面不得少于3个，并要按"品"字形排列，双面进行固定。

（3）靠近墙或柱子的边龙骨，除与顶龙骨和地龙骨用抽芯铆钉固定外，还需用金属膨胀螺栓或射钉与墙、柱固定，钉子的间距一般为900mm。

6. 安装横向龙骨

（1）根据设计施工图的要求布置横向龙骨。横向龙骨一般可选用支撑系列龙骨进行安装。先将支撑卡安装在竖向龙骨的开口上，卡的距离（即横向龙骨间距）为400～600mm，与龙骨两端的距离为20～25mm。

（2）根据本工程的实际情况，当使用贯通式横向龙骨时，因其隔墙高度小于3m，所以设置横向龙骨一道。横向龙骨与竖向龙骨采用抽芯铆钉进行固定。

7. 安装管线与设备

在安装隔墙墙体内的水电管线和设备时，应避免切断横向龙骨和竖向龙骨，同时避免在沿隔墙的下端设置管线。管线与设备的安装要牢固，并应根据情况局部采取加强措施。

8. 安装石膏板

（1）在进行纸面石膏板安装前，首先应进行龙骨安装质量的检查；检查门窗框的位置及加固是否符合设计要求和构造要求；检查龙骨的间距是否符合石膏板的宽度模数。待以上各项检查合格后，办理隐蔽工程验收手续。水电设备需经系统试验合格后办理交接手续。

（2）石膏板的安装应从门洞口的一侧开始，无门洞口的墙体应从墙的一端开始。纸面石膏板宜竖向铺设，板的长边接缝宜落在竖向龙骨上。门窗口两侧应采用刀把形的石膏板。

（3）石膏板用自攻螺钉固定到龙骨上，板边的钉子间距不应大于 200mm，板中间的钉子间距不应大于 300mm，螺钉距石膏板边缘的距离为 10～16mm。在自攻螺钉紧固时，石膏板必须与龙骨贴平、贴紧。

（4）在安装固定纸面石膏板时，应从板的中部向长边及短边逐渐固定，钉头应稍微埋入石膏板内，但不得损坏板的纸面，以利于板面进行装饰。

（5）当隔墙的墙体内需要填充防火、隔声、防火材料时，应在另一侧石膏板安装时同步进行，填充的材料应当铺满、铺平，要随时对填充质量进行检查。

（6）在填充材料安装后，随即安装隔墙的另一侧石膏板，安装方法与第一侧石膏板相同，其接缝应与第一侧面板的缝错开，拼缝不得落在同一根龙骨上。

（7）双层石膏板隔墙墙面的安装，第二层板的固定方法与第一层板相同，但第二层板的接缝应与第一层错开，也不能与第一层的接缝落在同一根龙骨上。

9. 接缝及面层处理

隔墙石膏板之间的接缝一般应做成平缝，为确保接缝的施工质量，在施工过程中应按下列程序进行处理。

（1）刮嵌缝腻子。在刮嵌缝隙腻子前，首先将接缝内的灰尘和杂质清除干净，固定石膏板的螺钉进行防腐处理，然后用小刮刀把腻子用力嵌入板缝中，并与板面填实刮平。

（2）粘贴接缝带。在嵌缝腻子凝固后，可在其上面粘贴接缝布（带）。先在接缝上薄薄地刮一层稠度比较稀的胶状腻子，厚度一般为 1mm 左右，宽度应略宽于接缝布（带），并用中号开刀沿着接缝布（带）自上而下刮平压实，使多余的腻子从接缝布（带）的网孔中挤出，使接缝布（带）粘贴牢固。

（3）刮中层腻子。接缝布（带）粘贴完毕后，立即在其上面再刮一层比接缝布（带）宽 80mm、厚度约 1mm 的中层腻子，使接缝布（带）埋入腻子中。

（4）刮平腻子。用大号开刀将腻子在板面接缝处进行满刮，其厚度要尽量地薄，与板面填平为准。

10. 进行细部处理

轻钢龙骨石膏板隔墙的细部处理，主要包括：墙面、柱面和门口的阳角，应按照设计要求做护角；阳角处应粘贴两层玻璃纤维布，角的两边均应拐过 100mm 的宽度，其表面用腻子刮平。

（三）轻钢龙骨石膏板隔墙质量控制

轻钢龙骨石膏板隔墙的质量控制，分为主控项目和一般项目，应当按照下列要求控制。

1. 轻钢龙骨石膏板隔墙质量控制的主控项目

（1）轻钢龙骨石膏板隔墙所用的龙骨、配件、墙面板、填充材料及嵌缝材料的品种、规格、性能应符合设计要求。根据本隔墙工程有防火、防潮等方面的要求，所用材料应有相应性能等级的检测报告。检验方法：观察；检查产品合格证书、进场验收记录和性能检测报告。

（2）轻钢龙骨石膏板隔墙的边框龙骨，必须与主体结构连接牢固，并应做到平整、垂直、位置正确。检验方法：手扳检查；尺量检查；检查隐蔽工程验收记录。

（3）轻钢龙骨石膏板隔墙中的龙骨间距和构造连接方法，应符合设计要求。骨架内设备管道的安装、门窗洞口等部位的加强龙骨应安装牢固、位置正确，填充材料的品种、质量和厚度等应符合设计要求。检验方法：检查隐蔽工程验收记录。

（4）轻钢龙骨石膏板隔墙的墙面板应安装牢固，无脱层、翘曲、折裂及缺损质量缺陷。检验方法：观察；手扳检查。

（5）轻钢龙骨石膏板隔墙墙面板所用的接缝材料和接缝方法，应符合设计要求。检验方法：观察。

2. 轻钢龙骨石膏板隔墙质量控制的一般项目

（1）轻钢龙骨石膏板隔墙表面，应达到平整光滑、色泽一致、清洁、无裂缝等方面的要求，其接缝应均匀、顺直。检验方法：观察；手摸检查。

（2）轻钢龙骨石膏板隔墙上的孔洞、槽、盒的位置正确，套割吻合，边缘整齐。检验方法：观察；尺量检查。

（3）轻钢龙骨石膏板隔墙内的填充材料应干燥，填充应达到密实、均匀、无下坠的要求。检验方法：轻敲检查；检查隐蔽工程验收记录。

（4）轻钢龙骨石膏板隔墙安装的允许偏差和检验方法，如表 11-2 所示。

表 11-2　轻钢龙骨石膏板隔墙安装的允许偏差和检验方法

项　目	允许偏差/mm		检验方法	项　目	允许偏差/mm		检验方法
	国家标准行业标准	企业标准			国家标准行业标准	企业标准	
立面垂直度	3	2	用 2m 垂直检测尺检查	阴阳角方正	3	2	方尺进行检查
表面平整度	3	2	用 2m 靠尺和塞尺检查	接缝高低差	1	1	用钢直尺和塞尺检查

（四）轻钢龙骨石膏板隔墙成品保护

（1）轻钢龙骨石膏板隔墙施工中，各专业之间要做到统筹规划、统一安排、相互沟通、密切配合；对于预留、预埋要做到位置正确、不错不漏、一次成活。在具体操作过程中，墙内管线及设备施工不得使龙骨碰动、错位和损伤。

（2）轻钢龙骨石膏板隔墙所用的龙骨和石膏板，在运输、装卸、存放和使用中应严格管理，确保它们不变形、不受潮、不污染、无损坏。

（3）在已安装的门窗和已做完的地面、墙面、窗台等处施工隔墙时，应注意保护，防止损坏。

（4）轻钢龙骨石膏板隔墙施工完毕后要加强保护，不得出现碰撞现象，保持墙面不受损坏和污染。

（5）在安装水电管线和设备时，固定件不准直接设在龙骨上，应按设计要求进行加强。

（五）轻钢龙骨石膏板隔墙注意事项

1. 轻钢龙骨石膏板隔墙质量注意事项

（1）轻钢龙骨石膏板隔墙骨架的固定间距、位置和连接方法，应符合设计要求和施工规范中的规定，防止因节点构造不合理而造成骨架变形。

（2）在安装罩面板前，要严格检查龙骨的平整度和垂直度，并严格挑选厚度一致的石膏板，以避免罩面板不平。在安装的过程中，应严格控制接缝的高低差，并保持平直，以免安装后的罩面板出现错台现象。

（3）罩面板横向接缝位置如不在顶龙骨和地龙骨上，应适当增加横撑龙骨固定板缝。龙骨骨架两侧的石膏板以及底板与面板应错缝排列，接缝不要落在同一根龙骨上。

（4）石膏板宜选用整块板。当需要对接时，在接缝处应增设水平或竖向龙骨，板的接头处应紧靠在一起，但不得强力挤压就位。

（5）轻钢龙骨石膏板隔墙门窗口处，应当用刀把形的板材进行安装，防止门窗口上角出现裂缝。

（6）轻钢龙骨石膏板隔墙施工时，应当选择合理的节点构造和优质石膏板。嵌缝腻子应选用变形小的原料配制，操作时应认真清理缝内的杂物，腻子的嵌入要密实，接缝布（带）粘贴后放置一段时间，待水分蒸发后，再刮腻子将接缝布（带）压住，并把接缝板面找平，防止板缝出现开裂。

（7）超长的墙体（超过12m）受温度和湿度的影响比较大，应按照设计要求设置变形缝，防止墙体变形和裂缝。根据本工程的实际，对超长的墙体设置两条对称的变形缝。

（8）轻钢龙骨石膏板隔墙与顶棚及其他墙体的交接处，均应采取防止开裂措施，本工程采取在交接处粘贴的确良布，以防止此处产生开裂。

（9）轻钢龙骨石膏板隔墙的周边应留出3mm的空隙，进行注胶或柔性材料填塞处理，可避免因温度和湿度影响造成墙边变形开裂。

2. 轻钢龙骨石膏板隔墙安全注意事项

（1）移动式机具及电动机具应安装可靠的防漏电保护装置，并做到一机一闸一保护；在正式使用前，应进行试运转，正常后才能使用，并且要做到专人负责使用和保管。

（2）使用的电锯应设置防护罩，操作时必须由两人相互配合进行，千万不可一人单独操作，以免出现危险。

（3）当使用脚手架时，其搭设应符合建筑施工安全标准，脚手架上搭设跳板应用钢丝绑扎固定，不得有探头板。当使用高凳子时，应在其下脚处钉上防滑的橡皮垫，两腿之间应设置拉绳。在靠近外窗附近操作时，应戴好安全帽、系好安全带。

（4）在夜间或在阴暗房间作业时，应当选用36V的安全照明灯，照明的线路应架空。

（5）使用射钉枪时，应安设专用的防护罩；操作人员向上射钉时，应戴好防护眼镜。

参 考 文 献

[1] 李继业、张峰.建筑装饰工程质量控制.北京：化学工业出版社，2014.

[2] 马有占.建筑装饰施工技术.北京：机械工业出版社，2003.

[3] 顾建平.建筑装饰施工技术.天津：天津科学技术出版社，2006.

[4] 刘经强.装饰隔墙与隔断工程.北京：化学工业出版社，2009.

[5] 中国建筑装饰协会.建筑装饰实用手册.北京：中国建筑工业出版社，2000.

[6] 中华人民共和国国家标准，建筑装饰装修工程质量验收规范（GB 50210—2001）.北京：中国建筑工业出版社，2002.

[7] 中华人民共和国国家标准，民用建筑工程室内环境污染控制规范（GB 50325—2001）.北京：中国建筑工业出版社，2002.

[8] 韩建新.21世纪建筑新技术论丛.上海：同济大学出版社，2000.

[9] 陈世霖.当代建筑装饰装修构造施工手册.北京：中国建筑工业出版社，1999.

[10] 李继业.建筑装饰施工技术.第二版.北京：化学工业出版社，2010.

[11] 赵子夫.建筑装饰工程施工工艺.沈阳：辽宁科学技术出版社，1998.

[12] 中华人民共和国国家标准，建筑内部装修设计防火规范（GB 50222—1995）.北京：中国建筑工业出版社，1995.

[13] 朱国梁等.装饰装修工程施工禁忌手册.北京：机械工业出版社，2006.

[14] 宋业功等.装饰装修工程施工技术与质量控制.北京：中国建材工业出版社，2007.

[15] 李继业.现代工程材料实用手册.北京：化学工业出版社，2007.

[16] 许炳权.装饰装修施工技术.北京：中国建材工业出版社，2003.

[17] 陆平，黄燕生.建筑装饰材料.北京：化学工业出版社，2006.

[18] 宋文章等.如何选用居室装饰材料.北京：化学工业出版社，2000.

[19] 万治华.建筑装饰装修构造与施工技术.北京：化学工业出版社，2006.

[20] 李继业.建筑及装饰工程质量问题与防治措施.北京：中国建材工业出版社，2005.

[21] 杨天佑.简明装饰装修施工与质量验收手册.北京：中国建筑工业出版社，2004.

[22] 李继业.现代建筑装饰工程手册.北京：化学工业出版社，2006.

[23] 周菁等.建筑装饰装修技术手册.合肥：安徽科学技术出版社，2006.

[24] 王海平.建筑装饰装修工程施工与验收手册.北京：中国建筑工业出版社，2007.

[25] 何茂农.装饰门窗工程.北京：化学工业出版社，2008.

[26] 彭圣浩.建筑工程质量通病防治手册.北京：中国建筑工业出版社，2002.

[27] 张伟，李西亚.物业维修技术.北京：科学出版社，2006.

[28] 梅全亭等.实用房屋维修技术.北京：中国建筑工业出版社，2004.

[29] 赵肖丹.轻质隔墙构造与施工工艺.北京：高等教育出版社，2005.